U0334414

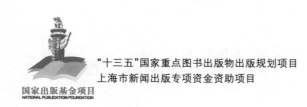

"十三五"国家重点图书出版物出版规划项目

上海市新闻出版专项资金资助项目

内蒙古乡村人居环境

荣丽华　王　强　郭丽霞　张立恒　著

同济大学出版社 · 上海

图书在版编目(CIP)数据

内蒙古乡村人居环境 / 荣丽华等著. —上海：同
济大学出版社，2021.12
(中国乡村人居环境研究丛书 / 张立主编)
ISBN 978-7-5608-8857-6

Ⅰ. ①内… Ⅱ. ①荣… Ⅲ. ①乡村—居住环境—研究
—内蒙古 Ⅳ. ①X21

中国版本图书馆 CIP 数据核字(2021)第 120816 号

"十三五"国家重点图书出版物出版规划项目
国家出版基金项目
上海市新闻出版专项资金资助项目
国家自然科学基金项目"内蒙古草原聚落空间模式与适宜性规划方法研究"资助(项
目批准号：51868057)

中国乡村人居环境研究丛书
内蒙古乡村人居环境
荣丽华　王　强　郭丽霞　张立恒　著

丛书策划　　华春荣　高晓辉　翁　晗
责任编辑　　胡　毅
助理编辑　　冯　慧
责任校对　　徐春莲
封面设计　　王　翔

出版发行　　同济大学出版社　www.tongjipress.com.cn
　　　　　　(地址：上海市四平路 1239 号　邮编：200092　电话：021 - 65985622)
经　　销　　全国各地新华书店、建筑书店、网络书店
排版制作　　南京展望文化发展有限公司
印　　刷　　上海安枫印务有限公司
开　　本　　710 mm×1000 mm　　1/16
印　　张　　19.75
字　　数　　395 000
版　　次　　2021 年 12 月第 1 版
印　　次　　2021 年 12 月第 1 次印刷
书　　号　　ISBN 978 - 7 - 5608 - 8857 - 6
定　　价　　169.00 元

地图审图号：GS(2021)8304 号

内 容 提 要

　　本书为"中国乡村人居环境研究丛书"之一,依托于国家住房和城乡建设部课题"我国农村人口流动与安居性研究",是同济大学、内蒙古工业大学等高校团队多年来的社会调查和分析研究成果展现;丛书入选"十三五"国家重点图书出版物出版规划项目,并获国家出版基金资助。

　　丛书的撰写以党的十九大提出的乡村振兴战略为指引,以对我国 13 个省480 个行政村的村民和基层干部的大量一手调查资料和城乡统计数据分析为基础。支撑书稿撰写的研究工作借鉴和运用了本领域国内外的相关理论和研究方法,建构起本土乡村人居环境分析的理论框架;具体的研究工作涉及乡村人口流动与安居、公共服务设施、基础设施、生态环境保护,以及乡村治理和运作机理等诸多方面。这些内容均关系到对社会主义新农村建设现实状况的认知,以及对我国城乡关系的历史性变革和转型的深刻把握。

　　本书通过田野调查和数据分析总结了内蒙古地区乡村人居环境的特点、演变及发展趋势,分析了内蒙古地区乡村人居环境发展存在的突出地域性问题以及乡村人居环境建设面临的主要矛盾和挑战,以解决典型及重点问题为导向,提出改善和提升内蒙古地区乡村人居环境的对策和路径。

　　本书可供各级政府制定乡村振兴政策、措施时参考使用,可作为政府农业农村、规划、建设等部门及相关"三农"问题研究者的参考书,也可供高校相关专业师生延伸阅读。

序　一

我欣喜地得知，"中国乡村人居环境研究丛书"即将问世，并有幸阅读了部分书稿。这是乡村研究领域的大好事、一件盛事，是对乡村振兴战略的一次重要学术响应，具有重要的现实意义。

乡村是社会结构（经济、社会、空间）的重要组成部分。在很长的历史时期，乡村一直是社会发展的主体，即使在城市已经兴起的中世纪欧洲，政治经济主体仍在乡村，商人只是地主和贵族的代言人。只是在工业革命以后，随着工业化和城市化进程的推进，乡村才逐渐失去了主体的光环，沦落为依附的地位。然而，乡村对城市的发展起到了十分重要的作用。乡村孕育了城市，以自己的资源、劳力、空间支撑了城市，为社会、为城市发展作出了重大的奉献和牺牲。

中国自古以来以农立国，是一个农业大国，有着丰富的乡土文化和独特的经济社会结构。对乡村的研究历来有之，20世纪30年代费孝通的"江村经济"是这个时期的代表。中国的乡村也受到国外学者的关注，大批的外国人以各种角色（包括传教士）进入乡村开展各种调查。1949年以来，国家的经济和城市得到迅速发展，人口、资源、生产要素向城市流动，乡村逐渐走向衰败，沦为落后、贫困、低下的代名词。但是乡村作为国家重要的社会结构具有无可替代的价值，是永远不会消失的。中央审时度势，综览全局，及时对乡村问题发出多项指令，从"三农"到乡村振兴，大大改变了乡村面貌，乡村的价值（文化、生态、景观、经济）逐步为人们所认识。城乡统筹、城乡一体，更使乡村走向健康、协调发展之路。乡村兴，国家才能兴；乡村美，国土才能美。但是，总体而言，学界、业界乃至政界对乡村的关注、了解和研究是远远不够的。今天中国进入一个新的历史时期，无论从国家的整体发展还是圆百年之梦而言，乡村必须走向现代化，乡村研究必须快步追上。中国的乡村是非常复杂的，在广袤的乡村土地上，由于自然地形、历史进程、经济水平、人口分布、民族构成等方面的不同，千万个乡村呈现出巨大的差异，要研究乡村、了解乡村还是相当困难和艰苦的。同济大学团队借承担住房和城乡建设部乡村人居环境研究的课题，利用在国内各地多个规划项目的积累，联合国内多所高校和研究设计机构,开展了全国性的乡村田野调查,总结撰写了一套共 10 个分册的"中国乡村人居环境研究丛书",适逢其时,为乡村的研究提供了丰富的基础性资料和研究经验,为当代的乡村研究起到示范借鉴作用,为乡村振兴作出了有价值的贡献!

纵观本套丛书,具有以下特点和价值。

(1)研究基础扎实,科学依据充分。由 100 多名教师和 500 多名学生组成的调查团队,在 13 个省(自治区、直辖市)、85 个县区、234 个乡镇、480 个村开展了多地区、多类型、多样本的全国性的乡村田野调查,行程 10 万余公里,撰写了 100 万字的调研报告,在此基础上总结提炼,撰写成书,对我国主要区域、不同类型的乡村人居环境特点、面貌、建设状况及其差异作了系统的解析和描述,绘就了一份微缩的、跃然纸上的乡居画卷。而其深入村落,与 7 578 位村民面对面的访谈,更反映了村庄实际和村民心声,反映了乡村振兴"为人民"的初心和"为满足美好生活需要"而研究的历史使命。近几年来,全国开展村庄调查的乡村研究已渐成风气。江苏省开展全省性乡村调查,出版了《2012 江苏乡村调查》和《百年历程百村变迁:江苏乡村的百年巨变》等科研成果,其他多地也有相当多的成果。但对全国的乡村调查且以乡村人居环境为中心,在国内尚属首次。

(2)构建了一个由理论支撑、方法统一、组织有机、运行有效的多团体的科研协作模式。作为团队核心的同济大学,首先构建了阐释乡村人居环境特征的理论框架,举办了培训班,统一了研究方法、调研方式、调查内容、调查对象。同时,同济大学团队成员还参与了协作高校和规划设计机构的调研队伍,以保证传导内容的一致性。同时,整个研究工作采用统分结合的方式——调研工作讲究统一要求,而书稿写作强调发挥各学校的能动性和积极性,根据各区域实际,因地制宜反映地方特色(如章节设置、乡村类型划分、历史演进、问题剖析、未来思考),使丛书丰富多样,具有新鲜感。我曾在 20 世纪 90 年代组织过一次中美两国十多所高校和研究设计机构共同开展的"中国自下而上的城镇化发展研究",以小城镇为中心进行了覆盖全国多类型十多个省区、几十个小城镇的多类型调研,深知团队合作的不易。因此,从调研到出版的组织合作经验是难能可贵的。

(3)提出了一些乡村人居环境研究领域颇具见地的观点和看法。例如,总结提出了国内外乡村人居环境研究的"乡村—乡村发展—乡村转型"三阶段,乡村人居环境特征构成的三要素（住房建设、设施供给、环卫景观）；构建了乡村人居环境、村民满意度评价指标体系；提出了宜居性的概念和评价指标，探析了乡村人居环境的运行机理等。这些对乡村研究和人居环境研究都有很大的启示和借鉴意义。

　　丛书主题突出、思路清晰、内容全面、特色鲜明，是一次系统性、综合性的对中国乡村人居环境的全面探索。丛书的出版有重要的现实意义和开创价值，对乡村研究和人居环境研究都具有基础性、启示性、引领性的作用。

崔功豪

南京大学

2021 年 12 月

序 二

这是一套旨在帮助我们进一步认识中国乡村的丛书。

我们为什么要"进一步认识乡村"?

第一,最直接的原因,是因为我们对乡村缺乏基本的了解。"我们"是谁,是"城里人"还是"乡下人"? 我想主要是城里人——长期居住在城市里的居民。

我们对于乡村的认识可以说是凤毛麟角,而我们的这些少得可怜的知识,可能是一些基于亲戚朋友的感性认知、文学作品里的生动描述,或者是来自节假日休闲时浮光掠影的印象。而这些表象的、浅层的了解,难以触及乡村发展中最本质的问题,当然不足以作为决策的科学支撑。所以,我们才不得不用城市规划的方式规划村庄,以管理城市的方式管理乡村。

这样的认知水平,不是很多普通市民的"专利",即便是一些著名的科学家,对于乡村的理解也远比不上对城市来得深刻。笔者曾参加过一个顶级的科学会议,专门讨论乡村问题,会上我求教于各位院士专家,"什么是乡村规划建设的科学问题?"并没有得到完美的解答。

基本科学问题不明确,恰恰反映了学术界对于乡村问题的把握,尚未进入"自由王国"的境界,甚至可以说,乡村问题的学术研究在一定程度上仍然处在迷茫和不清晰的境地。

第二,我们对于乡村的理解尚不全面不系统,有时甚至是片面的。比如,从事规划建设的专家,多关注农房、厕所、供水等;从事土地资源管理的专家,多关注耕地保护、用途管制;从事农学的专家,多关注育种、种植;从事环境问题的专家,多关注秸秆燃烧和化肥带来的污染;等等。

但是,乡村和城市一样,是一个生命体,虽然其功能不及城市那样复杂,规模也不像城市那么庞大,但所谓"麻雀虽小,五脏俱全",其系统性特征非常明显。仅从部门或行业视角观察,往往容易带来机械主义的偏差,缺乏总揽全局、面向长远的能力,因而容易产生片面的甚至是功利主义的政策产出。

如果说现代主义背景的《雅典宪章》提出居住、工作、休憩、交通是城市的四大基本活动,由此奠定了现代城市规划的基础和功能分区的意识,那么,迄今为止还没有出现一个能与之媲美的系统认知乡村的科学模型。

农业、农村、农民这三个维度构成的"三农",为我们认识乡村提供了重要的政策视角,并且孕育了乡村振兴战略、连续十多年以"三农"为主题的中央一号文件,以及机构设置上的高配方案。不过,政策视角不能替代学术研究,目前不少乡村研究仍然停留在政策解读或实证研究层面,没有达到规范性研究的水平。反过来,这种基于经验性理论研究成果拟定的政策行动,难免采取"头痛医头,脚痛医脚"的策略,甚至出现政策之间彼此矛盾、相互掣肘的局面。

第三,我们对于乡村的理解缺乏必要的深度,一般认为乡村具有很强的同质性。姑且不去考虑地形地貌的因素,全国 200 多万个自然村中,除去那些当代"批量""任务式""运动式"的规划所"打造"的村庄,很难找到两个完全相同的。形态如此,风貌如此,人口和产业构成更表现出很大的差异。

如果把乡村作为一种文化现象考察,全国层面表现出来的丰富多彩,足以抵消一定地域内部的同质性。况且,作为人居环境体系的起源,乡村承载了更加丰富多元的中华文明,蕴含着农业文明的空间基因,它们与基于工业文明的城市具有同等重要的文化价值。

从这一点来说,研究乡村离不开城市。问题是不能拿研究城市的理论生搬硬套。事实上,我国传统的城乡关系,从来就不是对立的,而是相互依存的"国—野"关系。只是工业化的到来,导致了人们对资源的争夺,特别是近代租界的强势嵌入和西方自治市制度的引入,才使得城乡之间逐步走向某种程度的抗争和对立。

在建设生态文明的今天,重新审视新型城乡关系,乡村因为其与自然环境天然的依存关系,生产、生活和生态空间的融合,成为城市规划建设竞相仿效的范式。在国际上,联合国近年来采用的城乡连续体(rural-urban continuum)的概念,可以说也是对于乡村地位与作用的重新认知。乡村人居环境不改善,城市问题无法很好地解决;"城市病"的治理,离不开我们对乡村地位的重新认识。

显而易见,乡村从来就不只是居民点,乡村不是简单、弱势的代名词,它所承载的信息是十分丰富的,它对于中华民族伟大复兴的宏伟目标非常重要。党的十九大报告提出乡村振兴战略,以此作为决战全面建成小康社会、全面建设社会主义现代化国家的重大历史任务。在"全面建成了小康社会,历史性地解决了绝对贫困问题"之际,"十四五"规划更提出了"全面实施乡村振兴"的战略部署,这是一个涵盖农业发展、农村治理和农民生活的系统性战略,以实现缩小城乡差别、城乡生活品质趋同的目标,成为城乡人居体系中稳住农民、吸引市民的重要环节。

实现这些目标的基础,首先必须以更宽广的视角、更系统的调查、更深入的解剖,去深刻认识乡村。"中国乡村人居环境研究丛书"试图在这方面做一些尝试。比如,借助组织优势,作者们对于全国不同地区的乡村进行了广泛覆盖,形成具有一定代表性的时代"快照";不只是对于农房和耕地等基本要素的调查,也涉及产业发展、收入水平、生态环境、历史文化等多个侧面的内容,使得这一"快照"更加丰满、立体。为了数据的准确、可靠,同济大学等团队坚持采取入户调查的方法,调查甚至涉及对于各类设施的满意度、邻里关系、进城意愿等诸多情感领域问题,使得这套丛书的内容十分丰富、信息可信度高,但仍有不少进一步挖掘的空间。

眼下我国正进入城镇化高速增长与高质量发展并行的阶段,农村地区人口减少、老龄化的趋势依然明显,随着乡村振兴战略的实施,农业生产的现代化程度和农村公共服务水平不断提高,乡村生活方式的吸引力也开始显现出来。

乡村不仅不是弱势的,不仅是有吸引力的,而且在政策、技术和学术研究的层面,是与城市有着同等重要性的人居形态,是迫切需要展开深入学术研究的领域。

作为一种空间形态,乡村空间不只存在着资源价值、生产价值、生态价值,正如哈维所说,也存在着心灵价值和情感价值,这或许会成为破解乡村科学问题的一把钥匙。乡村研究其实是一种文化空间的问题,是一种认同感的培养。

对于一个有着五千多年历史、百分之六七十的人口已经居住在城市的大国而言,城市显然是影响整个国家发展的决定性因素之一,而乡村人居环境问题,也是名副其实的重中之重。这套丛书的作者们正是胸怀乡村发展这个"国之大者",从乡村人居环境的理论与方法、乡村人居环境的评价、运行机理与治理策略等多个维度,对 13 个省(自治区、直辖市)、480 个村的田野调查数据进行了系统的梳理、分析与挖掘,其中揭示了不少值得关注的学术话题,使得本书在数据与资料价值的基础上,增添了不少理论色彩。

"三农"问题,特别是乡村问题需要全面系统深入的学术研究,前提是科学可靠的调查与数据,是对其科学问题的界定与挖掘,而这显然不仅仅是单一学科的研究,起码应该涵盖公共管理学、城乡规划学、农学、经济学、社会学等诸多学科。正是出于对乡村人居环境问题的兴趣,笔者推动中国城市规划学会这个专注于城市和规划研究的学术团体,成立了乡村规划建设学术委员会。出于同样的原因,应中国城市规划学会小城镇规划学术委员会张立秘书长之邀为本书作序。

石　楠

中国城市规划学会常务理事长兼秘书长

2021 年 12 月

序 三

历时 5 年有余编写完成的"中国乡村人居环境研究丛书"近期即将出版,这是对我国乡村人居环境系统性研究的一项基础性工作,也是我国乡村研究领域的一项最新成果。

我国是名副其实的农业大国。根据住房和城乡建设部 2020 年村镇统计数据,我国共有 51.52 万个行政村、252.2 万个自然村。根据第七次全国人口普查,居住在乡村的人口约为 5.1 亿,占全国人口的 36.11%。协调城乡发展、建设现代化乡村对于中国这样一个有着广大乡村地区和庞大乡村人口基数的发展中国家而言,意义尤为重大。但是,我国长期以来的城乡二元政策使得乡村人居环境建设严重滞后,直到进入 21 世纪,城乡统筹、新农村建设被提到国家战略高度,系统性的乡村建设工作在全国范围内陆续展开,乡村人居环境才得以逐步改善。

纵观开展新农村建设以来的近 20 年,我国乡村人居环境在住房建设、农村基础设施和公共服务补短板、村容村貌提升等方面取得了巨大的成就。根据 2021 年 8 月国务院新闻发布会,目前我国已经历史性地解决了农村贫困群众的住房安全问题。全面实施脱贫攻坚农村危房改造以来,790 万户农村贫困家庭危房得到改造,惠及 2 568 万人;行政村供水普及率达 80% 以上,农村生活垃圾进行收运处理的行政村比例超过 90%,农村居民生活条件显著改善,乡村面貌发生了翻天覆地的变化。

虽然我国的乡村建设政策与时俱进,但乡村建设面临的问题众多,情况复杂。我国各区域发展很不平衡,东部沿海发达地区部分乡村乘着改革开放的春风走出了"乡村城镇化"的特色发展道路,农民收入、乡村建设水平都实现了质的飞跃。而在 2020 年全面建成小康社会之前,我国仍有十四片集中连片特困地区,广泛分布着量大面广的贫困乡村。发达地区的乡村建设需求与落后地区有很大不同,国家要短时间内实现乡村人居环境水平的全面提升,必然面临着诸多现实问题与困难。

从 2005 年党的十六届五中全会通过的《中共中央关于制定国民经济和社会

发展第十一个五年规划的建议》提出"扎实推进社会主义新农村建设",到 2015
年同济大学承担住房和城乡建设部"我国农村人口流动与安居性研究"课题并组
织开展全国乡村田野调研工作,我国的新农村建设工作已开展了十年,正值一个
很好的对乡村人居环境建设工作进行全面的阶段性观察、总结和提炼的时机。
从即将出版的"中国乡村人居环境研究丛书"成果来看,同济大学带领的研究团
队很好地抓住了这个时机并克服了既往乡村统计数据匮乏、难以开展全国性研
究、乡村地区长期得不到足够重视等难题,进而为乡村研究领域贡献了这样一套
系统性、综合性兼具,较为全面、客观反映全国乡村人居环境建设情况的研究
成果。

　　本套丛书共由 10 种单本组成,1 本《中国乡村人居环境总貌》为"总述",其余
9 本分别为江浙地区、江淮地区、上海地区、长江中游地区、黄河下游地区、东北地
区、内蒙古地区、四川地区和西南地区等 9 个不同地域乡村人居环境研究的"分
述",10 种单本能够汇集而面世,实属不易。我想,这首先得益于同济大学研究团
队长期以来在全国各地区开展的村镇研究工作经验积累,从而能够在明确课题
开展目的的基础上快速形成有针对性、可高效执行的调研工作计划。其次,通过
实施系统性的乡村调研培训,向各地高校/设计单位清晰传达了工作开展方法和
材料汇集方式,确保多家单位、多个地区可以在同一套行动框架中开展工作,进
而保证调研行为的统一性和成果的可汇总性。这一工作方式无疑为乡村调研提
供了方法借鉴。而最核心的支撑工作,当属各调研团队深入各地开展的村庄调
研活动,与当地干部、村长、村民面对面的访谈和对村庄物质建设第一手素材的
采集,能够向读者生动地展示当时当地某个村的真实建设水平或某类村民的真
实生活面貌。

　　我曾参与了课题"我国农村人口流动与安居性研究"的研究设计,也多次参
加了关于本套丛书写作的研讨,特别认同研究团队对我国乡村样本多样性的坚
持。10 所高校共 600 余名师生历时 128 天行程超过 10 万公里完成了面向全国
13 个省(自治区、直辖市)、480 个村、28 593 个农村家庭的乡村田野调查,一路不
畏辛劳,不畏艰险——甚至在偏远山区,还曾遭遇过汽车抛锚、山体滑坡等危险
状况。也正因有了这些艰难的经历,才能让读者看到滇西边境山区、大凉山地区
等在当时尚属集中连片特殊困难地区的乡村真实面貌,也更能体会以国家战略

推行的乡村扶贫和人居环境提升是一项多么艰巨且意义重大的世界性工程。最后，得益于研究团队的不懈坚持与有效组织，以及他们对于多年乡村田野调查工作的不舍与热情，这套丛书最终能够在课题研究丰硕成果的基础上与广大读者见面。

纵观本套丛书，其价值与意义在于能够直面我国巨大的地域差异和乡村聚落个体差异，通过量大面广的乡村调研为读者勾勒出全国层面的乡村人居环境建设画卷，较为系统地识别并描述了我国宏大的、广泛的乡村人居环境建设工程呈现出的差异性特征，对于一直缺位的我国乡村人居环境基础性研究工作具有引领、开创的意义，并为这次调研尚未涉及的地域留下了求索的想象空间。而本次全国乡村调研的方法设计、组织模式和成果展示也为乡村研究领域提供了有益借鉴。对于本套丛书各位作者的不懈努力和辛勤付出，为我国乡村人居环境研究领域留下了重要一笔，表以敬意。当然，也必须指出，时值我国城乡关系从城乡统筹走向城乡融合，乡村人居环境建设亦在持续推进，面临的形势与需求更加复杂，对乡村人居环境的研究必然需要学界秉持辩证的态度持续关注，不断更新、探索、提升。由此，也特别期待本套丛书的作者团队能够持续建立起历时性的乡村田野跟踪调查，这将对推动我国乡村人居环境研究具有不可估量的意义。

彭震伟

同济大学党委副书记

中国城市规划学会常务理事

2021 年 12 月

序　四

改革开放 40 余年来,中国的城镇化和现代化建设取得了巨大成就,但城乡发展矛盾也逐步加深,特别是进入 21 世纪以来,"三农"问题得到国家层面前所未有的重视。党的十九大报告将实施乡村振兴上升到国家战略高度,指出农业、农村、农民问题是关系国计民生的根本性问题,是全党工作重中之重。

解决好"三农"问题是中国迈向现代化的关键,这是国情背景和所处的发展阶段决定的。我国是人口大国,也是农业大国,从目前的发展状况来看,农业产值比重已经不到 8％,但农业就业比重仍然接近 27％,农村人口接近 40％,达到 5.5 亿人,同时有超过 2.3 亿进城务工人员游离在城乡之间。我国城镇化具有时空压缩的特点,并且规模大、速度快。20 世纪 90 年代的乡村尚呈现繁荣景象,但 20 多年后的今天,不少乡村已呈凋敝状。第二代进城务工的群体已经形成,农业劳动力面临代际转换。可以讲,中国现代化建设成败的关键之一将取决于能否有效化解城乡发展矛盾,特别是在当前的转折时期,能否从城乡发展失衡转向城乡融合发展。

乡村振兴离不开规划引领,城乡规划作为面向社会实践的应用性学科,在国家实施乡村振兴战略中有所作为,是新时代学科发展必须担负起的历史责任。开展乡村规划离不开对"三农"问题的理解和认识,不可否认,对乡村发展规律和"三农"问题的认识不足是城乡规划学科的薄弱环节。我国的乡村发展地域差异大,既需要对基本面有所认识,也需要对具体地区进一步认知和理解。乡村地区的调查研究,关乎社会学、农学、人类学、生态学等学科领域,这些学科的积累为其提供了认识基础,但从城乡规划学科视角出发的系统性的调查研究工作不可或缺。

"中国乡村人居环境研究丛书"依托于国家住房和城乡建设部课题,围绕乡村人居环境开展了全国性乡村田野调查。本次调研工作的价值有三个方面:

(1)这是城乡规划学科首次围绕乡村人居环境开展大规模调研,运用了田野调查方法,从一个历史断面记录了这些地区乡村发展状态,具有重要学术意义;

（2）调研工作经过周密的前期设计，调研结果有助于认识不同地区间的发展差异，对于建立我国不同地区整体的认知框架具有重要价值，有助于推动我国的乡村规划研究工作；

（3）调研团队结合各自长期的研究积累，所开展的地域性研究工作对于支撑乡村规划实践具有积极的意义。

本套丛书的出版凝聚了调研团队辛勤的努力和汗水，在此表达敬意，也希望这些成果对于各地开展更加广泛深入、长期持续的乡村调查和乡村规划研究工作起到助推的作用。

张尚武

同济大学建筑与城市规划学院副院长

中国城市规划学会乡村规划与建设学术委员会主任委员

2021 年 12 月

总　前　言

只有联系实际才能出真知，实事求是才能懂得什么是中国的特点。

——费孝通

　　自21世纪初期国家提出城乡统筹、新农村建设、美丽乡村等政策以来，乡村人居环境建设取得了很大成就。全国各地都在积极推进乡村规划工作，着力解决乡村建设的无序问题。与此同时，我国乡村人居环境的基础性研究却一直较为缺位。虽然大家都认为全国各地的乡村聚落的本底状况和发展条件各不相同，但是如何识别差异、如何描述差异以及如何应对差异化的发展诉求，则是一个难度很大而少有触及的课题。

　　2010年前后，同济大学相关学科团队在承担地方规划实践项目的基础上，深入村镇地区开展田野调查，试图从乡村视角去理解城乡人口等要素流动的内在机理。多年的村镇调查使我们积累了较多的深切认识。此后的2015年，国家住房和城乡建设部启动了一系列乡村人居环境研究课题，同济大学团队有幸受委托承担了"我国农村人口流动与安居性研究"课题。该课题的研究目标明确，即探寻乡村人居环境改善和乡村人口流动之间的关系，以辨析乡村人居环境优化的逻辑起点。面对这一次难得的学术研究机遇，在国家和地方有关部门的支持下，同济大学课题组牵头组织开展了较大地域范围的中国乡村调查研究。考虑到我国乡村基础资料匮乏、乡村居民的文化水平不高、运作的难度较大等现实情况，课题组确定以田野调查为主要工作方法来推进本项工作；同时也扩展了既定的研究内容，即不局限于受委托课题的目标，而是着眼于对乡村人居环境实情的把握和围绕对"乡村人"的认知而展开更加全面的基础性调研工作。

　　本次田野调查主要由同济大学和各合作高校的师生所组成的团队完成，这项工作得到了诸多部门和同行的支持。具体工作包括下乡踏勘、访谈、发放调查问卷等环节；不仅访谈乡村居民，还访谈了城镇的进城务工人员，形成了双向同步的乡村人口流动的意愿验证。为确保调查质量，课题组对参与调研的全体成员进行了培训。2015年5月，项目调研开始筹备；7月1日，正式开始调研培训；

7月5日,华中科技大学团队率先启程赴乡村调查;11月5日,随着内蒙古工业大学团队返回呼和浩特,调研的主体工作顺利完成。整个调研工作历时128天,100多名教师(含西宁市规划院工作人员)和500多名学生参与其中,撰写原始调查报告100余万字。本次调查合计访谈了7 578名乡村居民,涉及13个省(自治区、直辖市)的85个县区、234个乡镇、480个行政村和28 593个家庭成员。此外,还完成了524份进城务工人员问卷调查,丰富了对城乡人口等要素流动的认识。

本次调研工作可谓量大面广,为深化认知和研究我国乡村人居环境及乡村居民的状况提供了大量有价值的基础数据。然而,这么丰富的研究素材,如果仅是作为一项委托课题的成果提交后就结项,不免令人意犹未尽,或有所缺憾。因而经过与参与调查工作的各高校课题组商讨,团队决定以此次调查的资料为基础,以乡村居民点为主要研究对象,进一步开展我国乡村人居环境总貌及地域研究工作。这一想法得到了住房和城乡建设部村镇司的热忱支持。各课题组很快就研究的地域范畴划分达成了共识,即按照江浙地区、上海地区、江淮地区、长江中游地区、黄河下游地区、东北地区、内蒙古地区、四川地区和西南地区等为地域单元深化分析研究和撰写书稿,以期编撰一套"中国乡村人居环境研究丛书"。为提高丛书的学术质量,同济大学课题组将所有调研数据和分析数据共享给各合作单位,并要求全部书稿最终展现为学术专著。这项延伸工程具有很大的挑战性,在一定程度上乡村人居环境研究仍是一个新的领域,没有系统的理论框架和学术传承。为了创新、求实、探索,丛书的编写没有事先拟定共同的写作框架,而是让各课题组自主探索,以图形成契合本地域特征的写作框架和主体内容。

丛书的撰写自2016年年底启动,在各方的支持下,我们组织了4次集体研讨和多次个别沟通。在各课题组不懈努力和有关专家学者的悉心指导和把关下,书稿得以逐步完成和付梓,最终完整地呈现给各地的读者。丛书入选"十三五"国家重点图书出版物出版规划项目,获得国家出版基金以及上海市新闻出版专项资金资助。

中国地域辽阔,我们的调研工作客观上难以覆盖全国的乡村地域,因而丛书的内涵覆盖亦存在一定局限性。然而万事开头难,希望既有的探索性工作能够激发更多、更深入的相关研究;希望通过对各地域乡村的系统调研和分析,在不远的将来可勾勒出中国乡村人居环境的整体图景。在研究的地域方面,除了本丛书已经涉及的地域范畴,在东部和中西部地区都还有诸多省级政区的乡村有待系统调研。在研究范式方面,尽管"解剖麻雀"式的乡村案例调研方法是乡村人居环境研究的起点和必由之路,但乡村之外的发展约束也绝不可忽视,这也是国家倡导的"城乡融合发展"的题中之义;在相关的研究中,尤其要注意纵向的历史路径依赖、横向的空间地域组织和垂直的国家制度政策。尽管丛书在不同程度上涉及了这些内容,但如何将其纳入研究并实现对案例研究范式的超越仍待进一步探索。

本丛书的撰写和出版得到了住房和城乡建设部村镇司、同济大学建筑与城市规划学院、上海同济城市规划设计研究院和同济大学出版社的大力支持,在此深表谢意。还要感谢住房和城乡建设部赵晖、张学勤、白正盛、邢海峰、张雁、郭志伟、胡建坤等领导和同事们的支持。来自各方面的支持和帮助始终是激励各课题组和调研团队坚持前行的强劲动力。

最后,希冀本丛书的出版将有助于学界和业界增进对我国乡村人居环境的认知,并进而引发更多、更深入的相关研究,在此基础上,逐步建立起中国乡村人居环境研究的科学体系,并为实现乡村振兴和第二个百年奋斗目标作出学界的应有贡献。

赵 民 张 立

同济大学城市规划系

2021 年 12 月

前　言

乡村人居环境是人类基本、真实生活的反映,蕴含着丰富的地域人文特征和生态营建经验,承载着乡村居民实现安居乐业的现实愿望。随着乡村振兴战略的实施,乡村在我国城乡建设中的地位越来越重要。

我国地域广阔,多样的地理环境使得各地乡村人居环境差异化特征明显。因地处独特地理单元,内蒙古乡村形成了独特的生产生活方式,其间蕴含着丰富的人文特质和地域特征。探索特定地理单元乡村聚落空间模式和适宜性规划方法,建设符合地域特征、生产生活规律的聚落空间,是保护和传承多民族"聚落基因"、高效利用资源、改善乡村人居环境的有效途径。2015 年,国家住房和城乡建设部开展一系列中国乡村人居环境研究课题,内蒙古工业大学承担子课题"低人口密度地区乡村人居环境研究"。2015—2017 年,课题组对内蒙古地区的乡村开展专项调查研究,数次深入农牧区开展田野调查工作。历经两年多的基础数据收集整理,近两年的奋力笔耕,结合国家自然科学基金项目"内蒙古草原城镇公共设施适宜性规划模式研究"(51268039)、"内蒙古草原聚落空间模式与适宜性规划方法研究"(51868057)等课题研究成果,编写完成本书。

本书内容包括内蒙古乡村人居环境政策变迁、内蒙古乡村人居环境基础条件、内蒙古乡村类型、内蒙古乡村人居环境营造、内蒙古乡村典型案例、内蒙古乡村人居环境质量评价等。内蒙古乡村人居环境政策变迁分析了内蒙古乡村不同时期的政策性影响因素,研究了各时期乡村聚落空间特征和演进历程。内蒙古乡村人居环境基础条件从自然与生态环境、经济与产业环境、人口与社会环境、民族与文化环境四个方面详细阐述了内蒙古地区乡村人居建设的基础。内蒙古乡村类型部分依据既有研究和内蒙古乡村特征,划定了农业型乡村、林业型乡村、牧业型乡村和混合型乡村四个类型。内蒙古乡村人居环境营造论述了乡村居民点选址特征,界定了乡村居民点空间分布和形态特征,并探讨了人居空间发展模式。内蒙古乡村典型案例通过选取河套灌区、蒙东林区、锡林郭勒牧区典型乡村,详细描述了农业型及林业型、牧业型、混合型乡村人居环境特征,呈现了不同类型乡村在相关因素影响下其人居环境建设的现状，分类型探讨了内蒙古乡村发展途径。内蒙古乡村人居环境质量评价通过评价体系的建立，明晰了人居环境质量的影响因素。

一直以来，乡村领域的规划理论方法研究滞后于乡村规划建设实践，一定程度上制约了乡村人居环境发展的客观需求。本书作为城乡规划学科乡村领域理论和方法研究的地域性补充，希望从具有生态示范性和地域表达性的聚落空间模式和适宜性规划方法方面，为完善区域化、类型化的中国乡村人居环境理论研究提供参考，为我国乡村人居环境地区差异性建设提供方法借鉴，同时也为内蒙古乡村人居环境建设提供可资借鉴的经验。

本书各章的主要撰写工作如下：第 1 章，荣丽华主笔；第 2 章，荣丽华、郭丽霞主笔；第 3 章，郭丽霞主笔；第 5 章，张立恒主笔；第 4、6、7、8、10 章，荣丽华、王强主笔；第 9 章，郭丽霞、张立恒主笔。

本书的撰写伴随着内蒙古乡村人居环境领域的课题研究、教学思考和实践探索，希望能够为我国乡村人居环境建设有一砖一瓦的填补。然而，由于研究所涉范围较广，内容庞杂，课题组虽竭尽全力，但限于水平、时间等种种因素，仍有不足之处，敬请专家和读者批评指正。

荣丽华

2019 年 11 月

目　　录

第1章 概　述

　　本章概述性地介绍了内蒙古草原聚落的形成与发展历程,阐述了内蒙古乡村人居环境调查研究的目的、意义、内容、方法和工作组织,界定了基本概念,阐明了理论基础,明确了调查范围和样本选择,为后续研究奠定基础。

1.1　内蒙古乡村聚落的形成与发展

1.1.1　游牧时期的草原聚落

　　内蒙古地域广阔,自古以来便是北方游牧民族繁衍生息之地,甲骨文中有"土方""鬼方"的记载,史书中则有"戎""狄"等族称。这里先后生活过匈奴、乌桓、鲜卑、柔然、突厥、回鹘、契丹、室韦、鞑靼等游牧部族。蒙古民族历史悠久,发祥于今呼伦贝尔额尔古纳河流域。大约7世纪,蒙古部从额尔古纳向西部蒙古草原迁移,迁至鄂嫩河、克鲁伦河、土拉河上游和肯特山以东一带。13世纪初,成吉思汗统一蒙古诸部,建立蒙古汗国,创下震撼世界的宏伟基业。自此,"蒙古"由一个部落的名称变为一个民族的名称。13世纪末,忽必烈迁都燕京(今北京),改国号为元,奠定了中国统一的多民族国家版图。14世纪中叶,朱元璋建明灭元,蒙古部族退守回内蒙古高原后清人统一全国,清朝满洲部族征服漠南蒙古各部,参照满族的八旗制度,在蒙古地区建立了盟旗制度。新中国成立后盟旗制度废除,但称谓保留至今,盟相当于专区,旗相当于县。内蒙古草原聚落①经历了从游牧到定居,再到多元化发展的演变历程,生产生活也随之出现农业、林业、牧业、混合等多元方式。

　　元朝统治者在蒙古族聚居地区实行的"限农"政策和清初统治者实行的"禁垦"政策,很大程度上保护了该地区牧业的完整性,而清末民初长期推行的"移民

---

① 聚落是人类聚居和生活的场所,分为城市聚落和乡村聚落。本书为突出地域特征,将位于内蒙古辖区内,以牧业经济活动为主要形式的乡村聚落称为"草原聚落"。

实边""农垦兴边"等政策,其直接后果是汉族人口的大量涌入和蒙地的开垦,农耕文化和汉文化随之传入内蒙古地区[1,2]。游牧时代牧民逐水草而居,居住地随着放牧点的迁徙而变换。这种迁徙自由且遵循一定规律,每一个浩特①都有自己相对固定的季节营地,随着季节转换以及草场资源的状况,变换放牧地。这个时代的草原聚落,有着朴素的生态观,蒙古人的转场、迁徙可以让草场得到休养生息,减少放牧对草场的压力。清朝末期,随着"移民实边""开荒放垦"政策的推行,绥远、察哈尔等地区实行大规模的官办垦务,开垦蒙旗土地,大量被开垦的土地由山西、河北的农民(民人)前来耕种[3]。土地大规模开垦的同时,人口激增、民人定居、民村形成,土默川广袤的原野上,出现了数以百计的"板升"②,移民定居的村落、蒙汉杂居村落和农耕蒙古人村落开始形成。移民开垦是内蒙古地区从游牧社会向农耕社会转变的根本原因,禁而不止的移民潮最终使内蒙古中部土默川和东南部喀喇沁地区首先开始出现农耕村落。但受当时历史条件、自然条件、社会环境和人地关系的制约,村落聚居规模均不大。

1.1.2　新中国成立初期从游牧到定居

"由牧转农"的社会转型过程中,内蒙古地区人口结构、经济类型、人地关系、聚落形态、社会制度等各方面都发生了很大的变化。内蒙古乡村由于内部发展动因的缺乏,国家体制政策对于民族地区社会发展变迁的重要性要高于其他地区[4]。新中国成立以后,土地改革、民主改革、人民公社化、家庭联产承包等均对内蒙古的乡村有较大影响。1984年,内蒙古自治区的人民公社、生产大队、生产小队建制被撤销,苏木(蒙古族聚居区的乡级政府)、乡、镇人民政府建立。苏木下设嘎查(村)、浩特(居民点),一直沿用至今。

土地改革后的牧区经济,大量存在的是细小的、分散的,以家庭为主体的个体牧民经济和少数牧主经济。这时期的草原聚落(艾里③)多以家庭为单位,

---

① 蒙古语,指蒙古族在游牧迁徙时形成的非固定聚居点,现多引申为城市。
② 蒙语"房舍"之意,源于汉语。清朝末期开垦蒙地,在土默川地区修筑房舍,建立村落,从事农、副、手工业生产,当地蒙古族将这些房舍、村落和汉族百姓称为"板升"。后亦泛指土木建筑的房舍、城堡及周围的园田。
③ 蒙古语,指村子、村落、村庄,也有户、家的意思,是音译词。

游牧或半定居,围绕庙宇或王府分散而建,规模小。以家庭为单位的生产经营,生产方式单一,工具简陋,生产资金缺乏,经济力量薄弱,生活闭塞,存在着一系列局限性。随着生产力的发展,这些局限性日益显露,因此牧民们根据生产需要,有了协作、合作的念头。合群放牧换工是牧区普遍存在的现象,牧民们相继建起了互助组、初级合作社和高级合作社。牧区生产方式和生活方式发生了深刻的变革。生产资料的积累,生产经营上的合作,迫使牧民的居住地也相对聚集起来。

1.1.3　从人民公社到家庭承包

20 世纪 60 年代,受"人民公社化"影响,牧区效仿农区形式,集中建设"牧民新村"与"队",使得居民点相对集中,牧户开始定居,逐步建设少量基础设施。这一时期,定居和半定居成为牧民生活的基本形式,乡村规模扩大,并配备简单的公共服务设施,游牧时代的分散化管理方式向集约化转变,牧民的居住条件得到改善。在相对固定的居民点,建有永久或半永久性住房,具有行政管理、生产调配、交往合作等职能,但当时"大一统"体制下形成的居民点,对牧区经济发展并没有起到促进作用,反而出现了过分集中、统得过死,生产组织上的"大集体",分配制度上的"大锅饭"等弊端。在"左"的思潮影响下,刚刚兴起的互助合作一下子被推到了顶端,在这种体制的支配和制约下,形成了相对集中的牧区居民点。

十一届三中全会后,以家庭承包为主要形式的联产承包责任制在全国农村广泛推行,"包产到户"成为主要方式。牧区将草场公有承包、牲畜作价归户,形成"草场公有承包,牲畜私有户养"的牧业经营方式。均等生产资料小规模的经营方式打破生产队体制,使牧民有了养畜自主权,大部分牧区将草场划分给牧民使用,提高牧民生产经营的积极性。由于生产关系的变革,牧区在生产上形成了集体(统)和牧户(分)的双层经营体制。这一时期的草原聚落,由于牧区经济体制改革,布局形式发生了新的变化。这种变化主要有两种形式:一种是草原聚落仍保留原形,牧户夏秋之季出场流动放牧,建起临时"小居民点";另一种是牧户搬迁到自己的草场上,新建起长久的居住点,有的是经济联合体，有的则是独家经营的邻里户，草原聚落布局呈现集中与分散相结合的特点。

1.1.4 生态文明时期协调发展

21世纪是生态文明时代，内蒙古乡村聚落要走生态化、可持续发展之路，很大程度上取决于生产、生活方式的转变和经济、产业转型。生态文明和新型城镇化背景下，乡村聚落的格局随之改变，并不断适应社会、环境与经济的发展。"大分散"与"小集聚"的有机结合成为牧区乡村聚落主要特征，环境资源禀赋挖掘、社会经济资源配置优化、不同区域发展预测与人口分布调整，将是乡村聚落有效承纳新增人口并且不断提高人民生活水平的有效方法。

新时期，生态文明建设的倡导和内蒙古乡村生产生活条件的变化，乡村类型呈现地带性分布、多元化发展趋势。以种植业和养殖业为主的农业型乡村多分布于阴山以南，贺兰山、大兴安岭以东的平原地带，以畜牧业生产为主的牧业型乡村（苏木、嘎查）分布于阴山北麓、阿拉善和大兴安岭以西的广大草原地区，农牧交错地区的乡村多属于混合型，大兴安岭林区还保留有部分原国有林场转型的林业型乡村。农业型和混合型乡村数量多、规模相对较大，空间布局和乡村营建多借鉴平原地区乡村的建设方法。牧业型乡村数量少，但村域面积大，空间布局具有独特的地域特征，营建过程中需要整合一定范围草场资源，划定生态保育区、生产区和生活区，在宏观层面构建乡村聚落空间等级网络模型，在微观层面研究内部空间组织模式，注重"地域性"和"多样性"等原生特征表达，探索"生态空间、生产空间、生活空间"协同发展，符合区域生境可持续发展的内蒙古乡村人居环境。

1.2 内蒙古乡村人居环境调查研究的价值

1.2.1 完善中国乡村人居环境理论研究

应用人居环境科学的理论，梳理内蒙古乡村人居环境发展历史过程和地域特征,通过挖掘、整理内蒙古地区乡村建设中蕴含的生态价值和建造技艺,可弘扬地区文化和民间智慧;利用现代科学的理论和方法,将其内化为民族地区乡村特有的、符合可持续发展要求的人居环境营建方法,将有助于高效利用内蒙古地区的独特优势;结合当前科学的理论方法和技术成果,建立符合内蒙古经济与社会发展状况的乡村人居环境建设原则、对策和模式,将为乡村地区的人居环境建设提供参考和可操作的实施模板,进而实现人居环境的可持续发展目标。

一直以来乡村领域的规划理论方法研究滞后于实践,导致很多地方套用城镇居住小区模式进行乡村建设,忽视了乡村聚落特征。研究团队对内蒙古乡村人居环境进行了全面系统的研究,客观分析乡村人居环境营建过程中存在的问题,积极探索与区域生态、农牧业生产、乡村生活、文脉传承协同发展的人居环境,揭示特殊自然地理环境和社会文化影响下的聚落空间模式,这对于探索内蒙古地区乡村人居环境可持续发展理论具有一定的科学意义。内蒙古乡村调查研究是对城乡规划学科乡村聚落理论和方法研究的地域性补充,为完善区域化、类型化的中国乡村人居环境理论研究提供了参考。

1.2.2 推进内蒙古乡村人居环境建设

近年来,随着"围封转移""定居舍饲""生态移民""新农村""美丽乡村"等工程的实施,内蒙古地区的乡村人居环境条件得到较大改善,生产生活方式也随之发生变化。现代语境下快速营建的"新农村、新牧区"和移民新村,往往由于对草原生态格局、牧区生产生活方式缺乏科学认识,出现地域文化失语、聚落形态无根、空间结构紊乱等问题,直接影响到草原地区可持续发展。

因此,研究团队从边疆民族地区乡村人居环境营建实践出发,以乡村人居环境整体生态系统和谐为目标,归纳总结出适应内蒙古地区生态、生产、生活特征的乡村人居环境营建方法;全面系统梳理内蒙古地区乡村人居环境质量、环境保护和环境建设现状,总结自治区目前乡村建设事业的成就与存在的不足;通过对乡村地区社会经济和文化环境的深入研究,准确把握乡村地区居民对乡村人居环境建设的真实需求;总结乡村生态环境建设的先进经验和模式,结合人居环境的相关理论与地区发展特色,探索适合内蒙古乡村地区人居环境建设的模式、技术和方法。

笔者多次深入内蒙古草原深处,对内蒙古乡村人居环境进行实地调查研究,在掌握乡村聚落大量基础数据的前提下,进一步探索内蒙古乡村聚落适宜性营建模式,可为拓展乡村人居环境研究的层次性和地域性,落实国家改善农村人居环境政策,实施乡村振兴战略、构建和谐社会、建设美丽乡村提供可资借鉴的思路和方法,这对内蒙古地区生态环境保护、乡村人居环境改善、边疆民族地区团结稳定都具有重要的现实意义。

1.2.3　保护与传承多民族文化

我国是一个多民族的国家,少数民族地区至今仍存在未经大规模扰动的聚落,堪称我国乡村聚落的"基因库",它们是原住民生产、生活、休憩以及进行各类社会活动的生栖地[5]。随着社会的转型发展,少数民族地区的人口结构、经济形态、土地关系、社会生活均发生了较大变化。乡村人居环境受到现代化生产方式、多元价值观念、新技术的冲击,传统乡村人居空间已难以适应现代生产生活需求,面临重构或重组。传统习俗、制度文化、价值观念和行为方式将特质相同的农户置于共同的社会文化背景下,构成了乡村人居环境的社会网络环境[6]。调查特定地理单元少数民族地区乡村人居环境,建设符合地域特征、生产生活规律的乡村空间,是保护和传承多民族"聚落基因"、高效利用资源、改善人居环境的最佳途径,也是弘扬民族精神、保护地域文化的有效方法。

长期的二元体制导致我国城乡人居环境存在巨大差异。近年来,"新农村""美丽乡村""特色小镇"等一系列推动农村地区人居环境建设的发展战略,使得农村地区的物质环境和管理水平有了较大幅度的提高。但城乡人居环境间存在的固有差距,以及农村地区环境问题突出、人居建设无序、自然生态环境被破坏等问题仍然十分严峻。加之,农村传统聚落文化、社区意识发生剧烈变化,农村地域文化逐步走向衰落,农村人居环境"提质增效"刻不容缓[2,3],研究农村人口流动与农村人居环境特征有其深层的社会价值。

1.3　内蒙古乡村人居环境研究的基础与理论

1.3.1　内蒙古乡村与人居环境的概念

1）内蒙古乡村

《辞源》对乡村的解释是指主要从事农业、人口分布较城镇分散的地方。相对于城市地区而言,乡村地区人口稀少,比较封闭,以农业经济为主,空气清新,风景宜人,利于人与自然和谐共处,具有明显的田园特征。故而,"内蒙古乡村"即内蒙古自治区行政辖区内,主要从事农牧业生产、人口分布较城镇分散的地方。乡村属于一种地域概念,从研究范围角度,本书的研究对象虽处于同一行政辖区内,却分布在不同的地理环境中,所采取的生产生活方式具有较大差异性。按照地理环境和生产方式特征可将内蒙古乡村分为农业型、林业型、牧业型、混合型四种类型,混合型按照产业结构又可细分为农牧混合型、农工混合型、农商混合型。

内蒙古地域狭长,地貌类型多样,不同类型的村庄呈现出不同的人居环境特征。大兴安岭东麓的嫩江西岸平原和西辽河平原,阴山脚下和黄河岸边的土默川平原、河套平原及黄河南岸平原的村庄,以农业生产为主要生产方式,经济来源依靠第一产业,形成稳定形态的聚居点,属于农业型乡村。大兴安岭以西的呼伦贝尔草原、阴山北麓锡林郭勒草原地区的乡村以牧业生产为主,布局分散、占地较广,属于牧业型乡村(如苏木、嘎查)。而大兴安岭林区以林业为依托,以林业局为主要经营主体,村民以企业职工的形式参与经营,过去以林业生产(采伐)和维护为主要活动,目前以林业维护和相关产业为主的乡村,属于林业型乡村。以第一产业为主,依托第一产业发展,带动第二产业、第三产业的后续发展,在产业发展上形成农业与牧业的融合,农业与涉农工业的融合以及农业与涉农服务业(旅游业)的融合,则形成形态丰富的混合型乡村。

2）内蒙古乡村人居环境

人居环境是人类聚居生活的地方,是与人类生存活动密切相关的地表空间,它是人类在大自然中赖以生存的基地,是人类利用自然、改造自然的主要场所,包括自然、人类、社会、居住、支撑五大系统[7]。人居环境涵盖所有的人类聚居形式，通常分为乡村、集镇和城市三大类。乡村人居环境是人居环境的重要组成部分，是村民生产劳动、生活居住、社会交往、休闲娱乐的场所，主要包括乡村社会经济、生态环境、基础设施、居住条件、人文环境等几大方面。与城市比较而言，乡村有着截然不同的自然景观、人文环境、风貌特征。乡村因规模小，与自然生态环境一体相连，更容易实现人、自然、社会的和谐共生。

在中国快速城镇化进程中，为适应社会经济发展需要，城市人居环境成为国内外学者的关注热点，而对与城市享有同等发展权利的广大乡村地区的人居环境研究略显不足，这在一定程度上阻碍了乡村地区人居环境的改善和品质提升。近年来对乡村人居环境的研究大体可分为理论研究与实践研究。乡村人居环境理论研究以人居环境演变历程、人居环境建设理论的相关研究为主，揭示人类生境变化规律，为现今乡村人居建设提供参考和借鉴。实践研究可分为案例研究与评价研究，案例研究通过对提升人居环境的实际案例深入剖析，提出理念、总结经验，构建乡村人居环境质量评价体系与指标，评价与分析乡村人居环境现状的影响因素。

内蒙古地处我国北部边疆，其乡村与其他地区的乡村相比较而言，具有生态脆弱、多民族聚居、人口密度低、空间布局分散等显著特征。内蒙古乡村与生态环境的根植性强，生态空间、生产空间、生活空间关系紧密，乡村选址与空间布局具有生态本底性和生产组织决定性。历史上"游而牧之"的生产方式和"游而居之"的生活方式，蕴含着游牧民族对草原地区畜草关系和人地关系的辩证思考，体现着朴素的生态价值观，是符合草原生态特征的生产生活方式。本书从保护草原生态环境和提升内蒙古乡村人居环境品质出发，强调把内蒙古乡村看作一个整体，从自然、经济、社会、文化等方面系统地、综合地进行研究，探索与现代农牧区生产生活方式相适应的乡村聚落空间模式，与内蒙古草原生态环境及生产生活方式相适应的理论与营建方法。

1.3.2　内蒙古乡村人居环境研究的理论基础

1）人居环境科学

人居环境科学（Science of Human Settlements）是吴良镛先生对希腊学者道

萨迪亚斯提出的"人类聚居学"学术思想的升华,结合中国国情和自身多年的理论研究与实践经验,创建的一门以人为核心、大自然为基础、人与自然和谐为目标、人类聚居为研究对象,着重探讨人与环境之间相互关系的科学。吴良镛先生借鉴"人类聚居学"的系统观念,将人居环境分为自然系统、人类系统、社会系统、居住系统、支撑系统五大系统;学科范围划分为全球、区域、城市、社区(村镇)、建筑五大层次;基于中国国情,将生态、经济、技术、社会、人文作为人居环境的五大原则,并提出完整系统的研究方法与步骤:根据经验研究人类聚居,用经验验证的方法进行人类聚居与其他事物的比较研究,进行抽象理论研究以得出理论假设,把理论假设进行实际验证,反馈并进行理论修正[7]。

　　我国乡村社会形态与结构复杂多样,地理单元多样、分布数量大范围广、社会经济发展程度不一,因此,探索一定地域范围内乡村人居环境营建方法和具体实施策略,是广大乡村地区有效利用资源、促进社会经济发展、改善生产生活条件和人居环境的有效途径。内蒙古乡村分布在广袤的内蒙古大地,类型复杂多样,经济产业发展缓慢,基础设施落后,生态环境脆弱,聚落规模小、布局松散,呈现出"离散型"典型特征。这些因素决定了内蒙古乡村不适合以统一模式进行规划建设,发达地区的乡村营建方法,由于自然环境和生产生活方式的巨大差异,对内蒙古乡村可借鉴性有限。因此,亟须在实地调查研究的基础上,提出不同类型(农业型、林业型、牧业型、混合型)乡村聚落的规划方法和实施措施。

　　内蒙古乡村根植于草原深处,与广袤的草原一体相连,自然地理环境及生产生活方式独特,民族特色浓郁。故而,草原地区的人居环境是中国人居环境不可缺少的一部分。本书的研究是我国乡村人居环境研究的组成部分。人居环境科学的理论创新和科学思维导向,对本书的研究具有重要的理论指导意义。本书将人居环境科学的基本理论具体应用于内蒙古乡村建设,从而探索适宜的规划方法,建设牧区生态型、环境友好型乡村空间,以期不断改善和提升内蒙古乡村人居环境品质。

2) 可持续发展理论

　　可持续发展理论(Sustainable Development Theory)以公平性、持续性、共同

性为基本原则,既满足当代人的需要,又不对后代人满足其需要的能力构成危害,倡导发展中的代际平衡,最终达到共同、协调、公平、高效、多维的发展目标。在城乡规划学科领域,霍华德提出的"田园城市"、沙里宁提出的有机疏散、美国学者路易斯·萨杰维拉提出的城市生命周期论,蕴含着朴素的可持续发展观。随着人类环境时代的到来,可持续发展理念深入城乡规划研究领域。1980年国际建筑师协会马尼拉大会便达成"当代最突出的问题是人类环境恶化,城市规划必须注重环境综合设计"的共识。可持续发展的乡村人居环境倡导生态空间、生产空间和生活空间的和谐共生,从而提高社会效率、经济效率,追求居住环境运行系统的生态化和可持续性。内蒙古乡村聚落因其独特的自然生态条件,生产生活方式有别于其他地区的乡村,不同规模的聚落群体组合与空间布局,表现出多样的形态特征,形成了独特的空间网络格局。新时期,内蒙古乡村空间功能分化,"三生空间"(生产、生活、生态)结构关系较难适应现代农牧业生产需求,因此需要以解决现实问题为导向、可持续发展理论为指导,系统构建"三生空间"并营建符合地域特征的乡村人居环境。

1.3.3　内蒙古乡村人居环境研究的现状

有关内蒙古乡村聚落的记载最早见于13世纪《蒙古秘史》关于"古列延"①的描述,"古列延"由许多"阿寅勒"②聚集而成[8],被视为11—12世纪蒙古人主要的游牧形式之一[9]。"古列延"思维特征在军事组织形式、游牧组织形式、狩猎形式及民风习俗当中均得到广泛应用,如今牧区的那达慕大会和庙会仍有体现,是蒙古人崇尚"圆形"的表现[10]。关于内蒙古乡村聚落的研究多见于对牧区住居形态的研究,体现在对蒙古族传统民居蒙古包的建筑形态、建筑结构、建筑材料、建造技术等方面的探索上[11,12]。学者李贺通过对呼伦贝尔草原住

---

① 在现代蒙古语里具有院子、院落、庭院、围墙、范围、领域、框子、圈、营盘等多种意义。古列延是古代氏族社会蒙古人最早的经济生活形式,当某部落屯驻在某地时,围成一个圈子,称作古列延,部落首领处于圈子中央。
② 即为一家一户之意,以家庭为基本经济单位的个体游牧方式。

居空间形态的研究认为,划区轮牧是适合草原生态特征的生产组织方式,牧民住居类型选择具有"生产组织决定性"特征,牧业生产的组织形式和季节性决定了住居类型选择和使用的季节性,并提出"家庭生态牧场"①是未来牧区生产生活组织的新形式[13]。

　　虽然关于内蒙古地区乡村人居环境的研究相对较少,但"人居"思想渗透于乡村聚落空间、生活环境、经济生产、文化风俗等方面的研究中,相关研究多集中在乡村成因及类型、选址特点、藏传佛教影响下的民居特点等方面,并以社会学、地理学领域居多。研究地域则以农业型乡村为主,对牧业型和林业型乡村的研究相对较少。例如,哈旦朝鲁对农业聚落的形成与类型进行的研究[14];李鹏通过对辽代遗址分布情况的研究,得出聚落选址具有沿河漫滩地特点的结论[15];刘援朝通过社会学、人类学研究视角,对内蒙古赤峰市三爷府村进行研究,揭示了乡村聚落形成的社会学内涵[16];建筑学领域,薛飞、韩瑛、董梅菡关于呼包鄂地区传统聚落的研究[17,18];齐卓彦、张鹏举关于呼伦贝尔地区森林文化体系下民族传统聚落和民居的研究[19];薛剑、张鹏举从藏传佛教建筑空间形态角度对内蒙古乌审召镇民居布局的研究[20];城乡规划学科领域,王利伟、赵明基于城乡统筹视角,结合草原牧区城镇化本底条件,提出了牧区城镇化空间组织模式[21]。而本研究团队对准格尔地区乡村聚落空间形态[22]、内蒙古乡村聚落的空间特征[23]、适宜规模与布局[24,25]、公共设施适宜性规划[26]展开了研究工作,积累了研究经验和成果,从而为本书的研究与写作奠定了基础。

　　近年来,内蒙古地区的学者从不同学科领域,针对内蒙古地区人居环境的相关研究较为活跃。盖志毅从经济学角度,研究适宜内蒙古新牧区的建设发展政策,通过梳理牧区政策与草原生态环境之间的关系,提出明确草场产权是牧区建设可持续发展的关键。马明从建筑学角度对内蒙古草原牧民定居点住居空间进行研究,从生态和技术方面对草原人居环境建设提出建议。海山从地理学角度提出"定居和定牧"是造成草原生态环境恶化的主要原因。内蒙古工业大学先后完成"内蒙古民居调研""内蒙古草原生态聚居模式与生态民居体系研究""沙漠绿洲村镇生态规划与绿色建筑研究""内蒙古草原城镇公共设

① 以一户或几户联户经营为单位,以划区轮牧为手段,实施科学养畜和建设养畜,实现畜牧业经济效益和生态效益的家庭生产经营模式和生态建设模式。

施适宜性规划模式研究""内蒙古草原聚落空间模式与适宜性规划方法研究"等课题,从建筑学和城乡规划学科角度对内蒙古地区的民居、生态聚居模式、生态民居体系、村镇生态规划方法、公共设施等内容和领域进行了广泛的调查和研究。

综上所述,内蒙古乡村人居环境整体研究较少,量化研究欠缺,前人研究多以现状研究为主,基础资料相对丰富。本书从城乡规划学科角度,基于内蒙古乡村生态、生产、生活独特的关系特征,构建符合区域生境可持续发展的乡村人居环境。希望本书能拓展人居环境研究的地域性和层次性,为内蒙古乡村人居环境营建提供理论和方法借鉴。

1.4　内蒙古乡村人居环境调查研究的方法

1.4.1　调查研究的工作组织

2015 年,国家住房和城乡建设部(简称"住建部")组织了面向全国的调查研究性课题"我国农村人口流动与安居性研究",内蒙古自治区被选定为人口低密度地区的典型案例区域。课题由同济大学负责,组建了由 11 所高校和科研机构组成的研究团队,按照各区域的特征选择了全国 13 个省市的 480 个村展开了较为全面的农村调查。内蒙古乡村人居环境调查课题组,对内蒙古自治区范围内的乡村人居环境进行了系统性的调查,真切反映了内蒙古乡村人居环境实态,调查成果反映出人口低密度地区普遍性的共同挑战。2016年,住建部委托研究小组完成"内蒙古乡村人居环境研究"课题,旨在利用前期调查成果,深入研究内蒙古地区典型乡村人居环境,本书为该课题的主要成果。

1.4.2　调查研究的工作方法

1) 调查方法与数据来源

首先,通过历史地图集、文字史籍、学术著作及论文、住建部统计信息、国家及地区统计年鉴等统计数据的梳理,获得内蒙古地区的地域特征和发展演进的整体性认知数据资料;其次,选取 11 个旗县区、35 个行政村作为调查对象,以田野调查和访谈的一手数据作为解析内蒙古乡村人居环境总体特征和差异化特征的数据基础。

2) 田野调查内容

考虑到我国长期以来农村统计数据薄弱,以及农村问题具有复杂性和地域差异性等特点,研究团队采取田野调查研究方法,克服微观数据的不足。调研小组首先与内蒙古自治区住房和城乡建设厅主管部门接洽,商定拟调查的村庄,对主管领导进行访谈,从自治区层面了解农村人居环境建设情况。在进入每个旗(县)后,先行与地方政府主管部门接洽,核实确定拟调查的村庄,并对主管领导进行访谈,了解旗(县)全域的农村人居环境建设情况。对于有条件的县,由旗(县)政府主管领导组织召开部门座谈会,全面探讨农村人居环境建设情况和问题。结合既往的乡村调查经验,村民文化水平不高,阅读和理解能力有限,因此我们要求所有问卷必须由调查团队成员亲自入户,通过访谈的形式填写,且调查人员须事前熟悉问卷内容,向调查对象解读各问题的调查目的。

由旗(县)住房和城乡建设局等相关部门带领入村后,首先对村支书或村主任进行访谈,以形成对村庄情况的整体认识,并拍摄村庄的实景照片。访谈全程录音、记笔记,之后按照统一的模板和框架整理访谈内容,形成村庄调查报告并插入实景照片,构成一份完整的村庄调查资料。完成对村支书或村主任的访谈之后(或同步开展),进行村民的入户调查(访谈 + 问卷),原则上每个村庄发放不少于 20 份村民问卷(阿拉善、锡林郭勒、呼伦贝尔等人口极度稀少的个别偏远地区有所减少),所有问卷保证由工作人员"一对一"现场提问、解释并填写。在一些语言沟通有障碍的地区(民族自治乡),调研小组专门配有精通民族语言的调查员或通过村干部的协助,安排普通话较好的村民做翻译,以保证沟通交流的顺畅。

产业是乡村经济发展的核心力量。因此在调查过程中选取当地有代表性的企业,调查员进入工厂现场踏勘,并与企业员工、人事经理及企业负责人进行访谈和问卷的发放。这既为审视农村人居环境提供了不同的视角，也是对本次农村调查的重要补充。

3）定性与定量研究相结合

为提高研究的准确性和说服力，本研究强调定性与定量研究相结合的研究方法，调研人员多次深入内蒙古广大乡村腹地，深层次、多角度地了解内蒙古乡村人居环境现状与未来发展的可能。在完成草原城镇和乡村聚落规划实践和科学研究中，调研小组深入草原内部，进行实地踏勘和社会访谈，多视角、多层面地了解研究对象，形成了对内蒙古乡村人居环境直观而深刻的认知。同时，翔实的基础数据为量化研究内蒙古乡村人居环境提供了科学分析的基础，有利于更清晰地研判乡村人居环境的现状特征和未来发展趋势。

4）系统分析与多学科综合

乡村人居环境研究涉及乡村的自然、社会、人、空间、支撑体系等多方面，且影响乡村人居环境持续、健康、永续发展的因素众多，各影响因素之间存在错综复杂的相互联系。因此，乡村人居环境的研究必然涉及城乡规划学、社会学、生态学、经济学、地理学等学科领域的相关知识。故而，本书的研究采取了系统分析和多学科综合的研究方法。

1.5　内蒙古乡村概况及调查方法

1.5.1　内蒙古乡村概况

内蒙古地处中国北疆，位于北纬 37°24′—53°23′，东经 97°12′—126°04′之间，国土由东北向西南延伸，呈弧形弯曲的带状。东西直线距离 2 400 千米，南北直线距离 1 700 千米，横跨东北、华北、西北地区。辖区总面积 118.3 万平方千米，占全国总面积的 12.3%[27]，截至 2017 年底总人口为 2 528.6 万人。内蒙古地区空间差异大，地理环境与自然条件复杂多样，斜贯区内的大兴安岭、纬向分布的阴山山脉和经向分布的贺兰山地，构成了内蒙古地貌的脊梁和自然地域差异的分界线,把全区截然分成北部的蒙古高原、西南部的鄂尔多斯高原、中间山地及嫩江右岸平原、西辽河平原和河套平原[28]。多样的地理环境使得内蒙古地区形成了一系列不同的自然地带和独特的生态系统,不同自然地带的人居环境也存在较大差异。

　　内蒙古辖区内纯牧业旗县 33 个(其中 18 个地处边境),半农半牧旗县 21 个,山区旗县 47 个,有近 1 000 个苏木(乡、镇),1.1 万个嘎查(村),农村人口1 000 万人,占总人口的 40% 左右。农用地面积 8 148.13 万公顷,其中,耕地面积918.93 万公顷(图 1-1)[29]。内蒙古乡村按照行政体系可划分为苏木(乡镇)、嘎查(行政村)、浩特(自然村)三级体系,按照生产、生活方式可分为农业型、林业型、牧业型、混合型四种类型,按照所在区域可分为东部、中部、西部。课题研究样本区域选择充分考虑内蒙古地域特征,样本分布从西到东横跨内蒙古,涵盖沙漠、戈壁、平原、丘陵、山地、森林等不同特征的自然地理环境。生态环境由西部

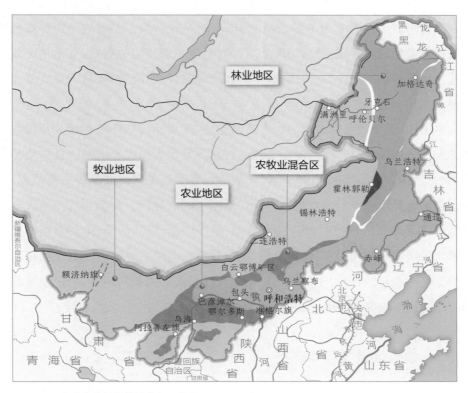

图 1-1　内蒙古乡村地带性分布示意图

阿拉善地区的沙漠环境逐渐向东部的森林环境递进,能够反映不同自然环境对乡村人居环境的影响。西部干旱区生态环境恶劣,资源有限,乡村人居环境呈现出人口密度低、乡村规模小、人口主要集中在城镇地区的特征。中东部地区自然环境优于西部地区,良好的生态环境、富集的自然资源使村庄人口密度高于西部地区,乡村规模较大,人居环境条件较好。

内蒙古地域广阔,横跨不同的气候带、地理带和经济带,乡村产业发展区域差异明显,呈现地广人稀、人均生产资料占有量大等特点。大兴安岭以西、阴山北麓、贺兰山以西的广阔草原地区的村庄以从事牧业生产为主。嫩江右岸平原、西辽河平原和河套平原地区的村庄,以从事农业生产为主。东部大兴安岭林区的乡村依托森林资源,以发展林下经济及旅游产业为主。农牧交错带的乡村农业与畜牧养殖相杂,呈现半农半牧生产特征。内蒙古生态脆弱敏感,导致农牧产业生产规模和产出效益较低,农牧民生活水平有待进一步提高。农业是内蒙古乡村的传统产业,牧业是蒙古族地区的民族产业。随着产业结构的不断调整,内蒙古乡村形成了以农业为主导、牧业为特色的产业结构。丰富的自然资源利于乡村产业类型的多样化发展,而源于人类对自然生态环境的尊重,尊重生态规律是蒙古民族传统的产业观念,因此,生态和产业的良性互动对乡村产业发展尤为重要。

本书中,关于内蒙古乡村居民点空间选址,重点从自然环境和社会环境两方面的外在表现去探寻其间的内涵关联。自然环境作为居民点空间选址的物质基础,靠近水源、水草丰美、地势平坦、气候适宜等因素是空间选址的主要依据,不同因素的差异形成了居民点规模、分布、密度上的差异性。社会环境作为人与空间依存关系的纽带,交往行为、社会治理、经济产业、民族活动、地域习惯形成了地域化的居民点空间形态、建筑风貌、民族景观。内蒙古乡村居民点空间选址与其他地区本质相同,但由于区域物质基础和社会依存关系的差异,居民点空间布局中的居民点规模、功能性质、发展潜力、形态特征等均存在较大差异。

1.5.2　调查区域与样本选择

本研究调查区域选择考虑尽量覆盖内蒙古乡村人居环境典型类型,按照地理区位、生态环境、生产方式和生活条件等因素,选取呼伦贝尔市、乌兰察布市、呼和浩特市、锡林郭勒盟、鄂尔多斯市、巴彦淖尔市、阿拉善盟 7 个地区的典型村落作为调查样本。

　　农业型村庄选择呼和浩特、巴彦淖尔地区,牧业型村庄选择锡林郭勒和阿拉善地区,农牧混合型村庄选择鄂尔多斯和乌兰察布地区,林业型村庄选择呼伦贝尔地区,共 11 个旗县区,总计 35 个行政村,基本涵盖内蒙古自治区不同地形地貌、不同经济发展水平、不同产业类型的乡村(表 1 - 1~表 1 - 3,图 1 - 2,图 1 - 3)。

表 1 - 1　调查样本基本情况

旗　县	乡村、嘎查	村庄数量	村庄生产类型
多伦县、东乌珠穆沁旗	大官场村、河槽子村、小石砬村、呼牧勒敖包嘎查、察干淖尔嘎查、巴彦淖尔嘎查	6	传统牧区、半农半牧地区
阿拉善左旗、腾格里经济技术开发区	鄂门高勒嘎查、南田村、上海嘎查、铁木日乌德嘎查、图日根嘎查、阿敦高勒嘎查、查汉鄂木嘎查、乌兰哈达嘎查	8	农业、半农半牧地区
达拉特旗	道劳村、石活子村、长胜村	3	农业、半农半牧地区
土默特左旗、武川县	保同河村、善岱村、朝号村、安民村、巨字号村、乌兰忽洞村、武圣关帝村	7	农业、半农半牧地区
察哈尔右翼中旗、卓资县	黄花嘎查、羊山沟村、青山社区、伏虎村、一间房村	5	农业、半农半牧地区
五原县	联星村、王善村、新兴村	3	典型农业区
额尔古纳市	自兴林场、朝阳生产队、太平林场	3	典型林业区

　　本次调查对每一个样本乡村进行了实地调查访问,由于部分村民文化水平不高,对调查问卷的阅读和理解能力有限,于是调查人员深入到各户家中,通过深度访谈的形式完成调查问卷的填写。同时,调查组还对村支书或村主任或相关村组织进行了深度调查,以期从不同角度获得乡村的真实发展情况。在内蒙古乡村人居环境的基础调查中,课题团队调查走访了 35 个村(嘎查),共收集有效村民问卷 377 份、村支书或村主任问卷 31 份。

表1-2 内蒙古乡村人居环境问卷调查基本情况

盟(市)	县(旗)	村民问卷(份)	村支书或村主任问卷(份)
锡林郭勒盟	多伦县	47	1
	东乌珠穆沁旗	8	1
锡林郭勒盟合计		**55**	**2**
阿拉善盟	阿拉善左旗	37	7
	腾格里经济技术开发区	2	1
阿拉善盟合计		**39**	**8**
鄂尔多斯市	达拉特旗	34	3
鄂尔多斯市合计		**34**	**3**
呼和浩特市	土默特左旗	46	4
	武川县	41	3
呼和浩特市合计		**87**	**7**
乌兰察布市	察哈尔右翼中旗	40	2
	卓资县	39	3
乌兰察布市合计		**79**	**5**
巴彦淖尔市	五原县	49	3
巴彦淖尔市合计		**49**	**3**
呼伦贝尔市	额尔古纳市	34	3
呼伦贝尔市合计		**34**	**3**
总计		**377**	**31**

表1-3 调查旗县主要经济指标

盟(市)	地区生产总值 (亿元)	人均地区生产总值 (元)	固定资产投资 (万元)	社会消费品零售总额 (万元)
锡林郭勒盟	1 000.10	96 025	6 057 080	2 233 115
阿拉善盟	322.58	133 187	3 482 171	680 568
鄂尔多斯市	4 226.13	207 163	27 191 694	6 603 243
呼和浩特市	3 090.52	101 492	16 046 355	1 353 272
乌兰察布市	913.77	43 221	6 588 156	2 904 137
巴彦淖尔市	887.43	52 987	6 644 995	2 344 851
呼伦贝尔市	1 596.01	63 131	9 258 485	5 458 753

资料来源:《内蒙古统计年鉴(2016)》。

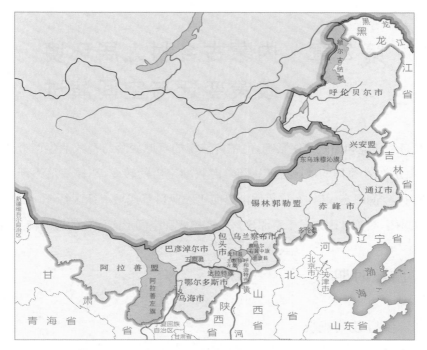

图1-2　"我国农村人口流动与安居性研究"课题内蒙古自治区乡村调查区域分布图

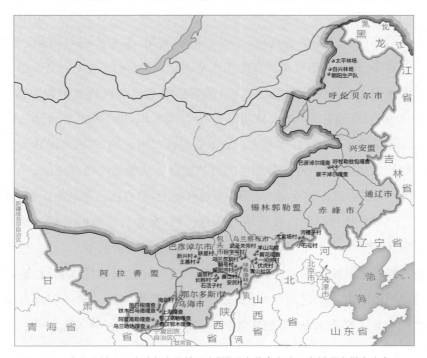

图1-3　"我国农村人口流动与安居性研究"课题内蒙古自治区乡村调查样本分布图

第 2 章　内蒙古乡村人居环境
政策变迁与空间演进

受自然环境和民族文化影响,内蒙古传统的草原聚落与畜牧业生产方式相适应,呈大分散、小聚居的地域特征。随着游牧向定居的转变,草原聚落逐渐由分散走向集中,空间形态、结构布局等逐渐趋向于农业村落或城市社区特征。因草原地区相对封闭,政策性因素对于草原聚落生产模式和空间形态演化的影响较为明显。

2.1　游牧时期

2.1.1　乡村政策概况

自新石器时代开始,内蒙古高原这片广阔的土地上就有人类驯化、养殖野生动物的行为和活动。先后有匈奴、东胡、乌桓、鲜卑、柔然、突厥、回鹘、党项、女真、契丹、室韦、鞑靼等游牧部族在此逐水草而居,这里是游牧文明之伊始。蒙古部落在 8 世纪中叶迁徙到肯特山以后,从狩猎部落逐渐发展成游牧部落。9 世纪,"集体游牧、共同驻屯"的集体生产生活方式出现,即草原"古列延"式游牧。12 世纪,随着畜牧业生产技术和生产效率的提高,"阿寅勒"式家庭游牧逐渐替代了"古列延"式集体游牧,逐水草而居的游牧迁徙生活更加便利、自由。

1206 年,成吉思汗建立蒙古汗国,为加强统治,原有氏族部落组织被打破,土地按照"千户制"进行分封。牧民不可随意迁移,在各自所属的分封土地内逐步形成了较为固定的生产生活场所。草原上开始出现固定的季节营地,按季划分和使用牧场。因营地范围较大,游牧与迁徙仍有一定的灵活性,相对稳定在较为广阔的地域范围内。与此同时,严格的草原保护禁令加强了牧场管理与草场保护,由"嫩秃赤"①管理牧场,普遍实施"分群放牧",专业化的牧人出现。

---

① 蒙古语,指牧场管理人,负责牧场的分配和使用。

　　1271 年,忽必烈建立元朝。为便于行政管理,草原上出现了以行省为单位的固定区域边界。同时,为加强对边疆地区的管理与控制,元政府开始推行"边疆守备、移民屯田"等政策,内蒙古草原出现了大面积的连片农田,包括部分军事农田。这一时期蒙古族与汉族、回族等多民族进一步融合发展,一系列的推进农业、通贡互市等政策推动了农耕文化在草原地区的发展,对内蒙古草原的畜牧业发展、民族文化交流与融合产生了重要影响。

　　辽至明清时期,畜牧业始终处于草原经济的主导地位[2],农业活动则在各历史时期有着不同程度的发展。明朝,由于战争,政府对出塞人口实行严格管制,非官方的自发行为成为内蒙古地区移民的主流,形成了移民集中的半农半牧业地区。在内蒙古土默川地区,万户首领俺答汗大量收留汉族农民和手工业者,在土默川平原引入农业、开垦草原、兴建"板升"[30],该地区由纯牧区逐步发展成为半农半牧区。

　　清朝是内蒙古草原垦荒面积最大的时期。清初,政府对内蒙古地区农业开垦政策以禁为主,但因生活所迫,内地农民自行流入内蒙古地区垦殖种地。至清中期,禁垦政策逐渐松动,大规模的移民和开垦活动使得内蒙古草原在 18—19 世纪形成大面积农耕地区,农业在内蒙古地区成为独立的经济形式。归化城(今呼和浩特市旧城)、土默特旗(今土默特左旗、土默特右旗)、卓索图盟(位于今辽宁省西部、河北省东北部、内蒙古自治区东南部)等地区农业经济逐渐占主导地位,形成了以农业和半农半牧业为主的地区[30]。清末,政府开始推行"移民实边、开放蒙禁"等政策,绥远、察哈尔等地区实行大规模的官办垦务,开垦蒙旗土地,以缓解当时的人口与经济压力。至此,大规模的连续移民垦荒大大加速了草原农业经济发展,内蒙古地区的农区面积急速增长(图 2 - 1)。

　　随着大片牧场变为农田,农耕文化与游牧文化的交融和碰撞变得前所未有的激烈,游牧的生产生活方式逐渐向定居定牧转变,草原生产逐渐向半农半牧、农业、牧业几种类型转变。内蒙古草原从游牧社会向农耕社会的大规模转型历史由此开始。

　　民国时期,草原垦殖规模在清代末期的基础上进一步扩大。生产水平低、种植结构单一、耕作粗放是当时农业生产的主要特征。为加快农业发展,政府推行了一系列移民放垦政策,包括《内蒙古开垦大纲》《垦辟蒙荒奖励办法》《蒙古农业

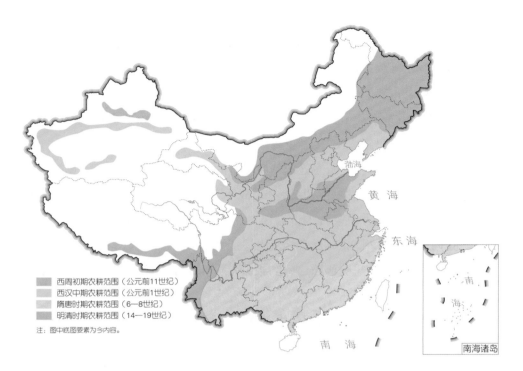

图 2-1　中国大陆地区农耕地扩展示意图
资料来源：李志刚.河西走廊人居环境保护与发展模式研究［M］.北京：中国建筑工业出版社，2010：88.
据此绘制。
注：本图仅示意我国大陆地区农耕地扩展状况，未绘入我国台湾地区和南海诸岛等农耕地情况。

计划案》《蒙古垦殖计划案》《移民垦殖案》[31]等，大规模地推进农业经济规模。政
府设置各级垦务机构，以制度化组织结构对草原各地区进行强化管理，如兴安区
屯垦公署、绥远垦务总局、绥远省垦殖联合办事处等[32]。随着农业区范围的迅速
扩大，草原地区出现了干旱缺水、牧草枯死等环境问题，草原畜牧业进一步萎缩。
1946 年，内蒙古自治运动联合会主席乌兰夫提出："发展生产，第一步需从发展畜
牧业入手。"次年，《内蒙古自治政府施政纲领》中提出需保护传统牧场。草原环
境的压力与传统畜牧业的衰落等现象开始重新唤起人们对草原原生环境与传统
经济的重视。

　　1947 年，内蒙古自治区政府成立后，依据《中国土地法大纲》开始实施内蒙古
土地改革。结合民族特点与地区特征制定的牧区民族改革和农村土地改革的基
本政策，废除了封建土地和牧场制度，实施草原地区的差异化发展政策，即"在牧

业区实行放牧自由、农业区实行耕者有其田"。这一制度的实施,在当时有效地控制了内蒙古草原的垦殖情况、保护了牧区的传统畜牧业发展。

至此,经历了历代小规模垦殖及清朝和民国时期大规模垦荒,内蒙古地区游牧文化受农业文化影响愈加深刻,生态环境、经济结构、社会结构等均随之发生显著变化。到 20 世纪初,河套平原、土默川平原、西辽河平原、嫩江西岸平原和阴山丘陵的滩川地形成了以农业生产为主的农区,牧业生产及牧区则大幅度北移西迁,主要集聚在大兴安岭以西、阴山山脉以北、贺兰山以西和鄂尔多斯高原西部。内蒙古地区逐渐形成以牧业、农业、农牧混合型生产为特征的地带性生产类型划分。

2.1.2　游牧模式下乡村聚居空间特征

游牧时期,牧民与牧群通过季节性迁移以达到"人-畜-草"的最大化平衡。草原是牧民主要的生产生活场所,蒙古包是居住建筑。为倒场①方便,蒙古包的结构、材料和建造都以便于拆卸运输为出发点,居住空间规模小且形态单一。邻近游牧家庭互助合作完成搭建蒙古包、织毡帐、洗羊等生产活动,所建造的空间同时具备一定的抵御外界侵入和防护功能,此类聚居形式被称为"古列延"和"阿寅勒"。

"古列延"和"阿寅勒"是游牧时期的两种典型聚居形式。"古列延"意为"营"或"圈子",是蒙古帝国之前较为盛行的游牧集中聚居模式,可分为大小两类,大"古列延"是以部落或部落联盟为单位,以远征和大型游牧活动为目的;小"古列延"是以氏族为单位,规模相对较小。游牧氏族或部落在不同营地间迁移和驻营时,以氏族或部落酋长的毡帐为中心,蒙古包与幌车从中心向四周层层展开安扎成环形场所,在草原上形成圆形驻营(图 2-2)。波斯史学家拉施特说:"许多帐幕在原野上围成一个圈子、驻扎下来,它们就被称为一个古列延。"[33]

"阿寅勒"出现于 12 世纪,是以生产力的发展和家庭私有制的成熟为前提,主要以家庭为基础单位进行生产生活,依靠邻近的血缘家庭实现生产生活中的互助合作的居住方式。"阿寅勒"是现代草原上嘎查的原型(图 2-3,图 2-4)。

---

① 指游牧民族因"逐水草而居"而将蒙古包、羊群等搬迁并转换草场的传统生产生活方式。

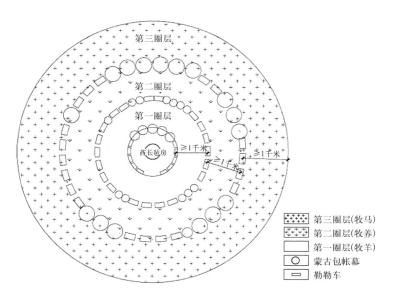

图 2-2 古列延驻营方式 (原型)
图片来源：根据刘兆和《蒙古民族毡庐文化》绘制。

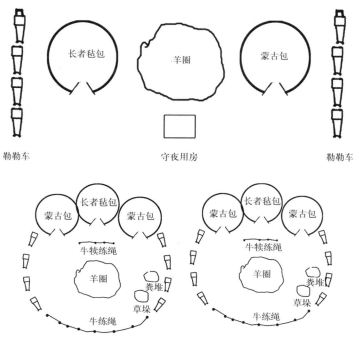

图 2-3 阿寅勒组织方式
图片来源：根据刘兆和《蒙古民族毡庐文化》绘制。

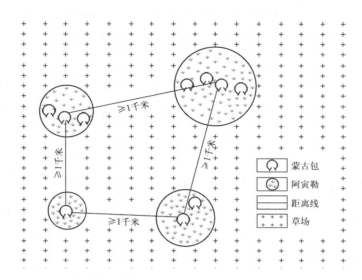

图 2-4　阿寅勒分散式布局
图片来源：根据刘兆和《蒙古民族毡庐文化》绘制。

2.2　游牧向半定居转变时期

2.2.1　乡村政策概况

　　新中国成立后，我国农业经济经历了从人民公社向家庭联产承包责任制的转变，草原经济逐步适应市场体制，以大队或嘎查的行政区划范围作为管理界限[34]，草场范围缩小，传统的游牧活动受到地域界限限制。这一时期是内蒙古地区农村、牧区政策变动较为剧烈的时期，根据政策对草原农牧业的调控情况，可分为以下四个阶段：奖励垦荒阶段、禁止开荒阶段、有条件垦荒与无条件垦荒反复阶段、严禁开荒阶段[35]。不同阶段的农牧业政策直接影响了内蒙古农牧业发展和草原生态环境。

1）奖励垦荒阶段

　　此阶段对应于自治区成立之初的经济恢复时期。新中国成立伊始，恢复生产、促进经济发展是国家首要任务。内蒙古为促进农业生产，在农区和半农半牧区开始执行"奖励垦荒"政策,通过减免农业税鼓励开荒,游牧时期的"牧场保护"方针受到严重冲击,导致内蒙古自治区成立后的首次垦荒潮。因垦荒者缺乏对草原生产特性的科学认知,盲目垦荒非但无助于促生产,反而给草原生态带来极大的破坏。随着草原垦荒面积与人口激增,内蒙古开始实行"游牧＋定居"政策,这一政策的实施使得人口进一步集聚,从根本上改变了传统蒙古民族"逐水草而居"的游牧生产生活方式。

2）禁止开荒阶段

此阶段对应于社会主义改造和人民公社建立时期。盲目垦荒潮后,土壤退化、草场沙化、牧草不生等灾情严重影响了牧区畜牧业发展,内蒙古地区逐步停止垦荒活动,转而实施牧场保护政策。同时,因农牧民在生产生活方式、民族习惯等方面的差异,农业和牧业的生产矛盾和民族纠纷长期存在。为了维护民族团结,国家将半农半牧区的"农牧并重"政策调整为"保护牧场、禁止开荒",以控制因过度开荒造成的生态恶化和民族矛盾问题。这一政策的执行对于保护和恢复草原生态环境具有重要意义。同时期出台的"划定半农半牧区范围、划定农田牧场界限"等具体措施,根据土地类型和生产条件规定了差异化土地使用要求。

3）垦荒反复阶段

此阶段对应于全面建设社会主义时期至20世纪70年代。该时期,草原垦荒政策时有反复,但最终结果仍是草原垦荒面积的迅速增加,越来越多的草原地区开始从事农业生产,农业村落开始在草原上蔓延,草原游牧经济社会进入了重大转型期[34]。

1956年,受全国经济冒进和农业合作化影响,为提前完成粮食任务,内蒙古草原在"开垦荒地、扩大耕地面积"政策指引下,大力鼓励移民垦荒,并减免农业税。但1957年,很快又取消了免税政策,并在农区及半农半牧区征收农业税款。1958年,内蒙古地区开始执行"少种、高产、多收"的开荒政策,垦荒规模相对较小。1960年,在"以粮为纲"的政策背景下,政府对草原垦荒政策做了一系列调整,在"保护牧场、禁止开荒"方针与"开荒免税"政策互相博弈的过程中,内蒙古自治区的垦荒活动始终未能终止,垦荒规模不断增加,但开垦速度总体呈现递减趋势。20 世纪 70 年代,草原"以牧为主"的方针被否定,内蒙古全区开垦草原达 115 万公顷。大面积的开荒、毁草种田使得草原环境恶化、草场生产力急剧下降。

　　直至 1973 年,《内蒙古自治区草原管理条例》颁布后,保护草原牧场的政策被认为是内蒙古草原应坚决执行的地方政策之一。这是内蒙古自治区政府对"开荒免税"政策调整的标志,至此,草原上大规模的开荒行为告一段落。

4)严禁开荒阶段

　　此阶段对应于内蒙古进入社会主义发展新时期。十一届三中全会是全国农村经济体制变革的重要节点,随着中央政治经济体制改革,内蒙古牧业发展进入改革期。改革开放初期,内蒙古地区的农业经济发展仍然处于传统生产模式,总量小、基础薄,政府的资金及技术支持不足,农业生产处于低速增长阶段。经历了数十年的积累,20 世纪末,自治区农牧业经济进入快速发展期,农牧业生产率不断提升,单位产值增长显著,技术进步与产业结构的升级调整对农牧业生产的推动作用显著。随着农村牧区体制改革,人民公社、生产队的旧建制逐渐被更符合地区实际的苏木(乡)、嘎查(村)、浩特(居民点)代替,内蒙古开始在工业和商业较集中的地区建镇,并延续至今。

　　十一届三中全会以后,内蒙古针对牧区一系列的政策调整,主要涉及牧区产权制度和产业政策(图 2-5)。1981 年,内蒙古正式确立了"林牧为主、多种经营"方针,出台了更加严厉的禁止开荒的政策,明确草原不是"荒地",是畜牧业最基本的生产资料。"草畜双承包"制度将草原使用权以及管理、利用、建设保护的责任,长期固定到以"嘎查"为单位的基层组织,草原的使用权和所有权分离。牧民不仅有了发展畜牧业的自主权,也有了管理、保护、使用和建设草原的主动权。

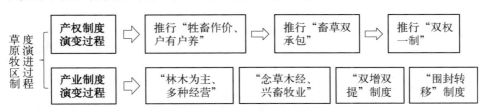

图 2-5　十一届三中全会至 21 世纪初期牧区政策演变过程
资料来源:根据马林等《中国草原牧区可持续发展论》整理。

20 世纪 90 年代中后期,内蒙古禁垦政策更加具体、有力。首先,清除了在此之前出台的开垦草地、林地文件,制定了明确的奖惩机制;其次,逐步落实"双权一制"①草原管理政策,开启了内蒙古草原从自由放牧向舍饲半舍饲畜牧业的转变。

从"草畜双承包"②到"双权一制",从"双增双提"到"围封转移"③,内蒙古牧区经历了从"户有户养"的家庭小规模生产向以"牧业合作社"为主的产权制度变迁(表 2-1),从重视家畜的第二性生产转变为重视草场的第一性生产,草原牧区的环境生态效应与经济、社会效应的协调发展日益受到重视[36]。同时期,草原开始强调多种经营的重要性,并随着自治区工业经济恢复与发展,草原牧区以资源开发为基础的第二产业进入快速增长阶段。2003 年,牧区第二产业占比首次超过畜牧业,产业结构由"一二三"结构演变为"二三一"结构。

表 2-1 十一届三中全会至 21 世纪初期牧区政策具体实施内容

政策类型	实施时间	具体政策名称	重点实施内容
产权制度	1983	牲畜作价、户有户养	集体牲畜作价归户
	1984	畜草双承包	草场所有权归嘎查所有、生产责任统一
	1996	双权一制	"草牧场的所有权、使用权和承包责任制",草原牧场使用权承包到户
产业制度	1981	林牧为主、多种经营	强调牧业为牧区主导产业、退耕还林还草
	1986	念草木经,兴畜牧业	强调退耕还林还草、增草方可增畜等措施
	1996	双增双提	"增草增畜、提高质量、提高效益",重点解决草畜矛盾、保护草原生态
	2000	围封转移	"围封禁牧、收缩转移、集约经营",重点实施退牧还林、还草、禁牧休牧等政策
	2001	草原生态补偿政策	环境保护、人居环境改善、民族经济发展

2.2.2 半定居模式下聚居空间特征

政策指引下的游牧与定居相结合的半定居模式始于自治区成立初期。政府

---

① 指草牧场的所有权、使用权和承包责任制。
② 指"牲畜折价、私有私养、长期不变"和"草场公有、承包经营、长期不变"。
③ "围封转移"的基本目标和主体形式是将"围封"区的牧户整体迁至城镇郊区或交通条件、饲草料条件相对好的地区,使他们从事集约化的奶牛、育肥养殖业。

在部分有条件的地区推广"定居游牧",建设以老弱儿童为主的定居点,配备卫生所、学校等基础设施;青壮年则延续传统的游牧方式,随季节迁移牧群、经营草场,以便保护草原和维持畜牧业生产。之后执行的"划区轮牧"政策,是以人民公社、生产队等基层单位组织生产,根据草原生产力和牧群的需要,将放牧场划分为若干小区,规定放牧时间,按分区顺序放牧,以提升草场产量与品质、提高畜产品生产力。"划区轮牧"政策配合着牧民定居、草场围栏等政策同时实施。此类定居政策在草原上形成了以家庭或嘎查为单位的小规模聚居点。

在以家庭为单位的居住点,草场用栅栏分成多个片区,牧户将靠近水源的草场设为冬营盘,建设固定居民点,形成了以牧户为单位的松散空间布局。牧户形成了以下三种分布格局(图 2 - 6):第一种是固定汉式住宅与守夜房左右并排,中间是牛羊圈,柴垛与粪堆布置在西南方,蒙古包布置在守夜房的南侧;第二种是柴垛、牛羊棚、牧户汉式住宅(蒙古包)自西向东依次排列;第三种是南向外露式羊圈里布置蒙古包住宅,呈南北纵向分布。这三种典型的牧户布局方式的共性特征包括:① 牛羊棚和汉式住宅均为东西分布,蒙古包位于牛羊棚南侧;② 柴垛和粪堆通常位于西南方向;③ 牧户水井位于住房的西南或东南,离住户距离较远;④ 住户没有围合院墙,利用牛羊棚在南向围合牛羊圈;⑤ 牧户的西侧呈南北纵向停放勒勒车。

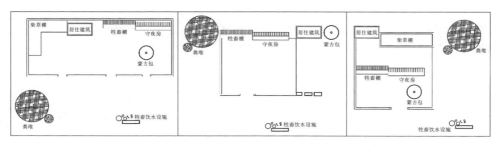

图 2 - 6　牧户分布模式

部分草场的牧民则以较大的嘎查为中心进一步聚集,以嘎查点或牧民新村的形式聚居,牧户数量从数十户到四五十户不等,以半舍饲半放牧式生产为主。居住点建设形式集中、整齐划一,有固定的棚圈和牧场。定居点的牧民住房以砖瓦房、土坯房为主,配备商业、医疗等必要的服务设施。草原聚落呈现定居与游牧相结合、大分散小集中的布局形式(图 2 - 7)。

图 2-7　半定居模式下的聚居空间

2.3　21世纪的乡村建设

2.3.1　相关政策概况

　　自20世纪50年代起实施的定居定牧政策,在进入21世纪后随着西部大开发战略和生态移民政策的实施进一步落实(表2-2)。新世纪的定居定牧政策大大提升了牧区的基础设施建设产业发展水平,草原牧区人居环境建设进入了新时期。

表 2-2　半定居向定居模式转变过程中的政策性事件

时　间	政策性事件
20世纪50年代	周恩来同志在《关于西北地区的民族工作》中明确提出:"应该多照顾少数民族,要让他们逐步从游牧变成定牧。"
20世纪60年代	"人民公社"时期,游牧民族定居的规模逐渐扩大
20世纪70年代	国家推动定居工程完善时期,牧区定居点的道路、牲畜棚圈等设施建设逐步完善
20世纪80年代	定居与定牧相配合建设时期,党的十一届三中全会以后,牧区开始建设人工饲草地基地,推动定居生活方式与定牧生产方式相结合
20世纪90年代	1994年,国家开始实施"八七扶贫攻坚战",易地扶贫也随之推进,内蒙古也从这个时候开始谋划生态移民工程。1998年,内蒙古进行了首期生态移民,分3年完成,移民1.5万人

世纪之交国家提出西部大开发战略,大量的工业企业进驻草原牧区,极大地促进了内蒙古草原地区经济发展和人居环境建设。21 世纪初,为解决农牧业发展中存在的问题,实现农业提产增速,中央一号文件颁布了一系列农牧业发展政策,包括"新农村建设战略""农业现代化""农业供给侧改革""乡村振兴"等(图 2-8)。稳定的社会政治环境为牧区畜牧业发展和生态修复提供了良好的环境。"定居定牧"政策将牧民生产生活逐步固定在具体范围内。

自 2004 年起,国家出台了"新农村、新牧区建设""游牧民安居工程""乡村振兴"等一系列政策,开始重点解决和改善牧民生产生活条件。同时在农牧民中开展科技教育普及,推进了畜牧业生产的现代化,为农牧区提供更为舒适便捷的居住环境和服务设施。而"禁牧""休牧"和"划区轮牧"三牧政策的实施,为缓解草原生态压力、实现牧业可持续发展起到了关键作用。

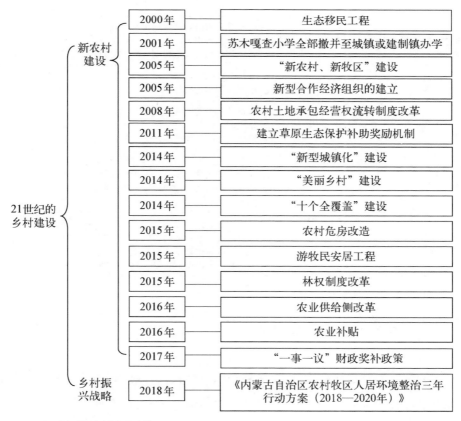

图 2-8　新时期乡村发展政策

2017年，党的十九大报告提出"乡村振兴"战略，以解决城乡发展的不平衡和不充分的矛盾。"乡村振兴"战略的提出，标志着我国进入切实破解城乡二元格局困境的新阶段。与国家乡村发展政策相适应，内蒙古自治区制定了《内蒙古自治区农村牧区人居环境整治三年行动方案（2018—2020年）》（表2-3），坚持农牧业和农村牧区优先发展，统筹城乡发展，统筹生产、生活、生态，以建设美丽宜居乡村为导向，以农村牧区垃圾和污水治理、改厕和厕所粪污治理、农牧业生产废弃物资源化利用和村容村貌提升为主攻方向，切实提升农村牧区人居环境质量。

表2-3 《内蒙古自治区农村牧区人居环境整治三年行动方案（2018—2020年）》主要内容

主 要 内 容	具 体 措 施
推进农村牧区生活垃圾治理	① 加强村镇生活垃圾收集处理基础设施建设 ② 建立农村牧区生活垃圾收运处置体系 ③ 建立村庄保洁制度 ④ 开展非正规垃圾堆放点排查整治
推进农村牧区生活污水治理	① 梯次推进农村牧区生活污水治理 ② 科学选择污水处理模式 ③ 建立污水治理长效机制
开展厕所粪污治理	① 合理选择改厕模式 ② 推进厕所粪污资源化利用
推进农牧业生产废弃物资源化利用	① 推进畜禽粪污资源化利用 ② 推进农作物秸秆综合利用 ③ 推进农村牧区生产生活方式绿色化
提升村容村貌	① 嘎查村组道路、入户道路建设及硬化 ② 完善村庄公共环境和公共照明设施、实施庭院整治 ③ 加大传统村落和历史建筑保护、提升建筑风貌 ④ 实施乡村绿化活动
完善建设和管护机制	① 明确各级管理单位责任制、建立长效管护机制 ② 推行环境治理依效付费制度 ③ 健全服务绩效评价考核机制 ④ 组织村民开展基础设施运行维护的专业化培训

2.3.2 定居模式下的聚居空间

草原牧区实现定居定牧后，草场划分到户经营，有限面积的草场被划分为打草场和放牧场，大部分地区的游牧模式难以为继，部分牧民选择在自己的草场上建设固定住所，赶场、打草或某些经济生产活动均围绕自家草场开展，生活方式由游牧、半定居生活转为定居生活,草原聚落的空间布局形式则由"大分散、小集聚"向集中式发展(图 2-9,图 2-10)。牧民定居地区的聚落空间逐渐与农区村落相近似,建筑形式也逐渐借鉴农区砖瓦房和土坯房做法,部分经济条件较好的苏木建起了楼房。固定的聚落分布与网围栏的草场划分模式对于草原生态环境影响较大,草原群落物种组成单一、数量减少等退化现象较为明显,草原社会关系也随之发生了变化。为保护草场生态环境,提高生产效率,部分地区的牧民尝试以合作社形式扩大草场面积,牧户在其联合经营的草场范围内划分季节性营盘、组织多样化的生产活动,最大限度地恢复游牧生产和生活方式。

图 2-9　锡林郭勒盟正镶白旗乌宁巴图嘎查

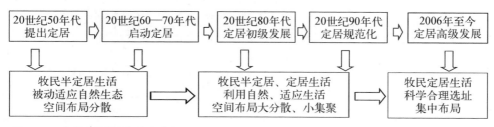

图 2-10　定居政策与空间分布进程图

2.4　内蒙古乡村政策及聚落空间演进分析

2.4.1　乡村政策演进变迁

国家和地方政策对内蒙古牧区的发展有着显著的影响(表 2-4)。对内蒙古地区而言,适应草原自然生态条件和生产生活习俗的政策,能有效促进草原地区农牧业发展;缺乏对草原地域特征深入研究的政策,不但影响实施效果,而且会产生负面影响。

表2-4　内蒙古牧区制度演进过程和主要内容

开始时间	具体政策名称	重点实施内容	重要影响
明朝以前	以保护游牧生产方式、禁止垦荒为主要政策	长期以来从事游牧生产生活,自秦朝开始出现农业和垦荒行为	垦荒面积较小,主要以游牧为主;是内蒙古草原生产生活方式形成的基础
明朝	"弃套"政策	严格的边关制度	隔绝中原与边疆
清朝和民国	盟旗王公制度;禁垦;"移民实边""开放蒙禁""移民垦荒"	初期执行禁止垦荒政策,到清后期开始大面积开垦草原	历史上农耕文化与游牧文化碰撞交融的开始
1947年	牧区民主改革农村土地改革	废除封建土地和牧场制度;牧业区实行放牧自由、农业区实行耕者有其田	内蒙古地区形成差异性发展政策
1949年	"奖励垦荒""棚圈建设"	农业区和半农半牧区大面积开垦荒地、减免农业税;普及棚圈在牧场的建设	新中国成立后第一次开荒高潮;导致草原土地沙化
1951年	"定居游牧""保护牧场、禁止开荒"	主要针对半农半牧区,规定其具体范围并划定农田牧场的具体边界	推进草原定居生产生活进程
1956年	"划分季节营地""开垦荒地、扩大耕地面积"	进一步将开垦荒地政策引入牧区;鼓励移民垦荒、对开荒地减免农业税	第二次开荒高潮;有利于草原生态环境的恢复和牲畜增收
1958年	"开垦荒地、扩大耕地面积"	在牧区建立人民公社	"人民公社化"制度建立
1976年	"禁止开荒、保护牧场"	不准随意开垦草原;已经开垦的且引起沙化威胁的要制止耕种,改种牧草	开垦荒地面积开始减少
1981年	"林木为主、多种经营"	强调牧业为牧区主导产业、退耕还林还草	控制"滥垦草原"现象
1983年	"农村牧区体制改革"	建立苏木、乡、镇人民政府建制	"人民公社制度"解体
1983年	"牲畜作价、户有户养"	集体牲畜作价归户	草场归公所有
1984年	"草畜双承包"	草场公有、生产责任制统一	草场按嘎查划分
1986年	"念草木经,兴畜牧业"	强调退耕还林还草、增草方可增畜等措施	推进草原退耕还林
1996年	"双权一制"	草牧场使用权承包到户(草牧场的所有权、使用权和承包责任制)	草场细碎化、草场牧场承包到户

（续表）

开始时间	具体政策名称	重点实施内容	重要影响
1996 年	"双增双提"发展战略	解决草畜矛盾、保护草原生态	现阶段牧区政策的源头；促进了牧业生产向正效益转变
2000 年	"围封转移"政策措施	退牧还林、还草，禁牧休牧、集约经营	控制了草原生态的进一步恶化，提高草原自我修复能力
2001 年	草原生态补偿政策	环境保护、人居环境改善、民族经济发展	推进地方生态环境改善和自然生态恢复
2005 年	新型合作经济组织建设	在家庭承包经营的前提下，将农牧区各种利益主体的生产要素统一优化配置	家庭生产与市场机制结合，提高牧区的整体经济效益
2005 年	"新农村""新牧区"建设	深化农牧区改革、增加农牧民收入、落实惠农政策	提高农牧区的现代化发展，改善农牧民生产生活物质环境
2015 年	游牧民安居工程	为牧民建设固定院落、住宅，配置部分服务设施	进一步提高游牧定居比例，改善牧民居住条件

资料来源：根据 1981—2016 年内蒙古乡村政策整理。

　　本书选取以下四个对内蒙古地区人居环境具有较大影响力的政策，概述其对于内蒙古农村牧区发展的作用与影响。

1）草原垦荒

　　内蒙古草原是游牧文化和畜牧业发展的摇篮，草原的合理使用是保证生态和产业发展的前提。在清末的"移民实边"、新中国成立初期的"大跃进"、"文革"时期的"学大寨"等不同时期国家层级边疆管理政策与农业发展思路的影响下，草原承载了数次大规模的移民垦荒活动。大规模的人口流入与草原开垦，带来的不仅是农业经济对传统畜牧业的冲击，随着游牧与农耕文化的冲突与融合，亦给草原生态环境造成了极大的影响与破坏。

　　清初，内蒙古草原已有零星的农业存在，但仍以畜牧业为主。由于清政府对内蒙古地区实施封禁政策，草原垦荒以流民私垦为主，部分蒙古王公公开"出典开垦"土地。后因生产需要，清政府开始推行"移民实边""开放蒙荒""借地养民"等政策，草原移民人数和开垦面积剧增，影响传统畜牧业生产，清政府开始重新对垦荒实施严格的管理制度,但一直是禁中有垦、禁而不绝。1902年,清政府为移民实边,力保疆土,宣布蒙地开禁,实施政府主导的大规模开荒行为。这一次影响深远的草原垦荒,在内蒙古草原造就了大面积的农垦区,传统畜牧业迅速衰退,部分地区的蒙古族牧民逐渐放弃游牧生产转而从事农业生产。由于开垦草场面积扩大,农业与牧业生产冲突增加,草场退化和土壤沙化等生态问题凸显,如科尔沁沙地,在清初还是以游牧为主的辽阔天然草原,清末时已有近三分之二的土地面积被开垦。脆弱的生态环境和人为影响下的土地过度利用,则是草原沙化的重要原因。

新中国成立后,开荒现象有所缓解,但在"大跃进"和国家经济困难时期,"以粮为纲"政策使得内蒙古草原地区"重农轻牧"现象严重。为发展粮食生产,草原又一次进入开垦高潮期,大量的优良牧场在机械化操作下迅速转变为国有农场。这一时期,呼伦贝尔地区垦荒近20万公顷,赤峰地区垦荒近96万公顷。"文革"时期,"农业学大寨""牧民不吃亏心粮"等政策再一次掀起草原牧区的开荒热潮。草原面积日趋缩小,加上滥牧过牧现象,草原生态问题不断加剧。

几次不同背景下的大规模草原开荒是农耕文化与游牧文化相互融合与碰撞,"农进牧退"产业演化的过程,也是造成草原植被退化、土壤沙化的主要原因。随着内蒙古草原逐渐形成牧区、农区、半农半牧区,相应的产业政策、生产模式、人居环境等要素呈现出多样性和差异化特征。进入21世纪以后,生态保护切实成为内蒙古草原牧区建设的基础政策,擅自开荒扩大粮食种植面积等行为被禁止,草原生态恶化现象得到一定抑制,但前期大规模的开垦对草原造成的深远影响尚难以在短期内消除。

2)定居定牧

游牧是与草原生境相适应的生产生活方式,蒙古包与广袤的草原一体相连,既是牧民的居住空间也是生产工具,体现着朴素的生态观和营建智慧。牧民与牧群随季节、水草迁徙,居住点分散而流动,对自然环境干扰相对较小,大规模无分隔的草场是其存在的基础,随着历代草场管理制度的变迁,草场范围被行政界线划分,游牧在畜牧业生产中的比例逐渐降低。

新中国成立后,随着"人民公社化运动"和"草畜双承包"等制度的推行,草场

从集体所有到个人承包划分到户,草场面积和范围不断缩小,牧民的生产生活被
迫从游牧向"定居游牧""定居定牧"转变。以苏木、嘎查为基层管理组织固定的
居住场所,以家庭为单位划分草场使用范围的定居政策一方面大大提升了牧区
的基础设施建设水平和牧民生活水平。另一方面,草场网围栏与"草库略"(由铁
丝网围成有明确界线的草场)限制了牧群的流动,弱化了传统畜牧业与自然生态
环境的相互包容性。另外,定居定牧后对定居点周边草场生态环境的影响明显,
出现如动植物种群退化、数量持续减少,土壤沙化板结等现象。随着草场使用权
的私有化,原本土地意识淡薄的牧民开始出现了"私有地"保护意识和排他意识,
原有的互助合作社会关系被弱化。

3) 退耕还草、围封转移、生态移民

　　20 世纪末,内蒙古草原生态环境恶化和草场沙化现象严重。国家陆续出台了
退耕还林(草)、封山禁牧、京津风沙源治理、生态移民等一系列环境保护政策,以强
制性封锁沙化和荒漠化土地的措施为草原提供休养缓解期,草原生态环境得到一
定程度的恢复。因草原禁牧休牧政策,畜牧业开始推行"舍饲圈养",将牲畜关在固
定的棚圈中进行饲料喂养,游牧畜牧业向小农畜牧业转变,畜牧业对农业的依赖性
加强。

　　对于生态环境严重恶化的地区,自治区通过执行生态移民政策,有组织地将
牧民集中迁移到城镇或生态环境较好的地区,在恢复生态环境、提高牧户生活条
件方面取得了一定成效,牧民的生活质量大幅提升。但生态移民政策的实施很
大程度地改变了牧民原生产生活方式,禁牧休牧政策导致部分牧民失去牧群与
草场,他们搬迁后缺少产业和收入支撑,难以维持生计,出现贫困化和重返草原
等现象,还林还草补贴、生态移民补贴等各项补贴成为牧民重要收入来源。

4) 牧区城镇化

　　进入 21 世纪,在禁牧休牧、生态移民等生态环境保护政策引导下,大量牧民
进入城镇。政府在城市或城镇中提供廉租住房和就业技能培训,鼓励周边牧民
进入城镇生活,并推行城市扩容、撤苏木改为街道等政策,加快草原地区的城镇
化进程,促进农牧业人口向城镇转移。

推动牧区城镇化进程,一方面,有利于缓解草畜矛盾、实施草场保护、遏制环境恶化;另一方面,基础教育、卫生、通信和电力设施可集中布局,能大大提升牧民生活水平、促进农牧业组织化和规模化生产。

因畜牧业生产的特殊性,牧区城镇化亦有其地域性特征。第一,形成"居于城镇、牧于草场"的人口分布,即老人和儿童居住在城镇,青壮年则以牧场放牧为主;第二,草原人口老龄化严重,部分地区青壮年劳动力流失严重,畜牧业生产难以为继;第三,牧民进城后很难获得较好的就业机会,收入往往不稳定且滞后于地区经济增长,生活水平明显下降,甚至出现贫困化等现象。

2.4.2　乡村聚居空间演进分析

聚落空间是乡村生产生活的载体,蕴含着丰富的地域人文特质和传统根基,体现地方性建筑文化、民族文化、生产生活、风土人情和宗教观。内蒙古自治区乡村聚落有其独特的地理特点,蒙古族传统文化气息浓郁,聚落选址、空间布局、聚落形态有着鲜明的地域特征和生态思想,可识别性较强[37]。内蒙古自治区乡村聚落。从原始自然崇拜的重要祭祀载体"敖包"到住居形式"蒙古包",再到传统聚落"古列延",均体现了蒙古族崇尚"圆形"的美学特征,聚落空间分布灵活、形态特征鲜明,饱含着牧民对自然的理解和生存智慧。内蒙古乡村聚居形态受自然环境、生产生活方式、社会经济、宗教文化等因素影响,具有生态脆弱、地处边疆、民族聚居、人口密度低、规模小、空间布局分散等显著特征。从内蒙古乡村聚落发展历程来看,游牧转农耕、游居到定居的过程中,社会经济制度和民族政策对乡村聚居形态演化具有较大影响,体现出外生发展因素影响强于内生因素、聚落形态与生产生活方式契合度高的特征。

早期游牧社会,人口与牧群随水草迁移,游牧行为基本无范围和边界之说。至"古列延"和"阿寅勒"出现,游牧行为开始限定于某些地域范围。"古列延"时期,由于人口和牧群聚集规模大,游牧范围也很大;"阿寅勒"时期,游牧单位缩小,游牧范围也随之缩小。"古列延"和"阿寅勒"作为游牧时期的聚居形式,也是牧民经营畜牧业的组织形式,以小规模、分散式的聚集来实现互助式生产和防护功能,具有较强的流动性、随机性和不稳定性。聚落空间呈现围合型、散点型布局特征。

　　清朝时期,大面积的草原开垦行为使得部分生产条件优良的草场转变为农垦地区,以游牧为特征的传统畜牧业被进一步压缩。为加强边疆地区管理而实施的"移民戍边"政策、"盟旗制度",致使内蒙古草原地区人口急速增长,草场和牧民以旗为界实施严格的划分制度,游牧的范围被进一步缩小,牧民开始在季节性营盘选择合适的位置建设固定住所,形成小规模的定居点,游牧向半定居转变。农业人口形成的村落规模和人口密度均大于游牧时期,聚落空间由松散的围合型分布逐渐转变为向沿河流、沿交通线网等地区聚集,固定的住居替代蒙古包给聚落空间带来更强的稳定性。

　　新中国成立以后,随着劳动生产率的提高以及国家定居政策影响,草场进一步划分,以家庭为单位的生产活动受限于网围栏,传统的远距离游牧形式近乎消失,牧民定居于草场内的固定住所,或定居于嘎查、苏木和城镇等居民点。配建基础设施和服务设施的居民点明显具有更强吸引力,草原聚落的规模与密度进一步加大,但相较于我国其他地区而言,总体仍呈现大分散、小集聚的空间分布特征(表 2-5)。同时在牧区、农区、半农半牧区、林区形成地带性差异化的空间特征。牧区与半农半牧区居民点规模小、布局松散,具有"离散型"分布特征;农区居民点由原来简单的十字型或线型发展成为纵横交错的网格型,格局紧凑、人口聚集度较高;林区则显示出线型贯穿和设施引导型特征。

表 2-5　草原聚落空间演化与空间形态

时　间		生产生活形态	聚落空间形态	聚落空间特点	住居样式
1840 年前 …… 1947 年 …… 1958 年 …… 1978 年 …… 2000 年 …… 2009 年后	传统游牧时期	游牧	阿宝勒	散点型、线型	蒙古包
			古列延	围合型、线型	蒙古包
			大古列延	围合型	蒙古包
	轮牧时期	半定居	牧户	散点型	蒙古包
			阿宝勒	散点型、线型	蒙古包、汉式房屋
			人民公社	单线型、十字型	汉式房屋
	现代定居时代	定居	嘎查	散点型、线型、网格型	蒙古包、汉式房屋、移动彩钢房
			苏木	线型、网格型	汉式房屋
			镇	网格型	汉式房屋 草原生态住区

资料来源:根据阿德力汗·叶斯汗《从游牧到定居是游牧民族传统生产生活方式的重大变革》[38]整理。

第3章 内蒙古乡村人居
环境的基础条件

人居环境是自然环境、经济环境、社会环境和文化环境的综合体现,是一个复杂的多层次、多要素的复合系统。分析内蒙古地域性乡村人居环境系统各要素的形成背景与运行特征,是内蒙古乡村类型、营造模式和质量评价等后续研究的前提和基础。

3.1 内蒙古自然与生态环境

3.1.1 地理环境

1) 区位条件

内蒙古自治区,东与黑、吉、辽三省相邻,南与冀、晋、陕、宁四省(自治区)相邻,西与甘肃相连,北与俄罗斯、蒙古接壤,且与京津冀城镇群、哈大齐城镇群、辽中南城镇群、太原城镇群、关中城镇群、宁夏沿黄城镇群、兰西城镇群之间均有着便捷的交通联系。自治区内的国境线长达 4 240 千米,是我国内陆地区通往俄罗斯、蒙古和欧洲各国的重要通道(图 3 - 1)。

2) 地形地貌

内蒙古地貌以蒙古高原为主体,包括山地、丘陵和沙漠(地)等。高原面积占全区总面积的 53.4%,山地占 20.9%,丘陵占 16.4%,河流、湖泊、水库等水面占0.8%。高原从东到西依次为呼伦贝尔高原、锡林郭勒高原、乌兰察布高原、巴彦淖尔—阿拉善高原、鄂尔多斯高原,平均海拔 1 000 米左右;山脉从东向西依次为大兴安岭、阴山山脉(狼山、色尔腾山、大青山、灰腾梁)、贺兰山等;山脉以东、以南为平原地区,包括大兴安岭东麓的嫩江西岸平原和西辽河平原,沿黄河分布的土默川平原、河套平原和黄河南岸平原,在山地、高原、平原的交错地带,分布着

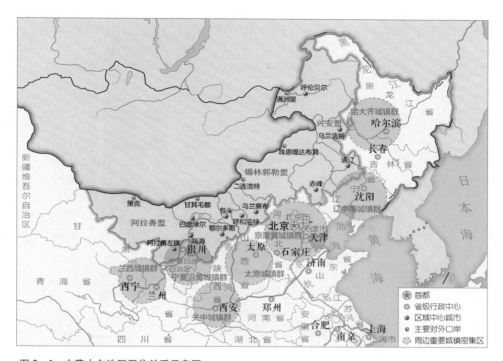

图 3-1　内蒙古自治区区位关系示意图
资料来源：荣丽华、黄明华著《内蒙古锡盟南部区域中心城市空间发展研究》。

黄土丘陵和石质丘陵,间有低山、谷地和盆地分布;沙漠(地)有巴丹吉林沙漠、腾格里沙漠、乌兰布和沙漠、库布齐沙漠、毛乌素沙地、浑善达克沙地、科尔沁沙地、呼伦贝尔沙地、乌珠穆沁沙地等[39]。

3）草原与森林

内蒙古草原幅员辽阔,是亚欧大陆草原的重要组成部分,包括呼伦贝尔草原、锡林郭勒草原、科尔沁草原、乌兰察布草原、鄂尔多斯草原等。由东到西依次为草甸草原、典型草原、草原化荒漠草原、荒漠草原(图 3-2)。草甸草原主要分布于大兴安岭山地及河流两岸、河谷、湖盆低地;典型草原是主体类型,分布于内蒙古中东部的呼伦贝尔、鄂尔多斯、锡林郭勒等地区;草原化荒漠草原分布于巴彦淖尔市乌拉特后旗以东到乌兰察布市四子王旗以西地区;荒漠草原主要分布于阿拉善盟[40]。

内蒙古是我国森林资源较为丰富的省区之一。天然林主要分布在大兴安

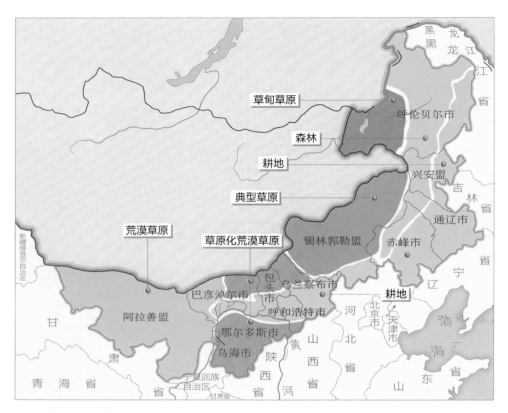

图3-2　内蒙古自治区土地类型分布图
资料来源：根据国家减灾网"内蒙古自治区地表覆盖类型分布图"整理绘制。

岭南部，包括11片次生林区，人工林则遍布全区。林区乔灌树种丰富，包括杨树、柳树、榆树、樟子松、油松、落叶松、白桦、栎类等乔木，以及锦鸡儿、白刺、山杏、柠条、沙柳、梭梭、杨柴、沙棘等灌木。大兴安岭林区的优势树种是兴安落叶松、白桦、山杨等。

4）气候与水文

内蒙古自治区地处内陆高纬度地区，大部属温带大陆性季风气候，仅大兴安岭北段属寒温带大陆性季风气候。终年为西风环流控制，以中纬度天气系统影响为主。季风环流影响则视季节变化而定，冬季风影响时间长，夏季风不易到达且影响时间短。

全年太阳辐射量从东北向西南递增，气温差逐步递增，降水量逐步递减。年平均气温为 0～8℃,气温年差平均在 34～36℃,日温差平均为 12～16℃(图 3-3)。全区年总降水量为 50～450 毫米,沿大兴安岭和阴山山脉两侧形成东部半湿润地带和西部半干旱地带。主要气候特征:冬季漫长严寒,春季风大少雨,夏季温热短促,秋季气温剧降;昼夜温差大,日照时间充足,降水变率大,无霜期短[41]。

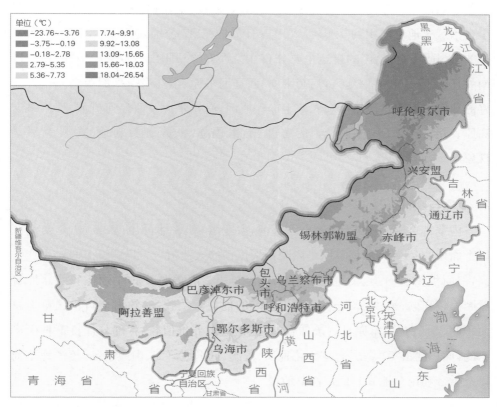

图 3-3　内蒙古自治区平均气温分布图
资料来源:地理国情监测云平台。

内蒙古自治区境内共有大小河流千余条。流域面积在 1 000 平方千米以上的河流有 107 条,大部分河流流向为西北—东南,河网密度和径流量由东北向西南呈递减趋势,与降水量和径流深的分布情况一致[42]。地下水分布广泛,埋藏较浅,是内蒙古重要的水资源。因降水量地区分布不均衡,补给情况亦有不同,地下水分布也呈现东多西少的地域差异。

3.1.2　自然资源

1）土地资源及耕地

内蒙古土地总面积为 11 830 万公顷，人均占有土地 4.69 公顷①，是全国平均数的 6.8 倍②。截至 2016 年年末，全自治区实有耕地面积为 925.90 万公顷③，占全自治区土地总面积的 7.8%，人均占有耕地 0.37 公顷，远高于全国平均水平 0.097 公顷④。自治区的耕地主要分布在大兴安岭—阴山—贺兰山山脉以东、以南的丘陵、台地和平原地区，河套平原、西辽河平原、嫩江右岸平原等灌溉条件较好的地区。但因自然条件和农业生产等原因，海拉尔河及西辽河流域、鄂尔多斯高原、河套土默川平原、阿拉善的丘间洼地和内陆盆地等地区耕地的次生盐碱化现象严重，面积已达 66 万公顷[43]。

2）草原与森林资源

内蒙古草原面积共计 8 800 万公顷，占全国草原总面积的 22%，占全自治区国土面积的 74%。草甸草原是内蒙古最优良的天然植被，自然条件优越，生产力高，但面积较小，不足总面积的 10%；典型草原是内蒙古草原的主体，该类草原自然肥力较高，质量较好，是全区面积最广的优良天然牧场，约占全自治区草地总面积的 35%；荒漠草原自然条件较差，但植被营养价值较高，部分优良畜种生产于此，面积约占 10%；另有草原化荒漠、荒漠、低平地草甸、山地草甸、沼泽地草甸以及附带利用草地属非地带性草地。

根据 2013 年内蒙古第七次森林资源清查结果，全自治区林业用地面积为 4 398.89 万公顷，森林面积为 2 487.90 万公顷，均居全国第一，森林覆盖率达 21.03%⑤。天然林面积为 1 401.20 万公顷，位居全国第二。活立木总蓄积

---

① 根据《内蒙古统计年鉴（2017）》，以自治区 2016 年末常住人口 2 520.1 万人计算，下同。
② 根据《全国统计年鉴（2017）》，以全国国土面积 960 万平方千米、2016 年末人口 138 271 万人计算，人均占有土地 0.69 公顷。
③ 数据来源：《内蒙古统计年鉴（2017）》。
④ 根据《中国统计年鉴（2017）》，以全国 2016 年末常住人口 138 271 万人，耕地 13 490 万公顷计算。
⑤ 数据来源：《中国统计年鉴（2017）》。

14.84 亿立方米,其中,森林蓄积 13.45 亿立方米[1]。

3) 矿产资源

内蒙古自治区矿产资源丰富,已发现的能源矿产有煤、石油、天然气、油页岩和铀等共计 144 类矿种[2]。截至 2016 年年底,全区煤炭累积勘察资源储量为 9 120.32 亿吨,已查明储量达 4 331.57 亿吨[3],居全国第二位。煤炭矿产地 446 处,在内蒙古 12 个盟市均有分布,主要集中在鄂尔多斯市、锡林郭勒盟和呼伦贝尔市 3 个盟市,占全区煤炭保有储量的 90% 以上[4]。石油和天然气在二连盆地、海拉尔盆地、赤峰盆地、开鲁盆地和松辽盆地均有探明储量。石油储量位列全国第九,天然气储量位列全国第三。位于鄂尔多斯盆地的苏格里气田是全国最大的整装气田。

有色金属同样是内蒙古重要的优势矿产资源,具有矿床规模大、产地集中、伴生矿种多和潜力巨大等特点。现已探明储量的有 10 余种,铜、铅、锌、锡等矿产资源储量较高,钨、铋、钼储量较为丰富。此外,内蒙古地区稀有金属、稀土、贵金属、黑色金属矿产以及化工原料和建筑材料等非金属矿产储量均较为丰富,风能资源可开发量位列全国第一。

4) 水资源

内蒙古地区水系分属松花江、辽河、海河、黄河和西北诸河。全区水资源总量为 426.50 亿立方米,其中地表水 268.51 亿立方米,地下水 248.17 亿立方米[5]。人均水资源量为 1 692.39 立方米,每公顷耕地平均占有水资源量仅有 0.46 万立方米。东部的呼伦贝尔市、赤峰市、兴安盟、通辽市、锡林郭勒盟水资源总量占全区的 81%,仅呼伦贝尔市就集中了全区水资源的 48%,且人均水资源量是全区平均水平的 4.8 倍[6]。全区水资源缺乏、空间分布不均衡等特征明显

---

[1]　数据来源:内蒙古自治区林业和草原局(http://www.lcj.nmg.gov.cn)。
[2]　数据来源:《内蒙古自治区矿产资源总体规划(2016—2020 年)》。
[3]　数据来源:《内蒙古统计年鉴(2017)》。
[4]　数据来源:《内蒙古自治区国土资源 2015 年公报》。
[5]　其中,地下水与地表水资源量重复计算量为 90.18 亿立方米。重复计算量是在进行总水量测算时,因断面选取不同而产生的重复量。
[6]　数据来源:《内蒙古统计年鉴(2017)》和《2016 年内蒙古自治区水资源公报》。

（图 3－4），资源性缺水、工程性缺水和发展性缺水问题并存。

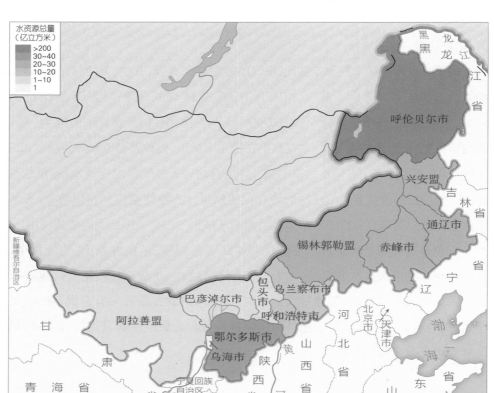

图 3－4　内蒙古自治区水资源分布图
资料来源：根据《2016 年内蒙古自治区水资源公报》整理绘制。

5）风、光能资源

内蒙古自治区风、光能资源丰富。全区大部分地区年日照时数大于 2 700 小时，阿拉善高原的西部地区达 3 400 小时以上。全年大风日数，平均 10～40 天，70％发生在春季。锡林郭勒、乌兰察布高原的全年大风日达 50 天以上；大兴安岭北部山地，全年大风日一般在 10 天以下；阿拉善盟额济纳旗的呼鲁赤古特①，年最多大风日可达 100 天[44]。沙暴日数大部分地区为 5～20 天，阿拉善西部和鄂尔多斯高原地区达 20 天以上。

———————————

① 大风日数等值线高值基本位于马鬃山北麓中蒙边境的呼鲁赤古特。

6) 口岸资源

内蒙古自治区边境线长达 4 240 千米,邻接俄罗斯和蒙古国,是我国边境线较长、拥有对外开放口岸较多的省份,拥有我国内陆边境体系中进出口总量最大的口岸群。目前,开放的口岸有 19 个,包括铁路、公路、水运、航空口岸,分布在边境 14 个旗(市)以及呼和浩特市和呼伦贝尔市,6 个对俄罗斯开放,10 个对蒙古国开放[45](图 3 - 5)。另有呼和浩特航空口岸、海拉尔航空口岸、满洲里航空口岸 3 个国际航空口岸。地处中俄蒙交界的满洲里口岸是全国最大陆路口岸,也是我国沿边口岸中唯一的公、铁、空三位一体的国际口岸;二连浩特口岸是中国对蒙古开放的最大公路、铁路口岸。

图 3-5　内蒙古口岸类型及分布图
资料来源:根据内蒙古自治区电子口岸(http://www.nmgeport.com)整理绘制。

3.1.3　生态环境

内蒙古生态系统具有类型多样、地域分异显著、脆弱不稳定等主要特征，是包括草原、森林、荒漠、湿地和农田等多种类型的生态系统。以草原、荒漠生态系统为主的生态脆弱区域面积较大，中度以上生态脆弱区域占全自治区国土总面积的 62.5%，其中，较重度和重度脆弱区域占 36.7%[①]。

因内蒙古大部分植被地处干旱半干旱农牧交错地区，在自然环境演变过程中逐渐出现土地沙化、荒漠化扩大、土壤侵蚀、生物多样性减少等生态问题[46]，而经济发展加剧了水、矿产和草原等资源保护与利用之间的矛盾。据《2016 年内蒙古自治区环境状况公报》，全自治区的生态环境状况指数（EI）[②]为 44.97，整体质量等级一般。

土壤退化问题，一方面是气候干旱、降水偏少、水资源分布不均、风沙较大等自然环境所致；另一方面是本地区农牧业生产条件较为恶劣，耕地和牧草地的中低产田比例较高，较低的土地承载力与日益增加的产出压力相矛盾，过度开垦或放牧导致耕地地力下降、草场盐碱化等现象。此外，由于自然的风蚀和人类对自然植被的过度利用或破坏等原因，巴丹吉林沙漠、腾格里沙漠、乌兰布和沙漠、库布其沙漠、毛乌素沙地、呼伦贝尔沙地、科尔沁沙地、浑善达克沙地，以及阴山北部等地区存在严重风蚀沙化现象，使得内蒙古自治区成为全国最严重的土地沙漠化地区之一。

内蒙古辖区内生态环境相对较优的地区集中分布在东北部大兴安岭、小兴安岭等森林地带，生态环境为良的地区分布在呼伦贝尔草原和农垦区、锡林郭勒东部典型草原地区；生态环境一般的地区主要分布在内蒙古中部以及东南地区，大部分以典型草原、荒漠草原、沙地及林牧交错带、农牧交错带为主；生态环境较差的地区则分布在阿拉善荒漠地区及阴山北麓荒漠草原带（图 3 - 6）。

---

① 　数据来源：《内蒙古自治区主体功能区规划 2012》。
② 　《中华人民共和国国家环境保护标准（HJ192—2015）——生态环境状况评价技术规范》：生态环境状况指数是评价区域生态环境质量状况的指标，字符用 EI 表示，数值范围为 0～100。$EI = 0.35 \times$ 生物丰度指数 + $0.25 \times$ 植被覆盖指数 + $0.15 \times$ 水网密度指数 + $0.15 \times (100 -$ 土地胁迫指数) + $0.10 \times (100 -$ 污染负荷指数) + 环境限制指数。

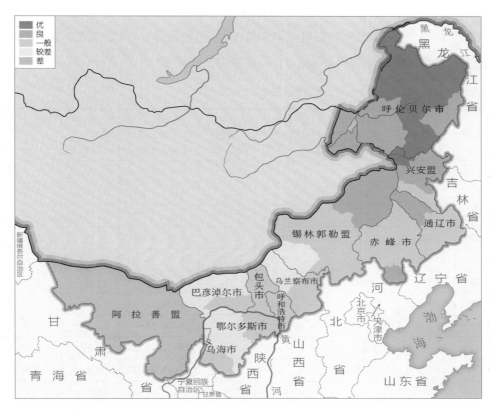

图 3-6　内蒙古生态环境质量分级图

资料来源：根据《2016 内蒙古自治区环境状况公报》整理绘制。

3.2　内蒙古经济与产业环境

3.2.1　经济发展概况

2016 年,内蒙古自治区生产总值达 18 632.6 亿元,按可比价格计算,比 2015 年增长 7.2%,高于全国平均增速 0.5 个百分点,人均生产总值达到 74 069 元[1]。总值和人均值分别居全国第 16 位和第 6 位[2]。2002—2009 年,全自治区生产总值增速连续 8 年位列全国第一,个别旗县生产总值增速达 40% 以上;2010—2016

---

① 数据来源:《内蒙古自治区 2016 年国民经济和社会发展统计公报》。

② 根据《中国统计年鉴(2017)》整理。

年,经济增速趋于平缓。2016年,全自治区生产总值总量是1947年的642倍,而人均生产总值在2005年已超过全国平均水平,位列西部省份第一(表3-1)。内蒙古自治区经济发展规模逐步扩大,经济实力逐步增强(图3-7)。

表3-1 1980—2016年内蒙古自治区经济发展概况

年份	生产总值总量(亿元)	生产总值排名(国内/西部)	生产总值增速(%)全国/内蒙古	生产总值增速国内排名	人均生产总值(元)全国/内蒙古	人均生产总值全国排名	一产占比(%)
1980	68.4	24/4	7.8/1.7	—	463/361	20	26.4
1990	319.3	22/5	3.8/7.5	—	1 644/1 478	17	35.3
1995	857.1	23/5	10.9/10.1	—	5 046/3 772	15	30.4
2000	1 539.1	24/5	8.4/10.8	—	7 858/6 502	15	22.8
2005	3 905.0	19/3	11.3/23.8	1	14 185/16 285	10	15.1
2006	4 944.3	16/2	12.7/19.1	1	16 500/20 523	10	12.8
2007	6 423.2	16/2	14.2/19.1	1	20 169/26 521	10	11.9
2008	8 496.2	15/2	9.6/17.8	1	23 708/34 869	7	10.7
2009	9 740.3	15/2	9.1/16.9	1	25 575/39 735	6	9.5
2010	11 672.0	15/2	10.4/15.0	6	30 015/47 347	6	9.4
2011	14 359.9	17/2	9.3/14.3	5	35 198/57 974	6	9.1
2012	15 880.6	15/2	7.7/11.5	13	38 420/63 886	5	9.1
2013	16 916.5	14/2	7.8/9.0	21	43 852/67 836	6	9.3
2014	17 770.2	14/2	7.3/7.8	23	47 203/71 046	6	9.2
2015	17 831.5	16/3	6.9/7.7	24	49 992/71 101	6	9.1
2016	18 632.6	16/3	6.7/7.2	—	53 980/74 069	6	8.8

资料来源:根据《内蒙古统计年鉴(2017)》《中国统计年鉴(2017)》和各盟市统计公报整理。

图3-7 2007—2016年内蒙古经济增长概况
资料来源:根据《内蒙古统计年鉴(2017)》整理绘制。

3.2.2　乡村产业概况

内蒙古地区乡村产业以第一产业占主导。2016 年,内蒙古自治区第一产业生产增加值为 1 628.65 亿元,占经济总量的 9％,约为 2007 年的 2.1 倍,经历了快速提高阶段和稳步发展阶段,近十年的年均增长速度达 11.3％(图 3-8)。

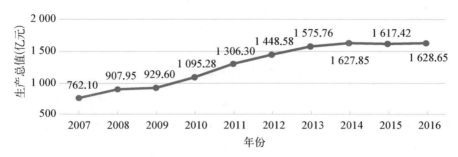

图 3-8　2007～2016 年内蒙古第一产业生产总值
资料来源：根据《内蒙古统计年鉴(2017)》整理绘制。

畜牧业是内蒙古自治区乡村牧区的传统产业,在社会、经济和制度的多重作用之下,传统牧业逐渐演化形成牧业、农业和半农半牧交错的形态[47,48]。2016 年,农业在第一产业总产值中的比重为 50.6％;其次为畜牧业,约占 43.0％;林业与渔业则相对较低,分别约占第一产业总产值的 3.5％和 1.2％①。

受自然地理环境等客观因素的影响,内蒙古各盟市第一产业发展的地域差异比较大(图 3-9)。第一产业占比在 15％以上的盟市主要位于西辽河平原、河套平原和嫩江西岸平原,如赤峰市、巴彦淖尔市、呼伦贝尔市和兴安盟;第一产业占比在 5％以下的有呼和浩特市、包头市、鄂尔多斯市、乌海市、阿拉善盟,乌海最低,仅为 1％,地区发展以综合职能或资源型工业生产为主。

1) 农业

内蒙古地区农业生产主要分为旱作种植和灌溉种植,水资源充足的地区为灌溉种植,低山丘陵、盆地、沙化严重缺水区则以旱作为主[49]。生产周期为一年

————————————
① 农林牧渔占比根据《内蒙古统计年鉴(2017)》数据整理。

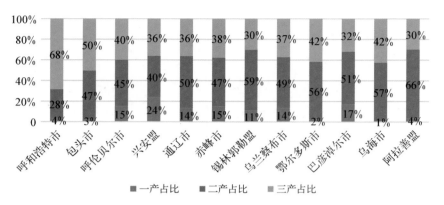

图 3-9　内蒙古自治区各盟市产业结构情况
资料来源：根据《内蒙古统计年鉴（2017）》整理绘制。

一收，较其他一年多收地区来说，经济产量先天不足，但从近十年内蒙古农业的发展趋势来看，产值一直攀升，到近年趋于稳定。2016 年，农业产值达到 1 415.07 亿元，较 2010 年①末增长 57.2%（图 3-10）。

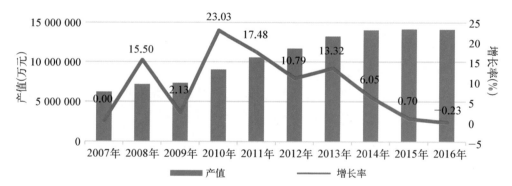

图 3-10　内蒙古农业产值情况
资料来源：根据《内蒙古统计年鉴（2017）》整理绘制。

受地理气候条件的影响，内蒙古农业生产主要分布在河套平原、土默川平原、西辽河平原、嫩江西岸平原，以及大兴安岭以东和阴山山脉以南的广大平原丘陵地区（图 3-11），各地区的生产特点见表 3-2[50]。主要作物有玉米、小麦、水稻、大豆、马铃薯五大粮食作物，以及谷子、高粱、莜麦、糜黍、绿豆等杂粮。

①　"十一五"规划末以 2010 年计算。

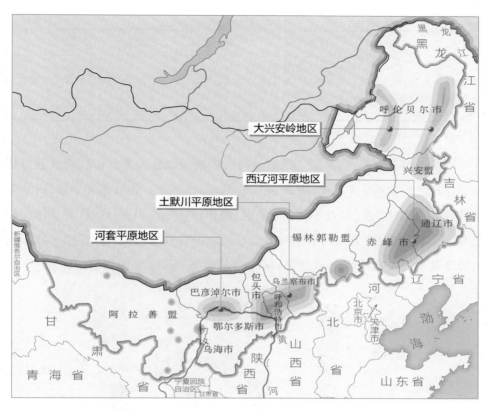

图 3-11　内蒙古农业分布示意图
资料来源：根据《内蒙古城镇体系规划（2015—2030）》整理绘制。

表 3-2　内蒙古农业地区特点

地区	地貌类型	主要作物	特色作物	灌溉方式	耕作方式
河套平原	平原	小麦、玉米、向日葵、西瓜、蜜瓜、籽瓜、番茄、甜菜等	小麦、西瓜	黄河—首制自流引水灌溉①	传统人工耕作和部分小型农用机械
土默川平原	平原、低山丘陵、盆地	马铃薯、玉米、杂粮、蔬菜、油料等	马铃薯、杂粮	黄河扬水灌溉、井灌、自流灌溉	传统人工耕作、现代化和产业化农业
西辽河平原	平原、沙沼和坨甸相间	玉米（哲里木玉米）、豆类、蓖麻、甜菜、药材和瓜类作物等	玉米	自流灌溉，部分现代灌溉技术	传统人工耕作和部分农用机械
大兴安岭	嫩江西岸平原、大兴安岭两侧丘陵	小麦、大豆、马铃薯、玉米、水稻、向日葵、油菜等	小麦、水稻	旱作农业，部分现代灌溉技术	国有农场、集体合作经营、大型农业机械

———————————————

① 一首制，是指灌溉区只有一个水源；自流引水，是指对水源的自然流动途径和渠道进行规划，实现自流灌溉。

（续表）

地区	地貌类型	主要作物	特色作物	灌溉方式	耕作方式
其他丘陵地区	丘陵、沙漠和草原地带	葡萄、瓜果、油葵等；沙生作物——肉苁蓉、锁阳、甘草等和沙生蔬菜等	葡萄；沙生作物	多为旱作农业	传统人工耕作、部分产业化农业

资料来源：根据《内蒙古自治区旗县情大全》整理。

　　本书选择五原县、武川县、宁城县、阿荣旗四个旗县作为典型代表旗县分析其所在地区的农业生产状况（图3-12，表3-3）。五原县地处河套平原，因地形条件较好，宜农用地明显高于其他农业区，农作物耕种面积占行政区域土地面积的62%，其他三处农业区以平原与低山丘陵的混合地形为主。西辽河平原因地力和灌溉条件较好，亩均粮食产量和亩均产值均高于其他三个地区（图3-13）。

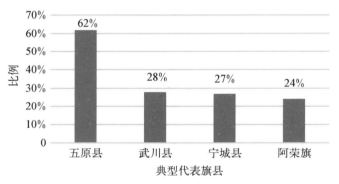

图3-12　农作物耕种面积情况
注：比例为耕种面积/行政区域土地面积。

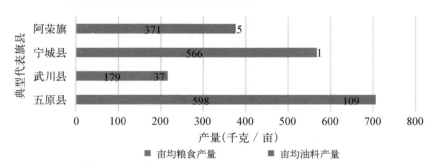

图3-13　农作物亩均产量状况
注：亩均粮食产量＝粮食产量/粮食作物播种面积
　　亩均油料产量＝油料产量/农作物播种面积
　　1亩＝0.067公顷，下同
资料来源：根据《内蒙古统计年鉴（2017）》整理绘制。

表 3－3　2016 年内蒙古典型农业旗县生产情况

地区	典型旗县	第一产业产值（万元）	亩均粮油产量（千克／亩）	亩均产值（元／亩）	人均产值（元／人）	农村牧区常住居民人均可支配收入（元）
河套平原	五原县	269 000	289.93	116.77	12 385.58	15 345
土默川平原	武川县	89 900	130.90	44.95	6 392.30	6 931
西辽河平原	宁城县	368 954	427.26	209.71	8 021.40	9 216
大兴安岭	阿荣旗	456 199	346.50	102.98	19 627.12	15 165

资料来源：根据《内蒙古统计年鉴（2017）》整理。

2）畜牧业

　　畜牧业是内蒙古乡村的传统主导产业，面积广阔与类型多样的草原为畜牧业的生产奠定了良好的基础。从近十年的产值增长状况来看（图 3－14），畜牧业发展持续增长，并逐步走向平稳。2016 年，产值为 1 202.9 亿元，比 2010 年年末增长 46.3%。因生产条件与方式不同，内蒙古地区畜牧业可分为牧区的草原畜牧业与农区的养殖畜牧业[51]。农区畜牧业规模较小，分散于以农业生产为主的乡村地区，主要方式为舍饲，畜牧品种以羊、猪、家禽等为主，养殖规模较草原畜牧业小，是农区种植经济的有效补充。

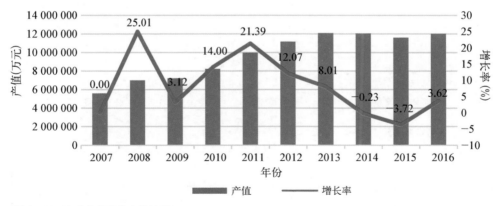

图 3－14　内蒙古畜牧业产值情况
资料来源：根据《内蒙古统计年鉴（2017）》整理绘制。

　　草原畜牧业主要分布在内蒙古阴山—大兴安岭北部和西部的草原地区（图 3－15）。禁牧区主要分布在阿拉善盟、乌兰察布市、呼伦贝尔市和锡林郭勒盟的重度退化沙化区。牲畜类型多样，有绵羊、山羊，以及牛、马、骆驼等大牲畜，是内蒙古肉、乳、皮、绒毛等的主要供给源。因生产生活从游牧向定居转变,草原畜牧业①生产发展为游牧和定居混合形式,有舍饲禁牧型、放牧型和混合型三种畜牧方式(表3-4)[52]。

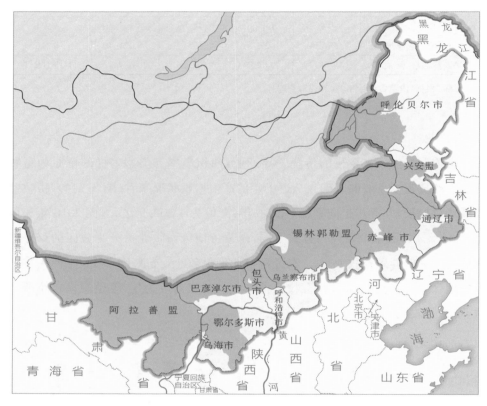

图 3-15　内蒙古牧区旗县分布图
资料来源:根据《内蒙古统计年鉴(2017)》整理绘制。

表 3-4　内蒙古草原畜牧业主要牧畜方式

牧畜方式	生产方式
舍饲禁牧型	需依赖国家补贴,整体搬迁(生态移民),搬迁后重新置业,从事农业、舍饲养殖业或其他产业

---

① 草原畜牧业是以草原为基本生产资料,通过牧民的放牧劳动,利用牧畜的生长繁殖机理,把草原牧草资源转化为畜产品,以满足社会需要的经济部门。草原畜牧业包括游牧畜牧业和定居草原畜牧业两种形式。游牧畜牧业是通过牧民的放牧劳动,随季节变化,以游牧的方式有效利用牧草资源,并使其转化为畜产品的一种草原畜牧业形式;定居草原畜牧业是指失去游牧条件的牧民,在居住点周围的比较有限的草场上,利用牧草资源生产畜产品的一种草原畜牧业形式。

（续表）

牧畜方式		生 产 方 式
放牧型	固定放牧	牧民有集中固定的草场,所养牲畜固定在此处放牧
	轮牧放牧	根据几块草场的生长状况,调整放牧,草场有机会轮牧休养
混合型		季节禁牧,舍饲一般在冬天和春天,草场分为饲料地、打草地、放牧地,或把放牧地又分成几块,分季节放牧

资料来源:根据《论蒙古国和内蒙古牧区畜牧业经营模式》整理。

　　本书选择陈巴尔虎旗、阿巴嘎旗、乌拉特中旗、阿拉善右旗四个旗县作为典型以代表不同草场类型的生产状况。从产量来看,草甸草原和典型草原单位面积的肉和毛产量均较高,草原化荒漠地区产量居中;而荒漠草原地区的单位产量远低于其他地区;草甸草原和典型草原的生产条件较好,草原化荒漠和荒漠的生产条件较差(表 3 - 5,表 3 - 6)。

表 3 - 5　内蒙古畜牧业地区特点

草原类型	地理区位	主要畜牧方式	主要牲畜品种	畜牧产品	特色畜牧产品
草甸草原	呼伦贝尔地区	放牧型(固定放牧为主、轮牧为辅)	牛、羊	肉类、奶类、绒毛、皮类、禽蛋	羊肉
典型草原	锡林郭勒地区	放牧型(固定放牧、轮牧)	牛、羊、骆驼	肉类、奶类、绒毛、皮类、禽蛋	羊肉牛肉
草原化荒漠	鄂尔多斯、巴彦淖尔到乌兰察布山北地区	混合型(季节禁牧、轮牧,部分禁牧)	羊、奶牛、猪	肉类、奶类、绒毛、皮类、禽蛋	绒毛
荒漠草原	阿拉善地区	舍饲禁牧型(部分轮牧)	牛、羊	肉类、奶类、绒毛、皮类、禽蛋	羊肉

资料来源:根据《内蒙古自治区旗县情大全》整理。

表 3 - 6　2016 年内蒙古畜牧业典型旗县生产情况

草原类型	典型旗县	行政区域土地面积(千米^2)	农村牧区常住居民可支配收入(元)	单位土地面积肉产量(千克/千米^2)	单位土地面积羊毛产量(千克/千米^2)
草甸草原	陈巴尔虎旗	17 458	18 440	1 025.38	86.89
典型草原	阿巴嘎旗	27 495	21 681	1 184.03	46.55
草原化荒漠	乌拉特中旗	22 868	14 059	804.79	58.99
荒漠草原	阿拉善右旗	75 226	17 096	25.98	0.90

资料来源:根据《内蒙古统计年鉴(2017)》整理。

肉产品和畜牧品种内部构成方面（图 3-16），因大牲畜的养殖投入较高，对草场质量要求较高，因此，草甸草原和典型草原地区大牲畜数量和肉产量占比均较高，草原化荒漠草原和荒漠草原地区则以小牲畜为主。

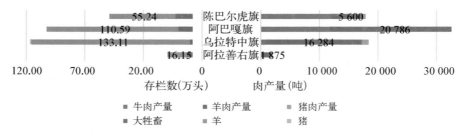

图 3-16　2016 年内蒙古畜牧业典型旗县肉产量和年末牲畜存栏数
资料来源：根据《内蒙古统计年鉴（2017）》整理绘制。

3）林业

内蒙古林业主要集中在大兴安岭，林木采伐是传统林业生产的主要方式。20 世纪 90 年代我国加强对天然林资源的保护、培育，以维护和改善生态环境为主，随着这一措施逐步完善实施，林业生产重心逐渐转向经济林产品的种植和采集、林木的培养与种植，另外花卉和野生动植物利用等林下经济生产方式有明显增长趋势。2016 年，内蒙古自治区林业产值达到 99.42 亿元，比 2010 年年末增长 28.8%，林业产业总体增长呈趋于稳定的趋势（图 3-17）。

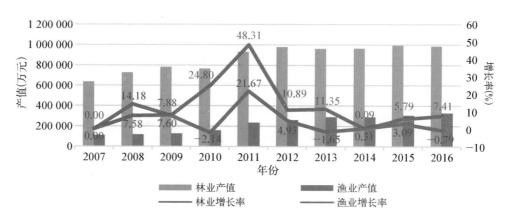

图 3-17　内蒙古林业和渔业产值情况
资料来源：根据《内蒙古统计年鉴（2017）》整理绘制。

4）渔业

渔业作为内蒙古乡村产业的补充产业,产量小、比例低。2016 年,渔业产值达到 33.03 亿元,比 2010 年年末增长 108.3%。受制于降水和地表水的不足,渔业产业主要分布在黄河、西辽河和大兴安岭富水区,各地区生产特点见表 3-7。

表 3-7　内蒙古渔业地区特点

地　区	地　区　分　布	鱼类品种
黄河渔业	巴彦淖尔到呼和浩特南部和鄂尔多斯北部沿黄地区	黄河鲤鱼、草鱼、鲢鱼、鲫鱼等淡水鱼
西辽河渔业	通辽、赤峰沿河地区	鲫鱼、鲤鱼、鲶鱼等
大兴安岭富水区	呼伦贝尔、兴安盟沿河地区	鲤鱼、鲫鱼、鲢鱼、哲罗鱼等

资料来源:根据《内蒙古自治区旗县情大全》整理。

5）其他经济类型

内蒙古乡村的其他经济形式有农畜产品加工业和乡村(牧区)旅游业等。

（1）农畜产品加工业

内蒙古是我国 13 个粮食主产区和 6 个粮食净调出省区之一,是国家重要的绿色农畜产品生产加工输出基地。农畜产品加工业是自治区六大优势产业之一,也是自治区第三大支柱产业。牛奶、羊肉、细羊毛、山羊绒等主要农畜产品产量均居全国第一位,农畜产品综合加工率约达 60%。

以农畜产品加工、储存、运输、销售为链条,以合作社、股份公司等形式支持形成的绿色农畜产品加工业,融合了内蒙古乡村经济的一、二、三产业发展,是目前带动广大乡村牧区经济增长和深化产业改革的主要模式与途径,全区农牧民人均收入的三成来自农畜产品。

（2）乡村(牧区)旅游业

内蒙古自治区横跨东北、华北、西北地区,对内与 8 省区相邻,对外与俄蒙接壤,拥有 19 个对外开放口岸。其丰富的自然风光、独特的地域文化和民俗风情均是自治区发展旅游产业的重要支撑。乡村旅游业的发展主要依托内蒙古地区资源和生态环境优势,在城镇周边、毗邻八省区交界地区、景区周边、品牌线路沿线和少数民族聚居区,开发休闲农庄、乡村酒店、特色民宿、自驾露营、户外运动等多种形式的乡村休闲度假产品,同时结合农副产品和旅游纪念品、工艺品的开发、生产和销售,形成较为完整的乡村旅游产业链。乡村旅游已经成为内蒙古旅游产业的主要组成部分,也是扶贫富民、乡村振兴、农牧民增收和改善乡村人居环境的重要途径。2016 年,内蒙古旅游业总收入达 2 714.7 亿元,占自治区生产总值的比重为 14.28%,已成为拉动地区经济增长的重要动力。

3.2.3 乡村经济结构

1) 第一产业内部结构

内蒙古乡村农林牧渔总产值呈持续上升趋势(图 3-18),内部结构以农业和畜牧业为主导,林业和渔业占比较小,变化不明显。2016 年,内蒙古农林牧渔业总产值达 2 794.22 亿元,农业、林业、畜牧业、渔业产值比例为 51:4:43:2。

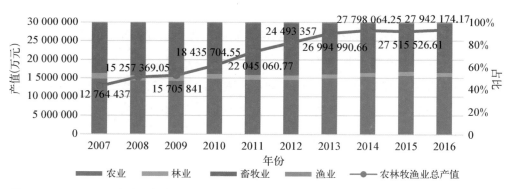

图 3-18 2007—2016 年内蒙古农业产业结构和产值变化
资料来源:根据《内蒙古统计年鉴(2017)》整理绘制。

2) 农牧产业内部结构

2016 年,内蒙古自治区的粮食作物、经济作物和其他作物的种植面积比为68:25:7。粮食作物主要以玉米为主,其他种植面积较大的作物包括小麦、薯类和豆类;经济作物和其他作物种类较多,种植面积较大的作物有向日葵、油菜、蔬菜和青饲料等(图 3-19)。

羊是畜牧业的养殖主体。从 2016 年畜牧业养殖情况看,羊、大牲畜、猪的养殖比例接近 8:1:1。大牲畜养殖品种以牛为主,包括马、驴、骡和骆驼(图 3-20)。

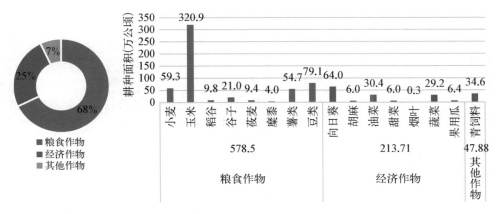

图 3-19　2016 年内蒙古作物耕种面积概况
资料来源：根据《内蒙古统计年鉴（2017）》整理绘制。

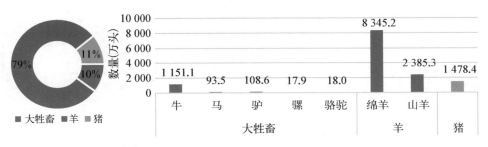

图 3-20　2016 年内蒙古畜牧业牲畜养殖概况（年中数）
资料来源：根据《内蒙古统计年鉴（2017）》整理绘制。

3.3　内蒙古人口与社会环境

3.3.1　民族构成

1）概况

蒙古族是内蒙古自治区的主体民族，其他民族则包括汉族、满族、回族、达斡尔族、鄂温克族、鄂伦春族、朝鲜族、俄罗斯族等。2016 年年末，全区常住人口，汉族人口为 1 889.06 万人，占 74.96%；蒙古族人口为 462.39 万人，占 18.35%；其他民族人口为 168.65 万人，占 6.69%[①]（表 3-8）。

————————————————

① 根据《内蒙古统计年鉴（2017）》，民族人数占比以自治区 2016 年年末常住人口 2 520.1 万人为基数。

表 3-8　2016 年内蒙古自治区部分民族人口概况

规　模	民　族	人口数(人)
400 万人以上	蒙 古 族	4 623 940
10 万人以上	满　族	549 532
	回　族	216 953
1 万人以上	达 斡 尔 族	86 428
	鄂 温 克 族	32 484
	朝 鲜 族	22 990
1 000 人以上	鄂 伦 春 族	4 571
	锡 伯 族	3 709
	壮　族	2 337
	苗　族	2 156
	土 家 族	2 062
	彝　族	1 831
	藏　族	1 820

数据来源：根据《内蒙古统计年鉴(2017)》整理。

2) 人口分布

　　汉族人口主要聚集在内蒙古的中西部地区,如鄂尔多斯市、乌海市、巴彦淖尔市、包头市、乌兰察布市等盟市;东部地区的通辽市、赤峰市、呼伦贝尔市、兴安盟、锡林郭勒盟等盟市集中了全区蒙古族人口数量的 4/5[①];其他少数民族主要集中于呼伦贝尔市,少量分布于兴安盟、赤峰市、乌兰察布市,并形成以民族乡为单位的 18 个少数民族聚居区,包括鄂温克族、满族、达斡尔族、鄂伦春族、回族、朝鲜族、俄罗斯民族乡等(图 3-21)。

3.3.2　人口构成

1) 人口密度

　　2016 年,内蒙古全区人口为 2 520.1 万人,人口密度为 21.30 人/千米^2,乡村

---

① 　各民族的盟市分布和数量,根据《内蒙古自治区第六次全国人口普查主要数据公报》整理。

人口数量为 978.1 万人,占全区人口数量的 38.8%,乡村人口密度为 8.3 人/千米²(表 3-9)。

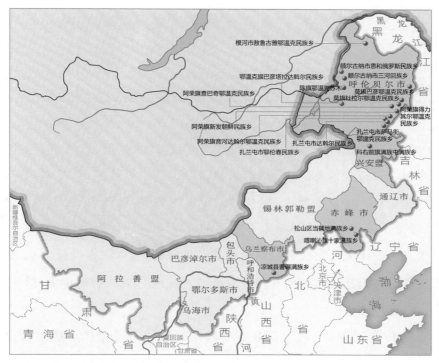

图 3-21　内蒙古自治区民族乡的地区分布
图片来源:根据内蒙古民族事务委员会官网(http://www.nw.nmg.gov.cn)整理绘制。

表 3-9　2016 年内蒙古自治区各盟市乡村人口密度

地　区	总人口密度 (人/千米²)	乡村人口 (万人)	乡村面积 (万平方千米)	乡村人口密度 (人/千米²)
内蒙古全区	21.30	978.10	117.81	8.30
呼和浩特市	179.58	98.22	1.69	58.00
通辽市	52.52	163.93	5.94	27.60
赤峰市	47.84	222.62	8.94	24.89
乌兰察布市	38.30	109.86	5.49	20.01
乌海市	328.41	3.00	0.16	18.37
包头市	103.16	48.66	2.68	18.15
兴安盟	26.78	84.27	5.97	14.12
巴彦淖尔市	26.14	78.39	6.43	12.19

地　区	总人口密度 （人／千米²）	乡村人口 （万人）	乡村面积 （万平方千米）	乡村人口密度 （人／千米²）
鄂尔多斯市	23.68	54.38	8.66	6.28
呼伦贝尔市	9.99	71.99	25.09	2.87
锡林郭勒盟	5.17	37.12	20.21	1.84
阿拉善盟	0.91	5.61	—	—

数据来源：根据《内蒙古统计年鉴（2017）》整理。

内蒙古乡村人口分布密度地域性差异明显。通辽市、赤峰市、乌兰察布市的乡村人口占全区总数的51%，人口密度也高于其他盟市；呼和浩特市乡村人口数量仅次于以上盟市，但乡村人口密度较高，达58人/千米²；鄂尔多斯市、呼伦贝尔市和锡林郭勒盟等地区的乡村人口数量居中，但乡村人口密度低于10人/千米²；阿拉善盟则因自然条件限制，总人口密度仅为0.91人/千米²；乌海市因其自然环境与产业发展的特殊性①，总人口密度大，但乡村面积小，人口数量少。

形成内蒙古地区乡村人口分布地域性差异的因素包括自然因素、生产因素及区位因素等。首先，内蒙古地形狭长，地域差异明显。阴山山脉以南以平原和丘陵农业区为主，山脉以北以草原牧业区为主。生态环境质量从东北到西南呈递减趋势。其次，因生产方式的不同，农业区人口密度高于牧业区，土地承载能力有较大差异。再次，中心城镇及城镇密集区周边地区基础设施供给优于其他地区，中心城镇附近的乡村人口密度也高于其他地区，如呼包鄂核心城镇群和赤通城镇群地区，因农耕发展历史悠久，中心城镇规模大、吸引力较强，周边乡村的人口密度远高于其他地区；锡林郭勒和呼伦贝尔地区，是自治区主要的草原畜牧业生产区，受生产方式和草原生态承载力影响，乡村人口密度较低；阿拉善地区和鄂尔多斯地区，因气候干旱，荒漠型草原和沙漠面积较大，自然环境恶劣，生态承载力不足，人口密度偏低（图 3-22）。

---

① 乌海是工矿移民城市，20世纪开始大规模开发建设，城镇化率高达96%，乡村人口较少。

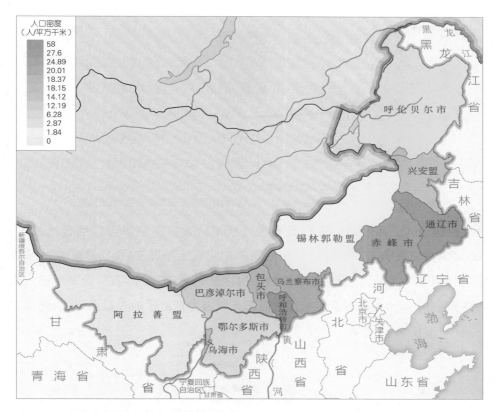

图 3 - 22　内蒙古自治区乡村人口密度地区分布

图片来源：根据《内蒙古统计年鉴（2017）》整理绘制。

2）年龄构成

　　根据《2015 年内蒙古自治区 1‰人口抽样调查主要数据公报》[①]，2015 年 11 月 1 日，全区常住人口中，0～14 岁人口为 336.09 万人，占 13.39％；15～64 岁人口为 1 944.5 万人，占 77.47％；65 岁及以上人口为 229.42 万人，占 9.14％。同 2010 年第六次全国人口普查（简称"六普"）相比，0～14 岁人口比重下降 0.71 个百分点，15～64 岁人口比重下降 0.87 个百分点，65 岁及以上人口比重上升 1.58 个百分点（图 3 - 23）。

① 目前，我国实施的人口调查制度包括每十年一次的人口普查、两次普查间的 1‰人口抽样调查，以及普查和 1‰人口抽样调查以外年份进行的年度人口变动情况抽样调查。因 2016 年调查数据仅为人口变动情况，因此选用 2015 年 1‰人口抽样调查作为年龄构成分析。

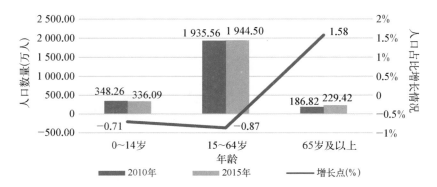

图 3 - 23   2015 年内蒙古人口年龄构成
数据来源：根据《2015 年内蒙古自治区 1％人口抽样调查主要数据公报》整理绘制。

根据"五普"和"六普"人口数据统计绘制的人口金字塔可以明显地看出，2000 年，内蒙古的人口年龄已呈现由成年型向稳定型转变，金字塔底部持续收缩、上部不断变宽，已呈现明显收缩型结构特征。至 2010 年，人口金字塔已演化为两头小、中间大的典型老年型社会形态。原因为自治区的人口出生率、死亡率

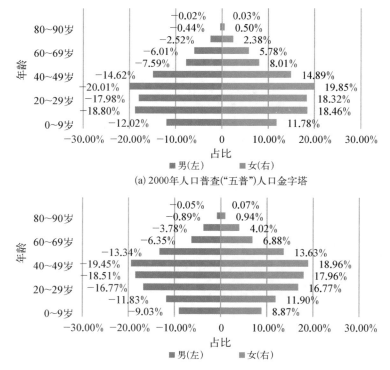

图 3 - 24   2000 年和 2010 年人口普查内蒙古自治区人口金字塔
数据来源：根据《内蒙古统计年鉴(2017)》及历次内蒙古人口普查报告整理绘制。

和自然增长率均长期较低,导致少年儿童人口比重持续缩小、老年人口比重不断加大,人口老龄化趋势明显(图 3 - 24)。

从表 3 - 10 中可以看出,内蒙古乡村地区的 0～14 岁的人口数量占比呈下降趋势,2015 年有一定增长;65 岁及以上人口数量占比呈明显增长趋势,10 年来都高于 7%,乡村地区的老龄化①特征显著,老年抚养比持续增长。

表 3 - 10　2010—2016 年内蒙古乡村人口年龄结构抽样数据

年份	0～14 岁占比	15～64 岁占比	65 岁以上占比	少儿抚养比	老年抚养比
2010	13.98%	77.83%	8.20%	17.96%	10.53%
2011	13.19%	78.88%	7.94%	16.72%	10.06%
2012	13.17%	77.79%	9.04%	16.93%	11.63%
2013	12.18%	78.49%	9.33%	15.53%	11.88%
2014	12.01%	78.29%	9.70%	15.34%	12.39%
2015	12.87%	76.07%	11.06%	16.91%	14.54%
2016	12.73%	75.32%	11.95%	16.91%	15.86%

数据来源:根据 2011—2017 年《中国人口与就业统计年鉴》整理。

3.3.3　社会结构

1) 城乡结构

2016 年,内蒙古常住人口中,城镇人口为 1 542.1 万人,占 61.19%;乡村人口为 978.1 万人,占 38.81%(表 3 - 11)。同 2010 年第六次全国人口普查相比,2016 年,内蒙古城镇人口增加 170.08 万人,乡村人口减少 120.51 万人。

表 3 - 11　2016 年内蒙古城乡人口构成

地　区	城　　镇		乡　　村	
	人口数量(万人)	占比	人口数量(万人)	占比
全国	79 298	57.35%	58 973	42.65%
内蒙古	1 542.1	61.19%	978.1	38.81%

数据来源:根据《内蒙古统计年鉴(2017)》整理。

---

① 1956 年,联合国《人口老龄化及其社会经济后果》确定的划分标准:当地区 65 岁及以上老年人口数量占总人口比例超过 7% 时,则意味着这个国家或地区进入老龄化。

与各地区自然环境、经济基础与产业结构相适应,各盟市城乡人口结构亦有地域差异性(图3-25)。赤峰市、乌兰察布市、通辽市、兴安盟、巴彦淖尔市农业经济具相对优势,乡村人口比例较高,约占总人口的50%;锡林郭勒盟、呼和浩特市、呼伦贝尔市、鄂尔多斯市和阿拉善盟的乡村人口占比均在20%~35%;包头市低于20%,乌海市仅5%。

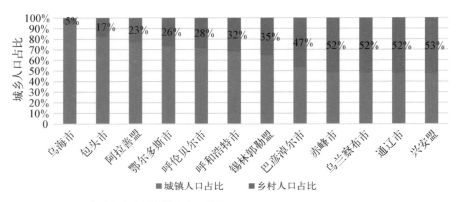

图3-25 2016年内蒙古各盟市城乡人口结构
资料来源:根据《内蒙古统计年鉴(2017)》整理绘制。

2) 就业结构

2000—2016年,内蒙古自治区的乡村从业人口数量一直高于城镇从业人口数量。2015年,城镇从业人口数量与乡村从业人口数量基本持平。乡村人口以农业、畜牧业就业为主,还包括部分工业、建筑业和交通运输业等从业人员,而农区和牧区内部就业结构也有差异(图3-26)。

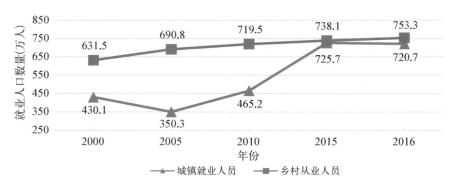

图3-26 2000—2016年内蒙古自治区城乡就业人口数量
数据来源:根据《内蒙古统计年鉴(2017)》整理绘制。

　　如图 3-27 所示,农区的主导就业类型为农业,吸纳总从业人口的 63%,畜牧业、工业和建筑业合计吸纳从业人员总数的 22%,其他行业仅吸纳 15%;牧区的主导就业类型为畜牧业,吸纳总从业人员的 51%,农业吸纳 34%,其他行业从业人口比例约为 15%。因生产方式不同,农业对劳动力的需求和荷载都远大于牧业,农区的人口集聚程度与产业丰富程度均高于牧区。

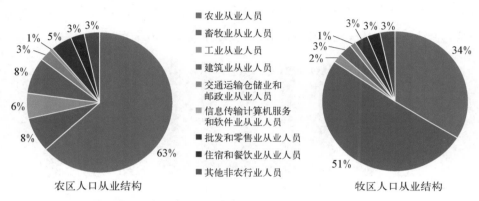

图 3-27　2016 年内蒙古自治区乡村人口就业结构
数据来源:根据《内蒙古统计年鉴(2017)》整理绘制。

3) 收入与消费结构

　　如图 3-28 所示,自 2007 年起,内蒙古自治区城乡居民家庭人均收入均呈现明显上升的趋势。2016 年,内蒙古城镇常住居民人均可支配收入为 32 975 元,比 2015 年增长 7.8%;农民人均可支配收入为 10 990 元,比 2015 年增长 7.5%;牧民人均可支配

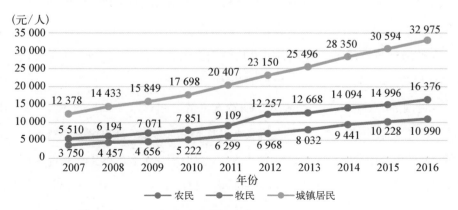

图 3-28　2007—2016 年内蒙古城乡居民家庭人均收入
数据来源:根据《内蒙古统计年鉴(2017)》整理绘制。

收入为 16 376 元,比 2015 年增长 9.2%。农牧民的收入水平明显低于城镇居民。

从收入结构看,2016 年内蒙古农村牧区居民可支配收入的四大项收入均实现全面增长,工资性收入为 2 449 元,比 2015 年增长 8.8%,低于全国平均水平①;经营性净收入为 6 216 元,增长 0.5%;财产性净收入为 453 元,增长 6.6%;转移性净收入为 2 492 元,增长 30.1%。从增速看,转移性净收入增长最快,增幅最小的是经营性净收入(图 3-29)。从对收入贡献率看,经营性净收入贡献率最高,为 53.54%,其次是转移性净收入,贡献率为 21.46%。

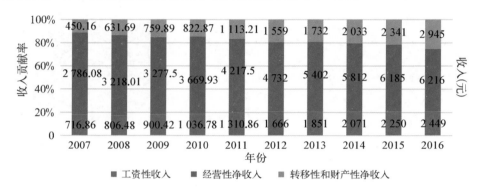

图 3-29 2007—2016 年内蒙古乡村居民可支配收入
数据来源:根据《内蒙古统计年鉴(2017)》整理绘制。

从消费结构看,2016 年内蒙古城镇常住居民人均生活消费支出为 22 746 元,较上年增长 4.0%;农村牧区人均消费支出为 11 462 元,较上年增长 7.8%。从消费支出总量看,内蒙古自治区农牧区人均消费支出近 10 年有明显增长,居民生活得以改善。2007—2016 年,农村牧区居民家庭恩格尔系数由 39.31%下降至 29.34%,食品消费比重下降趋势明显,但仍为主要的消费支出,与城镇生活消费水平仍有明显差距。城乡居民人均消费支出绝对值差从 2007 年的 6 025 元到 2016 年的 11 284 元,有逐年增加的趋势。

乡村内部的农业人口与牧业人口消费支出情况亦有差异(图 3-30)。从 2016 年的家庭消费结构情况看,牧民的各项支出均略高于农民,且牧民的消费支出在食品和交通通信方面与农民的差异较为明显。主要原因在于农区的生产条件和产品多样性比牧区优越,交通和通信条件也更加便利,因而食品和交通通信支出低于牧区。

_____

① 根据《中国统计年鉴(2017)》,2016 年全国农村居民人均工资性收入为 5 021.8 元,比上年增长 9.16%。

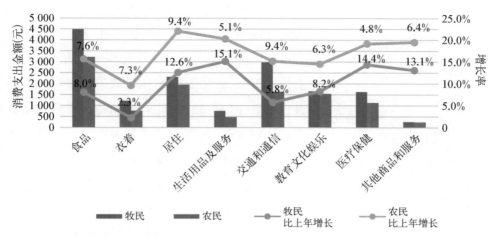

图 3 - 30　2016 年内蒙古乡村家庭消费结构
数据来源：根据《内蒙古统计年鉴(2017)》整理绘制。

4）文化素质结构

2015 年，内蒙古常住人口中，大学(指大专及以上)教育程度人口为 382.91 万人；高中(含中专)教育程度人口为 405.76 万人；初中教育程度人口为 900.02 万人；小学教育程度人口为 574.19 万人[①]。人口的受教育数量与受高等教育的水平有明显提高，但城乡差距依然显著(图 3 - 31)。

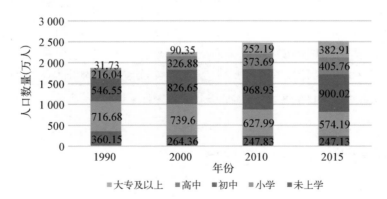

图 3 - 31　内蒙古 2015 年和历次人口普查人口文化构成
数据来源：根据《内蒙古统计年鉴(2017)》和《2015 年内蒙古自治区 1‰人口抽样调查主要数据公报》整理绘制。

---

① 数据来源：《2015 年内蒙古自治区 1‰人口抽样调查主要数据公报》。

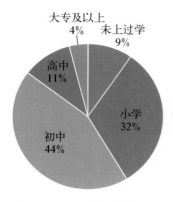

图 3‑32 2016 年内蒙古乡村
人口文化素质结构

数据来源：根据《2017 年中国人口
与就业统计年鉴》整理绘制。

2016 年的数据显示，内蒙古乡村人口的受教育程度以小学和初中、高中为主，小学与初中文化程度人口占比近 4/5，高中文化程度约占 1/10，另有约 1/10 未受教育人口，明显低于城镇人口的受教育水平（图 3‑32）。同时，乡村地区受教育程度存在性别差异。未受教育人口中女性占比明显高于男性；小学程度的受教育人口中女性占比略高于男性；初中程度的受教育人口中男性占比明显高于女性；至高中和大专及以上的中等和高等教育阶段，受教育人口的性别差异逐渐缩小，受教育的男性与女性占比趋同（表 3‑12）。

表 3‑12　2010—2016 年内蒙古自治区乡村人口文化素质结构

年份	6 岁及以上人口		未上学占比		小学占比		初中占比		高中占比		大专及以上占比	
	男	女	男	女	男	女	男	女	男	女	男	女
2010	52.64%	47.36%	2.35%	4.94%	17.90%	19.30%	25.55%	18.58%	4.99%	2.99%	1.85%	1.57%
2011	52.43%	47.57%	2.45%	4.67%	16.52%	19.15%	26.41%	19.42%	5.38%	3.02%	1.68%	1.32%
2012	52.01%	47.99%	2.44%	4.51%	15.67%	17.36%	25.84%	20.58%	5.58%	3.69%	2.47%	1.84%
2013	52.82%	47.18%	2.68%	4.87%	16.95%	16.98%	25.12%	19.99%	5.81%	3.87%	2.28%	1.47%
2014	52.40%	47.60%	2.53%	5.39%	18.14%	19.96%	24.93%	17.60%	4.99%	3.17%	1.81%	1.47%
2015	51.91%	48.09%	3.17%	6.32%	17.49%	17.59%	23.39%	17.38%	5.50%	4.58%	2.37%	2.22%
2016	50.35%	49.65%	3.27%	6.27%	15.16%	16.63%	25.22%	18.72%	4.58%	6.11%	2.11%	1.92%

资料来源：根据 2011—2017 年《中国人口与就业统计年鉴》整理。

3.4　内蒙古民族与文化环境

从距今几十万年前的旧石器时代开始，内蒙古地区就出现了人类文明的足迹。悠久的历史和特殊的自然环境孕育了独特的北方游牧民族。随着蒙地开垦和农耕文化的影响，原分散、游动的生产生活方式向集聚化的定居方式转变，传统亦随着游牧文化的势弱而发生着衍化与转型。在以传统牧业生产为主的草原地区,因地域广阔、相对封闭、宗教文化影响深远等原因,文化变迁相对较慢,仍保留着相对传统的民俗习惯和生产生活形式;农牧交错混合地区,文化的交融渗透表现在民俗习惯、祭祀礼仪、游艺民俗方面,内容与形式都较为丰富。同时,因内蒙古自治区漫长的行政边界,邻近的国家和地区的文化在内蒙古地区影响深远。经过数千年的发展,开放且包容的游牧文化与农耕文化,以及现代产业文化交织融合,形成了极具地域特色、丰富多彩的文化环境。

3.4.1　民族文化

1) 游牧文化

内蒙古地域广阔,历史上是北方游牧部落生息繁衍之地。游牧民族崇拜、依赖、敬畏大自然,有着朴素的自然观与生态观,在生产方式、居住形式、餐饮服饰、民俗礼仪、文化艺术等方面形成了与之相适应的、具有鲜明地域特征的游牧文明。

"逐水草迁徙"是游牧文化下形成的生产方式,人、畜、自然在长期的相互适应过程中形成了和谐、顺应的关系。牧民按照草场生长情况、气候条件、牧群情况等综合考虑,有规律地进行远距离、大范围的牧群迁徙,大大降低了畜牧业对草场生态环境的干扰与破坏,体现着草原民族原始而自然的生态保护观。

游牧过程中,牧民以家庭为核心组织生产生活。为满足畜牧业生产需求,牧民的居住点距离远、空间布局分散,蒙古包与各类生产生活工具均易于拆卸和运输。蒙古包是蒙古族民族传统的住居形式,是游牧民族在适应自然环境与生活需求下形成的独特民居建筑形式,亦是内蒙古草原文化的典型代表。其独特的建筑形态、建造技艺、建筑材料、色彩与室内物品陈设等,反映了草原人民在自然环境中的生存智慧与宗教信仰,是游牧民族对传统文化传承最直接的印证。在游牧民族的生产生活方式从游牧向定居转移过程中,蒙古包已逐渐成为地区传统民族文化的象征与代表(图 3-33,图 3-34)。

图 3 - 33　牧区蒙古包住居　　　　　　　图 3 - 34　草原旅游点蒙古包

　　同时,草原自然环境与游牧方式下形成的生产方式、生产工具、生活习俗等均有着鲜明的地域性和民族性,也是游牧文化的重要组成部分。如以肉食、奶食为主的饮食文化,以蒙古袍为代表的草原服饰文化等,传统的待客礼仪、年俗礼仪、婚俗礼仪、丧葬礼俗、祭祀礼俗等,蕴含着游牧民族的文化与信仰,是体现与传承传统游牧文化的重要载体(图 3 - 35)。

(a) 手扒肉　　　　　　　　(b) 那达慕大会　　　　　　　(c) 打马鬃节

图 3 - 35　游牧文化习俗、节庆活动
资料来源:内蒙古区情网民俗风情 http://www.nmgqq.com.cn。

　　在民族文化与艺术方面,草原民族有着与游牧生产生活息息相关的民族文化和传统习俗,如摔跤、赛马、呼麦、长调、马头琴、四胡、火不思、安代舞、筷子舞、盅碗舞、查玛舞、版画、刺绣、剪纸、雕塑等历史悠久、内涵丰富的民族文化表现形式,反映了内蒙古地区特定的自然环境、历史背景下形成的地域性生产生活方式。这些独特的民族艺术,既是游牧文化的主要组成,亦是内蒙古乡村牧区的特色产业发展的重要基础。

2）农耕文化

　　内蒙古地区的农耕文化伴随着草原的数次大规模垦荒,在内蒙古地区的影响范围逐渐扩大,形成了农耕文化与游牧文化相融合的地域文化特征。草原地区的农耕文化艺术既保留了原有的丰富多样性,又融合了游牧文化的自由、淳朴的艺术表现形式。如锣鼓、民歌、戏曲、秧歌等早期进行农事活动形成的工具和曲调等,是农耕文化中常见的艺术形式。如托克托县本土的双墙秧歌、隆盛庄四脚龙舞等节庆活动舞蹈,均是内蒙古地区农耕文化的典型代表。二人台、脑阁①、开鲁太平鼓舞等则是将农耕文化与游牧文化相结合,形成了内蒙古地域特色的艺术形式(图 3 - 36)。

(a) 和林格尔剪纸　　　　　(b) 二人台　　　　　　(c) 炕围画

图 3 - 36　农耕文化

资料来源:内蒙古自治区各盟市政府官网②。

祭祀土地爷、灶王爷等神灵的祭祀活动、祈求风调雨顺的庙会活动源于农耕文化对土地与火的敬畏。蒙古族等民族也和汉族一样在春节时贴对联、祭祀灶王爷;敖包祭祀活动,原是游牧民族崇拜自然、祭祀神灵和祖先的传统活动,在现代社会逐渐发展成为反映民族和地域文化的主要形式,祭祀活动往往参与者众多,已无明显民族界限。

内蒙古以农业生产为主的乡村多布局在水、热、土壤等自然资源条件较好的地区,聚落形态以集中式固定居住为主,人口密度明显高于草原牧区聚落,对外交通联系条件亦相对较好。因内蒙古地形辽阔狭长,不同地区的乡村民居形式受地域性自然环境和营建模式影响,形成地带性的差异特征。

西部阿拉善地区受宁夏民居文化影响,以"平屋顶、四合式"为主要特征,

---

① "脑阁"是清中期由晋陕地区传入内蒙古的一种民间传统表演形式。"脑"是方言,把东西扛起的意思;"阁"是指演出时固定在身上的铁架。"脑阁"即由成年男子扛着铁架,铁架上固定 1～3 名 8 岁以下儿童,扮作历史人物,演出时随节奏舞蹈。

② 巴彦淖尔市人民政府官网(http://www.bynr.gov.cn);内蒙古区情网(http://www.nmgqq.com.cn);内蒙古住房与城乡建设网(http://www.zjtnmg.gov.cn)。

在阿拉善盟阿左旗巴彦浩特镇仍可见到此类风格的民居,院落南北狭长,砖雕木饰精美;呼包地区受山西文化影响,民居以晋地风格为主,延续合院式院落形式,房屋建造就地取材,以土木结构为主;鄂尔多斯以东、黄河以西的地区则分布着窑洞式民居,即利用黄土的特性,挖洞造室修建而成;内蒙古东部地区民居以适应当地气候的方形合院为特征,带有典型的东北风格(图3-37)。

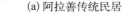

(a) 阿拉善传统民居　　　　　(b) 呼和浩特民居　　　　　(c) 清水河县北堡乡民居

图3-37　内蒙古民居

3) 其他民族文化

其他民族也有着各自的文化特征,如鄂温克族的居住习俗、达斡尔族民间舞蹈、俄罗斯族巴斯克传统节日等既有民族性和地域性特征,也有与外来文化的融合特征。

鄂温克人因居住地区不同,曾被人们分别称为"索伦""通古斯""使鹿部"等。以进山打猎、放牧驯鹿为生的鄂温克人住所称为"仙人柱",也叫"萨喜格柱",主要由木架和遮盖物组成,便于拆卸;游牧为主的鄂温克人住所称为"乌儒格柱",即蒙古包;另有逐步定居的鄂温克人曾居住过俄罗斯式的板房,即"木刻楞",外墙面由长圆木横竖交错垒积而成,圆木内是用土坯垒成、黑白两层天棚,人字形架的房盖,玻璃窗和带花纹外框是其主要特征。

达斡尔族信仰萨满教,其民族舞蹈包括民间舞蹈和宗教舞蹈[53]。民间舞蹈称哈肯麦舞,意为燃烧,主要以女性集体舞为主,动作都衍生于日常生产和生活方式;宗教舞蹈指萨满舞,是雅德根(巫师)消除灾难、祈求丰收、祭神治病时所跳的舞蹈,动作丰富,舞蹈语汇神秘,技艺性强,是萨满教传播并影响地区文化的重要形式(图3-38)。

(a) 鄂温克族"仙人柱"　　　　(b) 达斡尔族萨满舞　　　　(c) 俄罗斯族巴斯克传统节

图 3-38　内蒙古其他少数民族文化
资料来源：内蒙古区情网民俗风情 http://www.nmgqq.com.cn。

　　俄罗斯族一年中最传统和隆重的节日是巴斯克节，时间为每年 4 月下旬至 5 月上旬。节日期间，人们会制作特色食品列巴、染彩蛋，举行弹琴、跳舞、撞彩蛋等活动庆祝。巴斯克节既是内蒙古地区俄罗斯族特有的传统节日，也是国家文化和旅游部公布的第三批国家级非物质文化遗产之一。

3.4.2　宗教文化

　　蒙古族的传统宗教源于萨满教和喇嘛教。萨满教是一种原始宗教，崇尚万物有灵论，有"天父地母"之说，对大自然有着原始的敬畏与崇拜，培育了草原民族最朴素的自然观和生态理念，是内蒙古草原地区历史最为悠久的宗教。在成吉思汗统一各部落之前，萨满教是草原民族主要信仰的宗教之一，蒙古族、达斡尔族、鄂温克族、鄂伦春族、满族等民族普遍信仰萨满教，尤其陈巴尔虎、布里亚特、科尔沁等蒙古部落相对聚集的地区受其影响较大，现今流传的歌舞、文学、绘画、节庆等均有萨满教影响。

　　13 世纪时，蒙古族上层改信藏传佛教中的萨迦派（红教）。16 世纪，漠南蒙古土默特部首领阿勒坦汗引入了藏传佛教的支脉——格鲁派（黄教），即喇嘛教，并以统治阶级力量为主导进行传播。清朝时，"以政护教""以政固教"的政策加速了藏传佛教在草原地区快速传播，至清中期，藏传佛教在内蒙古地区的宗教影响达到顶峰，数千座寺庙被建造起来，喇嘛人数达到数十万。众多以宗教寺庙为起源的城镇逐渐成为内蒙古地区的文化、政治、经济、教育和医疗的中心。如锡林郭勒市、多伦淖尔镇、乌里雅斯太镇、库伦镇等，都曾是整个蒙古地区的宗教中心，此类城镇初期形态围绕宗教建筑布局，以寺庙或敖包山为中心，随商业发展而逐渐向外扩展，是典型的"因庙而兴、因商而盛"的草原城镇。此外，天主教、基督教和伊斯兰教等宗教在内蒙古部分地区有一定影响，并有宗教历史建筑得以留存，但影响范围相对较小（图 3 - 39，图 3 - 40）。

　(a) 呼和浩特大召寺　　　　　　 (b) 库伦兴源寺　　　　　　　 (c) 阿拉善福音寺

图 3 - 39　藏传佛教建筑

　(a) 呼和浩特天主教堂　　　　 (b) 呼和浩特清真大寺　　　　　 (c) 赤峰清真北大寺

图 3 - 40　其他宗教建筑

第4章　内蒙古乡村类型

内蒙古乡村类型是内蒙古乡村人居环境研究的重点,本章论述了内蒙古乡村类型化的意义、过程与标准,并根据既有研究和内蒙古乡村特征,提出内蒙古乡村类型划分结论,即包含农业型、林业型、牧业型、混合型四类。同时,在乡村地理环境、乡村规模等级、乡村空间结构方面进行了差异化特征分析。

4.1　内蒙古乡村类型化

4.1.1　乡村类型化意义

我国是农业大国,以乡村空间为主的乡村振兴战略稳步推进,实施乡村振兴战略,是党的十九大做出的重大决策部署,是决胜全面建成小康社会、全面建设社会主义现代化国家的重大历史任务,是新时代"三农"工作的总抓手。[①] 乡村振兴离不开优化乡村产业功能,明晰乡村产业类型,这对探究乡村产业发展方向、途径、方法有着至关重要的意义。

样本乡村类型划分对内蒙古乡村人居环境研究具有重要意义,通过调查数据分析,可以了解内蒙古乡村人居环境现况,进而对不同类型乡村加深认知。内蒙古地域广阔,东西跨度大,乡村生产方式丰富,划分乡村类型,掌握不同类型乡村的差异化特征,可以为涉农政策制定、规划建设决策、传统村落保护、生态环境保护、特色小镇建设等方面提供地域性思考和经验借鉴。

为了全面了解内蒙古乡村人居环境建设情况,总结和推广本地区的优秀建设经验,本书对内蒙古乡村类型按照生产方式进行划分,同时对不同类型的乡村在自然地理环境、空间结构、规模等级三个方面进行差异化特征分析,结合乡村人居环境基础条件,为内蒙古乡村空间营造、案例解析及人居环境质量评价奠定基础。

---

① 引自 2018 年中央一号文件《关于实施乡村振兴战略的意见》。

4.1.2 乡村类型化过程与标准

　　样本乡村选择应具有典型性和代表性,内蒙古地域广阔,地理条件差异大,
地域特征和民族特色明显,本研究样本乡村的选择主要基于地理环境、产业特
征、文化特色、生态保护、发展路径等影响因素,通过因素叠加、特征分析确定样
本地区,进而选择样本乡村并进行类型划分。

1) 样本地区选择

　　在内蒙古范围内,通过地势分布、地貌分布、民族分布、林业资源分布、荒漠
化土地分布等因素(图4-1)进行图示分析,图示叠加后,结合社会因素进行样本
地区选取,样本地区限定在锡林郭勒盟的多伦县、东乌珠穆沁旗,阿拉善盟的阿

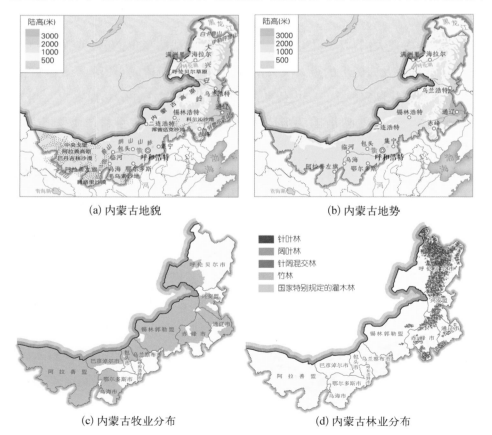

(a) 内蒙古地貌   (b) 内蒙古地势

(c) 内蒙古牧业分布   (d) 内蒙古林业分布

(e) 内蒙古荒漠化土地分布　　　　　　(f) 内蒙古林业发展规划与土地分布

图 4 - 1　内蒙古地区环境参数分析图

资料来源：根据内蒙古自治区主体功能区规划、内蒙古城镇体系规划、内蒙古自治区林业发展"十三五"规划整理绘制。

拉善左旗、腾格里经济技术开发区,鄂尔多斯市的达拉特旗,呼和浩特市的土默特左旗、武川县,乌兰察布市的察哈尔右翼中旗、卓资县,巴彦淖尔市的五原县,呼伦贝尔市的额尔古纳市(表 4 - 1,图 4 - 2)。

表 4 - 1　样本地区选取明细表

样 本 地 区		主要生产方式	代 表 性 特 征
锡林郭勒盟	多伦县	农、混	农牧混合地区,汉民族北迁与蒙古民族交融,农牧交错带典型地区
	东乌珠穆沁旗	牧、混	游牧民族典型代表,形态保存最为原始的纯牧区
阿拉善盟	阿拉善左旗	农、牧、混	地处沙漠地区,农、牧、混合型乡村
	腾格里经济技术开发区	牧、混	地处沙漠地区,生态环境恶劣,生态移民、环境治理、工业小镇、城乡一体典型地区
鄂尔多斯市	达拉特旗	牧、混	农转农牧混合,农牧混合转游牧,游牧转农牧混合,农牧业经济交融地区
呼和浩特市	武川县	农	内蒙古特色农产品主产区
	土默特左旗	农、混	内蒙古地区最早出现农耕的地方,开垦蒙荒,民人涌入,出现板升,农耕村落,这里最具有代表意义
乌兰察布市	察哈尔右翼中旗	牧、混	地处阴山支脉辉腾锡勒北麓,多民族聚居的半农半牧旗
	卓资县	农、混	地处阴山山脉东南麓,多丘陵、少平川地区
巴彦淖尔市	五原县	农、混	河套地区农耕文明的代表
呼伦贝尔市	额尔古纳市	农、林	蒙古民族发祥地,林业型的代表

图4-2 样本地区分布图

2）样本乡村选择

样本地区内乡村类型比较丰富，因而选取典型样本非常重要，首先制定选取原则，根据全覆盖原则、代表性原则、差异化原则选择样本乡村，以旗县域为研究对象，分析旗县域范围内环境属性（地势地貌分布、土地利用分布、草场分布及沙漠化土地分布等因素）（图4-3）和样本乡村属性，归纳分析并结合区域社会因素，选取样本地区内样本乡村。全覆盖原则指在样本地区，通过收集旗县域乡村数据，划分样本地区区域类型，不同样本区域间横向对比，剔除相似性强的样本乡村，从全域分析角度入手，避免先选点再选区域的"以点带面"现象，使样本乡村的代表性更强。代表性原则指在样本地区，同一类型的样本乡村较多，选取典型样本进行分析，依据相同原则划分类型区，对同一类型区内相似样本进行分析，选取适宜样本乡村。差异化原则指的是不同样本地区的乡村，应具有差异化特征，保证样本乡村类型丰富、代表性强、覆盖全域。

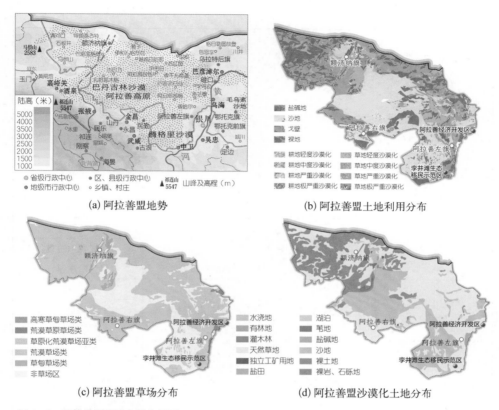

（a）阿拉善盟地势　　　　　　　　　　　（b）阿拉善盟土地利用分布

（c）阿拉善盟草场分布　　　　　　　　　　（d）阿拉善盟沙漠化土地分布

图 4-3　阿拉善盟环境参数分析图

图片来源：阿拉善盟规划局。

　　通过以上步骤，在锡林郭勒盟、阿拉善盟、鄂尔多斯市、呼和浩特市、乌兰察布市、巴彦淖尔市、呼伦贝尔市七个盟市中选取了 11 个旗（县）的 35 个乡村（农村、嘎查），满足类型选取要求，实现了自治区内东西跨度全覆盖、环境特色全覆盖、产业特色全覆盖、空间类型多样化的目标。样本乡村分布如表 4-2 所示。通过调查数据的整理，以样本乡村的生产方式作为类型划分的依据进行类型化界定。

表 4-2　样本乡村选取明细表

省　市	县(区)	镇　街	村　名
锡林郭勒盟 （6 个）	多伦县	西干沟乡	大官场村
			河槽子村
			小石砬村

（续表）

省　市	县（区）	镇　街	村　名
锡林郭勒盟 （6个）	东乌珠穆沁旗	呼热图淖尔苏木	呼牧勒敖包嘎查
			察干淖尔嘎查
			巴彦淖尔嘎查
阿拉善盟 （8个）	阿拉善左旗	朝格图呼热苏木	鄂门高勒嘎查
		巴彦浩特	南田村
		巴润别立	上海嘎查
			铁木日乌德嘎查
			图日根嘎查
	腾格里经济技术开发区	嘉尔嘎勒赛汉镇	阿敦高勒嘎查
			查汉鄂木嘎查
		腾格里额里斯	乌兰哈达嘎查
鄂尔多斯市 （3个）	达拉特旗	展旦召苏木	道劳村
			石活子村
			长胜村
呼和浩特市 （7个）	土默特左旗	善岱镇	保同河村
			善岱村
			朝号村
			安民村
	武川县	可可以力更镇	巨字号村
			乌兰忽洞村
			武圣关帝村
乌兰察布市 （5个）	察哈尔右翼中旗	辉腾锡勒园区	黄花嘎查
			羊山沟村
	卓资县	旗下营镇	青山社区
			伏虎村
			一间房村
巴彦淖尔市 （3个）	五原县	隆兴昌镇	联星村
			王善村
			新兴村
呼伦贝尔市 （3个）	额尔古纳市	恩和俄罗斯族民族乡	自兴林场
			朝阳生产队
		莫尔道嘎镇	太平林场

4.1.3　乡村类型化分析

1）国内研究概述

我国学者对乡村产业类型化研究范围较广,三次产业结构划分是最常见的方法,龙花楼等[54]运用社会经济指标将东部沿海乡村聚落分为农业主导、工业主导、商旅服务和均衡发展四类。贺艳华等[55]通过乡村各功能类型 RROD① 内部结构特征比较,将乡村类型划分为传统农业型、现代农业型、工农混合型、综合服务型、旅游导向型等。彭建等[56]在滇西北乡村研究中,用第一产业视角,将乡村产业类型划分为种植业、林业、牧业、渔业、工业制造业。除此之外,有部分学者脱离三次产业结构,从经济特征和劳务人口状况角度对乡村进行类型界定,郭晓东等[57]依据聚落的经济特征,将乡村聚落分为传统农业型、劳务输出型、半商品经济型和商品经济型四大类。吴熔等[58]从产业结构变革角度对江苏省农村进行类型划分,分为以加工工业型为主体的多业结构、以劳务输出型为主体的多业结构、良性循环的生物型农副业为主体的多业结构、以开采矿产资源为主体的资源置换型的多业结构四种类型,并对不同类型进行了特征分析。另外,景娟等[59]从景观多样性和产业结构角度界定出种植业类型、大农业类型、乡村产业类型。

综合分析我国学者基于乡村产业划分类型的研究,我国乡村产业功能类型划分有如下特征：第一,以三次产业结构划分为最常见方法,划分类型包含传统农业型、现代农业型、工农混合型、服务型、旅游导向型等主要类型。第二,产业类型划分与人口流动性有直接关系,传统农业乡村人口流失严重,以农业为依托,涉农工业、服务业乡村吸引乡村人口回流明显。第三,产业类型的划分高度依托村域资源,如工矿型、旅游型对矿产资源和旅游资源的依赖度高。

2）内蒙古乡村类型划分

内蒙古乡村产业发展以第一产业为主,在第二产业和第三产业的发展过程中,经济基础较弱、产业发展动力不足是制约涉农工业、涉农服务业发展的主要原因。

---

① 乡村公路导向发展模式（Rural Road-Oriented Development Model）,简称 RROD 模式。

相比第二、第三产业的发展,第一产业转型升级对内蒙古乡村来说更为实际。首先,第一产业基础较好,即使经济发展薄弱地区也具备一定产业规模和人力资源;其次,第一产业在产业竞争中存在优势,比如肉类产业、蛋奶类产业,相较传统农牧业具有一定优势;再次,内蒙古涉农涉牧政策较好,对第一产业发展有至关重要的推动作用。良好的产业协作能够增加经济收入,每个村、嘎查的人居建设离不开稳定的经济收入。通过实地调查和问卷分析,乡村经济状况是影响乡村设施建设、住房建设、养老服务、旅游发展、历史文化保护等内容的重要因素,乡村产业发展不顺,经济发展失衡,缺少经济来源,将影响乡村人居建设,同时劳动力外流,会导致乡村发展恶性循环。所以乡村产业发展的好坏直接关乎乡村能否健康发展,为乡村其他方面的发展创造有利条件。因此,基于产业功能的乡村类型划分有助于乡村人居环境建设。

本次调查范围涵盖内蒙古产业类型中的农区、牧区、农牧混合区及林区。以阿拉善盟为例,阿拉善左旗所调查的巴润别立镇上海嘎查和朝格图呼热苏木的鄂门高勒嘎查均为牧业型,巴彦浩特镇的南田村为农业型,巴润别立镇铁木日乌德嘎查、图日根嘎查为混合型(农牧混合嘎查)。腾格里经济技术开发区嘉尔嘎勒赛汉镇的阿敦高勒嘎查为农业型、查汉鄂木嘎查为牧业型;腾格里额里斯镇的乌兰哈达嘎查为混合型(农商混合型)。

4.1.4 乡村类型划分

1) 农业型

村域内以农业生产为主要生产方式,以农业生产收入为主要经济来源,以农业生产活动为主要经济活动,形成具有稳定形态的农村聚居点,如呼和浩特市善岱村、阿拉善盟南田村。农业型乡村特征如表4-3所示,农业型乡村划分如表4-4所示。

表4-3 农业型乡村特征

地理特征	生产方式	从业人群	规模分布	村域结构特征	村落空间结构特征
平原、台地、低丘陵	传统农业、现代农业	农民、合作社	特大规模、大规模	集聚	结构式①

---

① 结构式村落空间指能够通过城乡规划视觉空间识别、边界清晰、结构完整、形态稳定的类型。

表 4-4　农业型乡村划分明细表

盟　市	农　业　型
锡林郭勒盟	小石硳村
阿拉善盟	南田村、阿敦高勒嘎查
鄂尔多斯市	—
呼和浩特市	保同河村、善岱村、安民村、巨字号村、乌兰忽洞村、武圣关帝村
乌兰察布市	青山社区
巴彦淖尔市	联星村、新兴村
呼伦贝尔市	朝阳生产队

2）林业型

　　村域内以林业资源为依托，以林业生产、维护为主要生产方式，以林业产业收入为主要经济来源，以林业局为主要经营主体，村民以企业职工的模式参与经营，形成具有稳定形态的聚居点，随季节变化呈现动态迁徙式居住形态，如呼伦贝尔市自兴林场、太平林场。林业型乡村特征如表 4-5 所示，林业型乡村划分如表 4-6 所示。

表 4-5　林业型乡村特征

地理特征	生产方式	从业人群	规模分布	村域结构特征	村落空间结构特征
高丘陵、山地	传统林业、现代林业	农民、职工、企业	中规模、小规模	分散	结构式、非结构式①

表 4-6　林业型乡村划分明细表

盟　市	林　业　型
锡林郭勒盟	—
阿拉善盟	—
鄂尔多斯市	—
呼和浩特市	—
乌兰察布市	—
巴彦淖尔市	—
呼伦贝尔市	自兴林场、太平林场

----

①　非结构式村落空间指通过城乡规划视觉空间识别，划分出边界模糊、结构零散、形态不稳定的类型。

3) 牧业型

村域内以牧业生产为主要生产方式,以牧业收入为主要经济来源,以牧业生产活动为主要经济活动,形成无明显形态特征、布局零散、占地较广的牧业嘎查聚居点,如阿拉善盟查汉鄂木嘎查。牧业型乡村特征如表4-7所示,牧业型乡村划分如表4-8所示。

表4-7　牧业型乡村特征

地理特征	生产方式	从业人群	规模分布	村域结构特征	村落空间结构特征
平原、台地	传统牧业、现代牧业	牧民、企业	小规模	分散	结构式、非结构式

表4-8　牧业型乡村划分明细表

盟　市	牧　业　型
锡林郭勒盟	呼牧勒放包嘎查、察干淖尔嘎查、巴彦淖尔嘎查
阿拉善盟	鄂门高勒嘎查、上海嘎查、查汉鄂木嘎查
鄂尔多斯市	石活子村
呼和浩特市	—
乌兰察布市	羊山沟村
巴彦淖尔市	—
呼伦贝尔市	—

4) 混合型

村域内以第一产业生产为主要生产方式,以第一产业为依托,在农牧混合、涉农工业、涉农服务业发展上具备一定规模,以混合产业收入为主要经济来源,形成具有稳定形态的聚居点。混合型乡村特征如表4-9所示。

表4-9　混合型乡村特征

地理特征	生产方式	从业人群	规模分布	村域结构特征	村落空间结构特征
平原、台地、低丘陵、高丘陵、山地	传统农牧业、工业、商业	农牧民、合作社、企业	特大规模、大规模、中规模、小规模	集聚、分散	结构式、非结构式

（1）农牧混合型

处于农牧交错带区域的乡村聚落,以农业生产方式为主,兼有牧业生产,形成具有稳定形态的农村聚居点,如阿拉善盟铁木日乌德嘎查。农牧混合型乡村划分如表 4-10 所示。

表 4-10　混合型乡村划分明细表

盟　市	混 合 型		
	农牧混合型	农工混合型	农商混合型
锡林郭勒盟	河槽子村	—	大官场村
阿拉善盟	铁木日乌德嘎查、图日根嘎查	—	乌兰哈达嘎查(牧商混合型)
鄂尔多斯市	—	长胜村	道劳村
呼和浩特市	—	—	朝号村
乌兰察布市	—	伏虎村、一间房村	黄花嘎查
巴彦淖尔市	—	—	王善村
呼伦贝尔市	—	—	—

(2) 农工混合型

以农业、牧业为依托,以农牧产品深加工及农机具生产等涉农工业为主要方向的工业型农村聚居点,如鄂尔多斯市长胜村,乌兰察布市伏虎村、一间房村。农工混合型乡村划分如表 4-10 所示。

(3) 农商混合型

以农牧业生产为主,兼有旅游服务、工业服务等职能的乡村(村、嘎查),一种类型是以旅游资源为依托,有些乡村(村、嘎查)自上而下形成产业发展思路,由大型企业牵头,以成熟的合作方式进行,有些乡村(村、嘎查)自下而上形成发展思路,由村集体自发组织,以合作社的形式进行,村民参与经营,该类型具有明显的经济依托特征,如阿拉善盟乌兰哈达嘎查。另一种类型是以周边大型工矿、旅游地、城区等为依托,村民以住房出租、商业服务、劳务输出等形式带动乡村经济发展,如鄂尔多斯道劳村。农商混合型乡村划分如表 4-10 所示。

5) 类型特征

按照内蒙古乡村产业特点、生产方式及我国三次产业划分标准对样本乡村进行类型划分,根据调查数据划分为农业型、林业型、牧业型、混合型四个大类。四大类型根据内部特征差异化,可以细化类型,如牧业型根据地理环境差异化特征可细化为典型草原型、草甸草原型、荒漠草原型;混合型根据三次产业差异化

特征可细分为农牧混合型、农工混合型、农商混合型。样本乡村类型划分明细如
表 4 - 11 所示。

表 4 - 11 产业功能类型划分明细表

盟　市	农业型	林业型	牧业型	混　合　型		
				农牧混合型	农工混合型	农商混合型
锡林郭勒盟	小石砬村	—	呼牧勒敖包嘎查、察干淖尔嘎查、巴彦淖尔嘎查	河槽子村	—	大官场村
阿拉善盟	南田村、阿敦高勒嘎查	—	鄂门高勒嘎查、上海嘎查、查汉鄂木嘎查	铁木日乌德嘎查、图日根嘎查	—	乌兰哈达嘎查(牧商混合型)
鄂尔多斯市	—	—	石活子村	—	长胜村	道劳村
呼和浩特市	保同河村、善岱村、安民村、巨字号村、乌兰忽洞村、武圣关帝村	—	—	—	—	朝号村
乌兰察布市	青山社区	—	羊山沟村	—	伏虎村、一间房村	黄花嘎查
巴彦淖尔市	联星村、新兴村	—	—	—	—	王善村
呼伦贝尔市	朝阳生产队	自兴林场、太平林场	—	—	—	—

内蒙古东西跨度较大,乡村类型丰富,呈现地带性分布特征。从东到西大
体呈现林业型乡村分布带(呼伦贝尔、兴安盟)—牧业型乡村分布带(呼伦贝
尔、兴安盟)—农业型乡村分布带(赤峰、通辽)—牧业型乡村分布带(锡林郭
勒)—农业型乡村分布带(呼包鄂地区)—牧业型乡村分布带(阿拉善),在每个
分布带中,因为地理环境的复杂性,呈现出类型的多样性。兴安盟、呼伦贝尔
地区以林业型乡村为主,兼有牧业型乡村、农业型乡村、混合型乡村。赤峰、通
辽地区以农业型乡村为主,兼有牧业型乡村、混合型乡村。锡林郭勒地区以牧
业型乡村为主,兼有农业型乡村、混合型乡村。乌兰察布、呼和浩特、包头、鄂
尔多斯地区以农业型乡村为主,兼有牧业型乡村、混合型乡村。巴彦淖尔、乌
海地区以农业型为主,兼有混合型乡村。阿拉善地区以牧业型乡村为主,兼有

农业型乡村、混合型乡村。如呼伦贝尔地区样本乡村自兴林场、太平林场是林业型乡村,朝阳生产队是农业型乡村。锡林郭勒地区样本乡村呼牧勒敖包嘎查、察干淖尔嘎查、巴彦淖尔嘎查是牧业型乡村,小石砬村为农业型乡村,河槽子村、大官场村是混合型乡村。

　　各类型差异化特征比较明显。乡村类型与区域地形地貌有直接关系,受地理环境影响,形成不同主导产业,在规模等级和空间结构上形成了丰富的差异化特征。

4.2　内蒙古乡村差异化

　　为了便于研究,笔者以乡村主体产业功能为依据对内蒙古乡村进行类型划分,使乡村类型分析更为简便、易于操作。同一产业功能类型乡村之间的差异化特征分析,是进一步明确乡村特征的重要手段,差异化特征研究使乡村人居建设政策制定更具针对性和可实施性。综合分析国内乡村差异化研究层次,结合内蒙古实际状况,在地理环境差异化、规模等级差异化、空间结构差异化三个层面分析内蒙古乡村差异化特征。

4.2.1　研究概述

1) 地理环境

　　我国地理环境形态种类丰富,国土范围内有高原、山地、平原、丘陵、盆地等形态,为经济发展提供了多种多样的空间条件;各组成部分比例差异较大。山地多,平原少。我国地貌东西差异大,东部地区的山地多为中山或低山,西部地区的山地多为高山或极高山,从东到西阶梯状分布,呈现西高东低态势。

　　地理环境是乡村聚落存在的基础,是一切生产生活行为发生的空间载体,对村落规模、发展路径、生态保护等的研究要建立在地理环境的基础上,将地理环境进一步深化,则可以在地形地貌特征方面进行研究。

　　国内学者通过对区域村落地形地貌的研究,对乡村聚落进行了地理差异分析,基本以区域研究的视角进行,有的偏重省域层面,有的偏重市域层面,有的以特殊地理单元进行研究。

在省域层面,王智平[60]以河北省为例,根据地形走向"山地—丘陵—山麓平原—低平原—滨海平原"的特点,依据海拔高度将村落系统分为八个类型区:坝上高原(1 350～1 700米)、燕山山区丘陵(100～1 500米)、太行山山区丘陵(200～2 000米)、燕山山麓平原(5～50米)、太行山山麓平原(50～100米)、低平原(5～50米)、滨海平原(0～50米)和城郊,强调了村落系统中高程数据的划分。李霞[61]将四川省山地村落分为三个区域,分别为:山顶平坝区、山坡平坦浅丘区和河谷平坝区;并以渠县为例,将居民点分为河谷平坝浅丘、深丘、中丘和低山。金其铭[62]将江苏省农村聚落划分为九个类型:徐海平原型、淮阴平原型、南部平原型、丘陵岗地型、山地型、湖荡型、沿海垦区型、高沙土地区型和圩区型。薛力[63]将江苏省地貌类型划分为圩区、丘岗和平原,强调了乡村类型划分与地理环境的关系。

在市县域层面,王恩琪、韩冬青、董亦楠[64]以江苏省镇江市为例,将其乡村聚落按地形地貌和村落形态分布划分为四种类型:岗地湖荡型、山地丘陵型、江南平原型和沿江圩区型。龚碧凯[65]以四川省雅安市雨城区为例,将居民点分为河流阶地、山间平坝区农村居民点、低山区农村居民点和中山区农村居民点。陆磊、董卫、李毓美[66]将平遥县域的乡村聚落体系划分为三种类型:平原区、台地区、山地区,其中平原区包括倾斜平原区和冲积平原区;台地区即为黄土沟梁区;山地区即为中低山区。

省域、市县域层面的研究重点是根据地形地貌特征对研究范围内的村落进行差异化分析,类型界定的依据偏重地形地貌的整体特征,海拔高度和相对高度则作为划分依据的辅助性内容。特殊地理单元层面的研究以研究对象的区域特殊地貌为切入点,对研究范围内的村落进行类型化分析,这些研究以关中地区、苗岭地区、贵州喀斯特地貌区、鲁中地区为代表。冯书纯[67]以关中地区为例,将其地貌大类分为黄土高原及山地,又根据特有地貌类型等将传统村落分为平原型、台塬型、塬区型、丘陵沟壑型、山地型五种。赵步云[68]以苗岭山地为例,将地貌类型分为:斗篷山倒置地形、龙里麻若构造台地、云雾山夷平面分水岭(以当地特殊山峰或地质进行命名);将自然景观环境分为:台状高中山、波状中山和脊柱状低中山。周晓芳、周永章[69]研究了三个典型地貌类型区域,分别是:喀斯特高原盆地区、喀斯特高原山地区、喀斯特高原峡谷区。刘静如[70]以鲁中地区泉水村落为例,将其村落按照地理环境分为:泉水出露位置在山麓的村落和泉水出露位置在山谷的村落。邹县委[71]研究了鲁中南典型地貌地区:平原地区、山地丘陵区、湖洼地区。这些视角以特殊地理单元特殊地貌类型的研究相对居多,村域范围内地貌特征的呈现弱化了海拔高度这一因素,以村域范围内,地形的起伏变化作为主要划分依据,这为内蒙古乡村地理环境差异化研究提供了借鉴。

　　根据以上学者研究,我国乡村地理环境区域差异化有如下特征:第一,以我国国土地形地貌划分的常用方法为基础,结合海拔高度(整体地势)、相对高度(区域地形变化)双重因素进行差异化研究;第二,以特定地貌单元为基础,再以村域地形地貌变化为依据进行分析;第三,村落规模、产业发展、生活方式等受地理环境的影响。

2) 规模等级

　　乡村规模一般指人口规模和用地规模,本节论述的乡村规模等级以人口规模和用地规模差异化分析为主。根据耿慧志、张慧立、江乃川等学者研究,乡村规模受城镇化发展的影响较大,城镇化影响包括两个层面:其一是设施完备的城镇对乡村人口的吸引作用,使得与城镇有一定距离的乡村人口规模降低;其二是位于城镇周边的乡村因城镇化影响而人口增加。村镇的人口增长趋势和农村城镇化的进程是影响村镇体系规模等级结构变化的最显见的因素。一般而言,县域内的人口主要集聚在离中心城镇较近、经济相对发达的地区,中心城镇的集聚规模最大,重点镇的规模次之,其他乡镇的规模处于第三层次。城镇化水平越高的地区,农村居民点撤并的内在要求越高,村庄的集聚程度和集中发展的可能性也越大[72]。农村富余劳动力走向城市,民族构成、生活习俗等因素影响农村人口的城镇转移[73]。产业发展对乡村规模的影响同样明显,村镇产业结构的调整,是乡村劳动力转化和剩余劳动力就近就业的基础。不同的产业类型侧重会对城乡居民点的规模和布局产生一定的影响。以工业和服务业为主导产业的地域、以工业为主导产业的地域、以农业为主导产业的地域对人口的集聚效应会产生不同的影响[72]。区位条件对乡村发展潜力具有一定影响,区位优势很大程度上决定了县级区域内的各个村镇的发展潜力,区位因素包括经济区位因素和交通区位因素[71]。

　　另外,城镇化进程中,乡村规模的变化也会受到政策的影响,张慧立[73]对村庄迁并的形式和规模进行了论述;江乃川等[74]以河套地区为例,从村庄整治的视角出发,认为受政策的影响,乡村可划分为整治型、新建型、保留型、实验型。这些不同类型的乡村在规模等级上存在差异。关于影响乡村规模等级的影响因素,可从建设用地总规模、总人口数、行政级别、区域位置、从业人数、地区生产总值和农民人均纯收入等不同指标得出权重指标,王顺民对四川内江市市中区新村建设规划中的村镇规模进行了定量分析[75]。

　　国内学者对乡村规模的影响因素及差异化界定依据都做了相关研究,城镇化发展对乡村规模的影响较大,另外区位因素、产业发展因素、政策因素也存在不同的影响;规模界定以人口规模和用地规模为主,同时行政级别、产业从业人数等因素也在界定因子范畴内。关于人口规模和用地规模,南方与北方、东南沿海与西部地区、汉族地区与少数民族地区在数据上也存在差异。

3) 空间结构

　　我国对乡村空间结构的研究较多,主要以分析空间形态和空间集聚性的差异化为主,形成差异化空间结构的成因主要集中在地形地貌、产业资源、区域交通线路等方面。

　　在空间结构方面,卓晓岚[76]以潮汕地区为研究对象,从乡村规模和集聚性角度,提出乡村空间结构存在大组团的密集式布局、无大型组团的密集式布局、梳式布局、密集式与梳式相结合的村落布局等形式。朱晓翔等[54]从地形地貌约束乡村规模的角度,提出乡村空间结构呈现散居、集聚、松散团聚、团状、带状和环状,从非农产业发展和交通状况角度,其空间形态呈现条带状和集聚状。马晓冬等[77]结合形态与集聚性特征总结了多种差异化的乡村空间结构:低密度大团块、中密度宽带状、高密度条带状、中密度弧带状、中密度小团块、低密度散点状、团簇状散布、低密度团簇状。郭晓东等[57]根据聚落的空间形态,认为集聚和分散是县域乡村聚落形态的主要差异,依据地形特征,乡村聚落空间形态呈现为河谷川道聚落和丘陵山区聚落。尹怀庭等[78]根据村庄几何形态和功能分异现象,认为空间形态主要呈现聚集、松散团聚、散居等不同特征。郝海钊[79]以陇南山区乡村聚落为对象,按照平原、丘陵、山地三个层次划分了 19 种具有差异性的乡村空间结构,并详细论述了地形与乡村空间类型的关系。范少言等[80]基于对国内外近年乡村聚落研究状况的分析,认为乡村聚落空间结构分为三个层次,分别为区域乡村聚落空间结构、群体乡村聚落空间结构(中心乡村聚落与其吸引范围村庄相互作用所形成的地域关系)、单体乡村聚落空间结构(单个聚落发展所遵循的空间模式)。

　　以往对乡村空间结构的研究发现,导致出现空间结构多样化的因素包括地形地貌、产业发展、区域交通等,研究层次在空间层次上可分三级或两级,如县域、村域、自然村,或者县域、自然村;集聚性主要表征的是县域或村域内居民点的分布状况,如聚村、散村;形态主要表征的是单个聚落的多种多样的空间结构形态,如单中心、多中心、条带状、团块状等,而单个聚落内部的集聚性也有所涉及,比如高密度村、低密度村。

4.2.2　乡村地理环境差异化

1)　地理环境特征

　　内蒙古地域狭长,经纬度跨度大,自然地理环境存在较大差异,使得辖区内村落的环境特征差异明显,不同的民族文化及生产生活习惯,也强化了不同区域村落的环境特征。对村落地理环境差异化特征的研究将有助于有关乡村经济发展、产业转型、空间建设等针对性政策的制定与实施。

　　根据对样本乡村村域主体地貌形态的分析,以村域地形地貌变化程度为主要依据,结合地理环境特征相关研究,我们将内蒙古乡村按平原台地、低丘陵、高丘陵、山地进行差异性分析,将其作为村域间自然环境特征、人文环境特征差异化程度表征,同时,反映空间布局与人居环境的特征关系。通过对几种类型特征的分析,总结内蒙古地区乡村地理环境差异化特征,并将结论应用于以下三个层面:其一,呈现内蒙古地区乡村村域地理环境差异化特征;其二,呈现不同特征的地理环境单元与乡村居民点的分布状况,包括集中居住、散点居住、混合居住与

地理环境的关系;其三,呈现地理环境类型与产业类型的关系,如种植业、林业、
畜牧业、养殖业等与地理环境的关系。

　　根据内蒙古自然地理环境特征(图4-4),结合调查数据分析,内蒙古乡村
主要包含平原台地、低丘陵、高丘陵、山地四种不同的地理环境分区。同时,不
同地理环境分区与不同乡村类型(农、林、牧、混)有一定的关系。根据不同类
型乡村对地理环境的要求,通过汇总划分(表4-12—表4-15)可以得出地理
环境特征分布,农业型和牧业型主要位于平原台地和低丘陵地区,林业型则主
要位于高丘陵和山地地区,而混合型乡村包括农牧混合、农工混合、农商混合,
因对地理环境的依赖程度不同,在各个地理分区都有分布。结合产业数据与
地形的相关性分析,平原台地、低丘陵满足农业型、牧业型乡村产业发展需求,
而农业型与牧业型产业差异在于平原台地、低丘陵区的资源供给能力。混合
型乡村分布特征则表明,不同产业类型的乡村发展思路广泛,并不受地理环境
的影响。

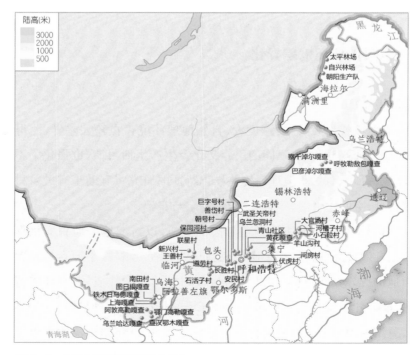

图4-4　内蒙古地理环境与样本分布
图片来源:内蒙古自治区主体功能区规划。

表 4-12 农业型乡村地理环境差异明细表

盟 市	平原台地	低丘陵	高丘陵	山地
锡林郭勒盟	—	小石砬村	—	—
阿拉善盟	南田村、阿敦高勒嘎查	—	—	—
呼和浩特市	保同河村、善岱村、安民村	巨字号村、乌兰忽洞村	—	武圣关帝村
乌兰察布市	—	—	—	青山社区
巴彦淖尔市	联星村、新兴村	—	—	—
呼伦贝尔市	—	朝阳生产队	—	—

表 4-13 林业型乡村地理环境差异明细表

盟 市	平原台地	低丘陵	高丘陵	山地
呼伦贝尔市	—	—	—	自兴林场、太平林场

表 4-14 牧业型乡村地理环境差异明细表

盟 市	平原台地	低丘陵	高丘陵	山地
锡林郭勒盟	呼牧勒敖包嘎查、察干淖尔嘎查、巴彦淖尔嘎查	—	—	—
阿拉善盟	鄂门高勒嘎查	上海嘎查、查汉鄂木嘎查	—	—
鄂尔多斯市	—	石活子村	—	—
乌兰察布市	—	—	羊山沟村	—

表 4-15 混合型乡村地理环境差异明细表

盟 市	平原台地	低丘陵	高丘陵	山地
锡林郭勒盟	—	大官场村、河槽子村	—	—
阿拉善盟	铁木日乌德嘎查	乌兰哈达嘎查	图日根嘎查	—
鄂尔多斯市	道劳村、长胜村	—	—	—
呼和浩特市	—	朝号村	—	—
乌兰察布市	—	—	伏虎村、黄花嘎查	一间房村
巴彦淖尔市	王善村	—	—	—

2）差异化分析

平原台地主要位于内蒙古山脉"脊梁"以南、以东的平原地区，以及以北的高平原地区，地势起伏高度在 50 米以内，乡村类型以农业型和牧业型为主。其中，农业型乡村的特征是建设用地面积较大，耕地面积较多，村落密度较大且分布相对均匀，如位于河套平原的巴彦淖尔市境内的新兴村；牧业型乡村主要以移民型牧业乡村为主，其规模比典型牧业型乡村大，且较为集中，公共服务设施相对完善，如位于草原牧区的锡林郭勒盟呼热图淖尔苏木。

低丘陵主要位于平原台地与山脉过渡的地形起伏较缓的地区，地势起伏高度在 100 米以内，乡村类型较多，以牧业型乡村为主。典型草原牧区的苏木嘎查就位于此地理单元内，规模较小，较为分散，如鄂尔多斯市石活子村等。由于低丘陵区部分乡村位于农牧交错带，因此农牧混合型也较多，如锡林郭勒盟河槽子村。还有部分农业型乡村，主要位于土壤肥力和水资源可以满足产业需求的地区，如呼和浩特市巨字号村。

高丘陵主要位于平原台地与山脉过渡、地形高差变化较大的地区，地势起伏高度在 200 米以内。较大的地形变化对于农、牧产业都有一定的限制，因此在高丘陵地区主要以混合型乡村为主，如乌兰察布市伏虎村为农工混合型乡村。

山地主要指位于东西贯穿内蒙古的大兴安岭—阴山山脉—贺兰山脉这一"脊梁"的地区，地形高差起伏较大。西部和中部的山地地理环境条件险峻，乡村多以靠近城镇的、产业类型多样的混合型村为主，如乌兰察布市一间房村。东部大兴安岭地区因水资源和森林资源丰富，部分乡村利用自然资源发展旅游业，乡村以林业型乡村和农商混合型乡村为主，如呼伦贝尔市自兴林场、太平林场。

根据内蒙古自然地理环境特征，结合我国学者对该方面的研究，我们可从内蒙古地理环境特征分区——平原台地、低丘陵、高丘陵、山地角度，分析农、林、牧、混四大类型乡村地理差异特征。其中，混合型乡村地理差异最大，在各地理区域均有分布，说明依托不同环境资源的乡村在发展途径上均有探索；依赖单一产业的农业型乡村、牧业型乡村地理环境差异明显较小，林业型乡村是高度依赖自然资源的聚居点，受林业资源分布特征的影响，地理环境差异最小。

　　内蒙古地理环境具有如下特征：第一，特色丰富。内蒙古东西跨度大，从东到西地理环境呈条带状分布，同时，不同类型乡村地理环境差异性明显。第二，地理环境特征对乡村产业类型有直接影响。传统农业型、牧业型乡村以平原台地、低丘陵为主，林业型乡村以山地为主，地理环境资源与混合型乡村发展呈现高度相关性，其地理环境形态较为丰富。第三，地理环境对乡村空间结构、规模等级影响较大。平原台地、低丘陵地区农业型乡村集聚性较强，规模等级较高；牧业型乡村离散性较强，规模等级较低。高丘岭、山地区乡村呈现片状分布，集聚性强，规模等级不等，尤其以内蒙古平原台地类型为代表，具有独特的荒漠化草原和草甸草原形态，乡村离散程度较高；平原台地、低丘陵区的农业型乡村村落空间形态以结构式为主，牧业型乡村以非结构式为主，高丘岭、山地区空间结构丰富。

4.2.3　乡村规模等级差异化

1）规模等级特征

　　乡村规模等级一般按照用地规模和人口规模进行界定，重点研究人口与用地的人地关系及同类型乡村之间规模等级差异化特征，借鉴《内蒙古自治区新农村新牧区规划编制导则》中关于乡村分级与人口核定标准，结合内蒙古样本乡村基础数据特征，比较不同地域、类型的乡村规模，其差异化主要体现在人口规模差异化和用地规模差异化两个层面，而人地关系的差异化受自然资源供给能力的影响，使得人口规模、用地规模与地理环境的相关性较大。

　　内蒙古农区、林区和牧区在人口规模上存在着较大差异性，相对来说农区乡村的人口规模普遍大于林区和牧区（表4-16）。林区、牧区乡村用地面积远大于农区（表4-17），且不同地区的用地规模和人均用地面积存在较大差距，不能单独将人口规模作为判定林、牧区乡村规模的唯一条件。所以在确定林区、牧区乡村规模时可结合用地规模的大小（表4-18）进行矫正。通过汇总划分（表4-19—表4-22）可以得出乡村等级规模特征分布。

表4-16　农区乡村与林区、牧区乡村人口规模界定

级　别	特大型	大　型	中　型	小　型
农区乡村人口规模（人）	≥1 001	601～1 000	201～600	≤200
林区、牧区乡村人口规模（人）	≥801	401～800	101～400	≤100

表4-17　林区、牧区乡村用地规模界定

级　别	特大型	大　型	中　型	小　型
用地规模（平方千米）	≥400	101～400	21～100	≤20

表4-18　农区乡村与林区、牧区乡村规模判定依据的差异化

类　型	判定依据
农区乡村（包含混合型）	人口规模
林区、牧区乡村	以人口规模为主，辅以用地规模修正

表4-19　农业型乡村等级规模差异明细表

盟　市	特大规模	大规模	中规模	小规模
锡林郭勒盟	小石砬村	—	—	—
阿拉善盟	—	阿敦高勒嘎查	南田村	—
呼和浩特市	保同河村、善岱村、安民村、武圣关帝村、巨字号村	—	—	乌兰忽洞村
乌兰察布市	青山社区	—	—	—
巴彦淖尔市	联星村	—	新兴村	—
呼伦贝尔市	—	—	朝阳生产队	—

表4-20　林业型乡村等级规模差异明细表

盟　市	特大规模	大规模	中规模	小规模
呼伦贝尔市	自兴林场（按用地）、太平林场（按用地）	—	—	自兴林场（按人口）、太平林场（按人口）

表4-21　牧业型乡村等级规模差异明细表

盟　市	特大规模	大规模	中规模	小规模
锡林郭勒盟	呼牧勒放包嘎查（按用地）	呼牧勒放包嘎查（按人口）、察干淖尔嘎查	巴彦淖尔嘎查	—

（续表）

盟　市	特大规模	大规模	中规模	小规模
阿拉善盟	—	上海嘎查（按用地）、查汉鄂木嘎查	上海嘎查（按人口）、鄂门高勒嘎查	—
鄂尔多斯市	石活子村	—	—	—
乌兰察布市	羊山沟村	—	—	—

表 4－22　混合型乡村等级规模差异明细表

盟　市	特大规模	大规模	中规模	小规模
锡林郭勒盟	大官场村	河槽子村	—	—
阿拉善盟	图日根嘎查	乌兰哈达嘎查	铁木日乌德嘎查	—
鄂尔多斯市	道劳村、长胜村	—	—	—
呼和浩特市	朝号村	—	—	—
乌兰察布市	伏虎村、一间房村	黄花嘎查	—	—
巴彦淖尔市	—	—	王善村	—

2）差异化分析

样本乡村中，不同地区乡村规模等级存在着明显的差异性，农区乡村规模普遍较大，有多个特大类型乡村。而牧区和林区的乡村规模呈现多样化，按照人口判定属于小规模，按照用地判定则属于大规模，形成了林区、牧区特有的规模特征。

对样本乡村人口规模与用地规模等级的差异化分析有助于研究内蒙古乡村人居环境中的人地关系，根据划分结果得出以下结论：

（1）乡村间的规模等级差异较大。规模等级差异分四个方面，一是农区与牧区、林区差异较大，原因是不同区域的资源禀赋存在差异，自然资源利用方式不同，比如牧区和林区生产作业辐射半径远大于农耕区域（居民点与耕地的距离、去耕地作业地点的交通方式），牧区、林区人均耕地面积等受用地规模的制约。二是各盟市间的规模等级差异较大，以农业型乡村规模等级为例，呼和浩特市、巴彦淖尔市、乌兰察布市农业型乡村比阿拉善盟、呼伦贝尔市农业型乡村规模等级大（表 4－19）。三是牧业型乡村、林业型乡村规模等级判定时，通过人口规模和用地规模两个标准进行界定,出现差异较大的结论(表4-20,表4-21)。四是混合型乡村等级规模差异与乡村类型相关,农牧混合型与农业型乡村具备相似性特征,农工混合型、农商混合型乡村等级规模以特大型、大型为主(表4-22)。

(2)规模等级受地理环境特征、生产方式特征影响较大。乡村的规模等级不仅受到人口规模与用地规模的限定,而且不同的地理环境特征和乡村产业类型等因素也会影响乡村规模等级。

(3)牧业型乡村、林业型乡村规模判定与农业型乡村有本质区别。牧业型乡村、林业型乡村规模等级需依靠用地规模进行修正,如果以人口规模这一单一因素划分的话,嘎查的规模普遍偏小。通过表4-21、表4-22的数据可知,阿拉善盟牧区乌兰哈达嘎查、查汉鄂木嘎查、鄂门高勒嘎查,锡林郭勒盟察干淖尔嘎查、巴彦淖尔嘎查与表4-16、表4-17规模等级界定相吻合。阿拉善盟上海嘎查通过人口规模界定为中规模乡村,通过用地规模修正后为大规模乡村。锡林郭勒盟呼牧勒敖包嘎查通过人口规模界定为大规模乡村,通过用地规模修正后则为特大型嘎查。呼伦贝尔自兴林场、太平林场通过人口规模界定为小规模乡村,通过用地规模修正后则为特大规模乡村(表4-23)。这一特征从内蒙古西部牧区至东部林区呈现得非常明显。

表4-23 内蒙古林区、牧区乡村规模修正表

盟　市	特大规模	大规模	中规模	小规模
锡林郭勒盟	呼牧勒敖包嘎查	—	—	—
阿拉善盟	—	上海嘎查	—	—
呼伦贝尔市	自兴林场、太平林场	—	—	—

4.2.4 乡村空间结构差异化

首先,内蒙古乡村空间结构差异化分析要结合内蒙古乡村主要特征,通过调查踏勘、居民点数量分析、空间结构分析、形态分析,界定不同的空间结构范畴。其次,内蒙古乡村空间结构分为两个层次:村域层面,重点呈现村域居民点数量

分布特征,主要体现村域居民点数量以及同一类型乡村不同区域的差异化特征；村落建成区层面,重点体现村落建成区内部结构、空间形态以及同一类型乡村不同区域的差异化特征。最后,以内蒙古样本乡村基本数据,研判内蒙古乡村空间结构差异化特征。

1）村域居民点数量分布特征

以 7 个盟市的 35 个样本村数据为模型,分析村域内中心村（行政村）区位与居民点（自然村）数量,按照内蒙古乡村所呈现的大集聚、小集聚、小分散、大分散四种主要居民点数量分布特征（图 4 - 5）,重点推敲同一类型乡村在数量分布特征上的差异。集聚形态居民点规模较大,数量较少,分布较为集聚；分散形态居民点规模较小,数量较多,分布较为零散。

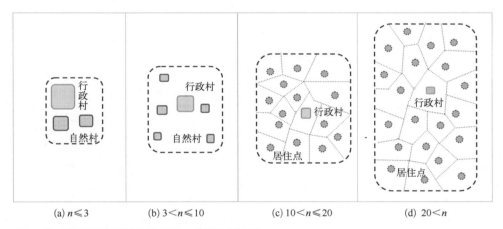

(a) $n \leqslant 3$　　　　(b) $3 < n \leqslant 10$　　　　(c) $10 < n \leqslant 20$　　　　(d) $20 < n$

图 4 - 5　村域层面空间结构模式图（n 为居民点数量）

2）居民点数量分布特征差异化分析

比较同一类型乡村村域居民点数量分布特征,可以看出差异化特征比较明显（表 4 - 24—表 4 - 27）。农业型乡村居民点数量可以统计量化,数量分布格局较为集约,各盟市均呈现大集聚的集约态势。牧业型乡村数量无统计可能,呈现大分散的特征。阿拉善盟、锡林郭勒盟的牧业型乡村特征明显,有部分牧业型乡村因"迁村并点"政策,形成了较为集约的形态,如阿拉善盟鄂门高勒嘎查。林业型乡村居民点数量分布受地理环境的影响,呈现单一的大集聚特征。混合型乡村居民点数量分布受产业发展思路的影响,特征差异较大,有集聚形态也有分散形态。

表 4-24 农业型村域层面居民点数量分布差异化明细表

盟 市	大集聚	小集聚	小分散	大分散
锡林郭勒盟	—	小石砬村	—	—
阿拉善盟	南田村、阿敦高勒嘎查			
呼和浩特市	保同河村、善岱村	安民村、乌兰忽洞村、武圣关帝村	巨字号村	
乌兰察布市	青山社区			
巴彦淖尔市	联星村	新兴村	—	—
呼伦贝尔市	朝阳生产队			

表 4-25 林业型村域层面居民点数量分布差异化明细表

盟 市	大集聚	小集聚	小分散	大分散
呼伦贝尔市	自兴林场、太平林场	—	—	—

表 4-26 牧业型村域层面居民点数量分布差异化明细表

盟 市	大集聚	小集聚	小分散	大分散
锡林郭勒盟	—	—	—	呼牧勒敖包嘎查、察干淖尔嘎查、巴彦淖尔嘎查
阿拉善盟	鄂门高勒嘎查	—	—	查汉鄂木嘎查、上海嘎查
鄂尔多斯市	—	—	—	石活子村
乌兰察布市	—	羊山沟村		

表 4-27 混合型村域层面居民点数量分布差异化明细表

盟 市	大集聚	小集聚	小分散	大分散
锡林郭勒盟	大官场村、河槽子村			
阿拉善盟	图日根嘎查、铁木日乌德嘎查	—	—	乌兰哈达嘎查
鄂尔多斯市	—	道劳村	长胜村	—
呼和浩特市	—	朝号村		
乌兰察布市	—	伏虎村、一间房村	—	黄花嘎查
巴彦淖尔市	—	王善村		

3）村落空间结构特征

通过样本乡村数据分析,以村落建成区内部空间组织结构为依据,内蒙古乡村呈现结构式和非结构式两种具有明显差异的形态。结构式村落空间指能够通过城乡规划视觉空间识别划分出边界清晰、结构完整、形态稳定的类型。以村落公共中心与组团形态对该特征进行差异化定义,结构式分为单中心单片、单中心多片、多中心多片(图4-6)。非结构式村落空间指通过城乡规划视觉识别划分出边界模糊、结构零散、形态不稳定,呈现依托形式的类型,其分为村落整体依托形式和村落公共中心依托形式(图4-7)。

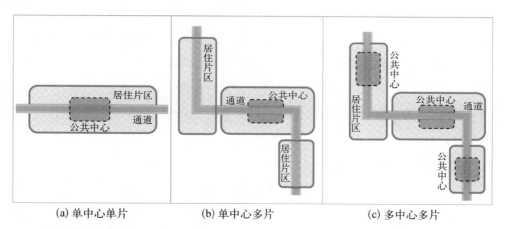

(a) 单中心单片　　　　　(b) 单中心多片　　　　　(c) 多中心多片

图4-6　村落层面结构式空间模式图

(a) 村落整体依托　　　　　　　　　(b) 村落中心依托

图4-7　村落层面非结构式空间模式图①

　　结构式单中心单片：居民点存在一定质量的公共中心(行政空间、娱乐空间、生产空间等复合空间),以一个公共中心为依托形成一个具有明显边界的村落居

---

① 村落、居住点边缘虚线表示轮廓形态不明显。

住形态。

结构式单中心多片：居民点存在一定质量的公共中心（行政空间、娱乐空间、生产空间等复合空间），以一个公共中心为依托形成两个或两个以上具有明显边界的村落居住形态。

结构式多中心多片：居民点存在一定质量的公共中心（行政空间、娱乐空间、生产空间等复合空间），但公共中心不止一个，受地形、居住习惯等因素影响分布位置达两个及以上，居住片区分布相对零散，边界不清晰。

非结构式村落整体依托：多位于城镇、产业园区、风景区等地理单元边缘区，村落具有独立的行政办公中心，共享城镇、产业园区、风景区等单元的商业空间、娱乐空间，呈现典型的依托形式，村落形态受依托主体发展的影响，轮廓、形态模糊。

非结构式村落中心依托：村落公共中心在相邻城镇设置，零散的居住点内无行政办公空间、商业空间、娱乐空间，村民零散居住点以村民住宅单元组合（多为两三户一组）为主要形态，数量较多，布局分散。

4) 空间结构特征差异化分析

比较不同类型乡村村落空间结构（表 4-28—表 4-31）可知，牧业型乡村多呈现非结构式空间结构。除牧业型乡村以外，其他类型乡村空间结构主要以结构式为主。农业型和混合型乡村空间结构具有较强的相似性，均以单中心单片结构为主。

表 4-28　农业型村落层面空间结构差异化明细表

盟　市	结　构　式			非结构式	
	单中心单片	单中心多片	多中心多片	村落整体依托	村落中心依托
锡林郭勒盟	小石砬村	—	—	—	—
阿拉善盟	阿敦高勒嘎查	—	—	南田村	—
呼和浩特市	保同河村、安民村、善岱村、巨字号村	乌兰忽洞村、武圣关帝村	—	—	—
乌兰察布市	青山社区	—	—	—	—
巴彦淖尔市	新兴村	—	联星村	—	—
呼伦贝尔市	朝阳生产队	—	—	—	—

表 4 - 29　林业型村落层面空间结构差异化明细表

盟　市	结　构　式			非结构式	
	单中心单片	单中心多片	多中心多片	村落整体依托	村落中心依托
呼伦贝尔市	自兴林场	太平林场	—	—	—

表 4 - 30　牧业型村落层面空间结构差异化明细表

盟　市	结　构　式			非结构式	
	单中心单片	单中心多片	多中心多片	村落整体依托	村落中心依托
锡林郭勒盟	—	—		呼牧勒敖包嘎查、察干淖尔嘎查、巴彦淖尔嘎查	
阿拉善盟	—	—	鄂门高勒嘎查（寺庙、公共中心相离）	上海嘎查	查汉鄂木嘎查
鄂尔多斯市	—	石活子村	—	—	
乌兰察布市	—	羊山沟村			

表 4 - 31　混合型村落层面空间结构差异化明细表

盟　市	结　构　式			非结构式	
	单中心单片	单中心多片	多中心多片	村落整体依托	村落中心依托
锡林郭勒盟	大官场村、河槽子村	—	—		
阿拉善盟	图日根嘎查、铁木日乌德嘎查	—	—	乌兰哈达嘎查	
鄂尔多斯市	道劳村、长胜村	—	—		
呼和浩特市	朝号村	—	—		
乌兰察布市	伏虎村、一间房村	黄花嘎查			
巴彦淖尔市	王善村				

　　村落层面，重点研究空间形态、空间布局以及影响形态布局的因素，总结样本村数据，特征如下。

　　（1）空间结构类型丰富，差异性较大。农区结构以单中心单片为主，牧区嘎查则以非结构式村落整体依托、非结构式村落中心依托为主。

（2）空间结构布局受地域环境因素影响较大。平原台地区、丘陵区乡村主要受耕地形态、生产作业方式的影响，以单中心单片为主，少数农区因为村内公共中心（戏台、寺庙等）与商业中心、办公中心分离，呈现多中心单片或多中心多片式；山地区形态变化丰富，呈现单中心多片或多中心多片的态势。

（3）农业型、林业型乡村呈现出有规律的结构形态。以单中心单片、单中心多片结构为主，中心一般以商业、村委办公、活动广场等公共空间为主体，受河流、道路、耕地等限制形成以居住为主要形态的片区，各片区布局围绕乡村中心自然展开。多中心结构呈现出行政办公中心、公共活动中心、宗教中心分离的形态；牧业型乡村呈现出特有的非结构式形态，在锡林郭勒盟、阿拉善盟尤其明显。

（4）空间结构受生产方式影响较大。农业型、林业型乡村居民点以集聚为特征，村落空间能够清晰地划分结构形态；牧区嘎查以分散为特征，牧区居民点以单一住户为主要形态，大居民点也仅有三四户的住户，居民点内部空间形态模糊，结构特征不明显。

第5章 内蒙古乡村人居环境营造

营造即建造、构造、制作[81]。人居环境营造是人类根据生产生活需求建造居住场所的过程,是建造活动在环境适应、社会发展、文化沉淀、营建方法及技术手段上的综合体现。人类通过对生存环境的认知与营造,不断地适应社会需求,逐渐形成生态、生产、生活的有机系统。系统内不同类别、不同形态、不同性质的要素有着自身发展规律与演化过程,人类运用这些规律与过程进行统筹协调、二次认知与功能创新,反映不同需求与人类居住的本原面貌。蒙古牧人从额尔古纳河畔向中原地区迁徙的过程中,内蒙古地区人居环境营建活动也在悄然发生着改变,直到清朝中期民人的迁入,空间场所开始呈现定居形态。从游牧到定居演化过程中,内蒙古地区乡村空间随着生产、生活方式的变化,在自然、社会、经济因素的影响下出现形态的分异,不同地域环境背景下形成特定的人居环境,按照农区、林区、牧区、半农半牧区形成具有明显差异的地理单元。

从选址上看,不同的自然环境决定了乡村居民点选址的多元,在人居环境与自然的适应过程中表现出不同的规模、分布、密度、形态等空间使用状态。农区的灌溉条件、林区的河流湿地、牧区的湖泊(水泡地)、荒漠化地区的地下水等是选址的自然条件;有效的对外联系、频繁的社会交往活动、方便的商品交易等是选址的交通条件;基本公共服务均等化、精准化、高效化是选址的服务条件(图 5-1)。

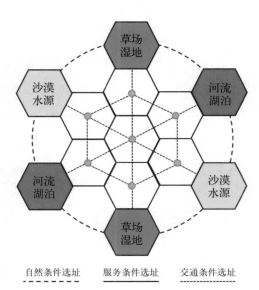

图 5-1 居民点选址模式

从空间布局体系上看,居民点按照集镇、新型农村牧区和一般嘎查村庄三个层级体系分布。依托生产生活方式、自然地理环境、交通和公共服务设施配置等要素,居民点分布特征表现为农区均质、林区与牧区相对集中、半农半牧区适度分散。农区居民点主要强调乡村公共服务和基础设施的保障水平,注重耕地保护、用地节约、农业集聚发展;林区居民点主要强调政策引导下的人口流动与公共资源分配,注重自然资源的开发利用;牧区与半农半牧区居民点由于生产生活方式的不同,强调草场空间划分与合理的流动性公共服务体系建设,注重协调"三生空间"关系(图 5 - 2)。

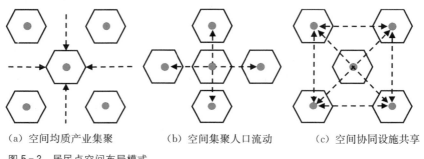

（a）空间均质产业集聚   （b）空间集聚人口流动   （c）空间协同设施共享

图 5-2　居民点空间布局模式

按照产业发展特征、农牧业生产效率、设施配置水平以及自然地理环境等因素,可将自治区各旗县(不含 26 个城区)分为四大类:农业型居民点、林业型居民点、牧业型居民点(包含典型草原牧业型与荒漠化草原牧业型)、混合型居民点(半农半牧型为主)。分别对应到内蒙古各地区旗县表现为:中部沿黄沿线区旗县(市),以农业与混合型居民点为主;东北部大兴安岭旗县(市),以林业型居民点为主;中北部旗县(市)以牧业型居民点为主;西部阿巴地区旗县(市),以荒漠化牧业型居民点为主;赤通兴及岭东地区旗县(市),以牧业与混合型居民点为主(图 5 - 3)。

5.1　内蒙古乡村居民点空间选址特征

人类的聚居进程受到多重因素的影响,表现出不同的聚居方式,自然环境的空间载体作用尤为突出。人类在利用和适应环境的同时也在改造着环境,乡村

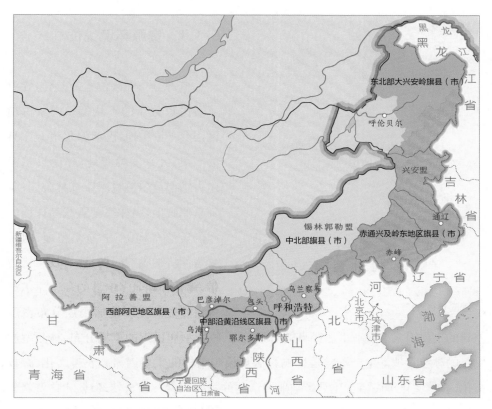

图 5-3　内蒙古自治区农牧区居民点分类引导
图片来源：内蒙古自治区城镇体系规划（2015—2030）。

聚落作为人类聚居的本源，印证了人与空间环境的相依性，其选址特征体现了人类的智慧与勇气。

内蒙古乡村居民点空间选址与自然条件和社会环境有着密切关系，自然条件构成了人类生存的物质要素，社会环境建立了人与空间的依存关系。居民点空间选址与自然条件的密切关系表现在自然条件择优（如靠近水源、土壤肥沃、地势平坦、气候条件宜人等）、居民点规模、分布、密度等空间适宜性上（图 5-4）；与社会环境的依存关系表现在社会交往与行为、社会治理与公共服务、经济水平与产业发展、地域认同与民族融合上。虽然居民点选址方式与其他地区基本相同，但是，由于空间的离散性结构，空间布局中的居民点规模、功能性质、发展潜力、空间联系等均存在较大差异。规模集约化的基础设施和公共服务设施布局问题尤为突出，有效落实基本公共服务均等化要求存在瓶颈。

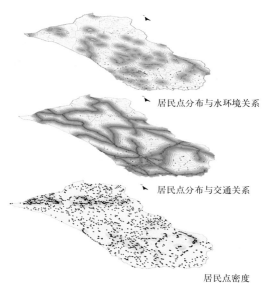

居民点分布与水环境关系

居民点分布与交通关系

居民点密度

图 5-4 居民点选址与水环境、交通的关系(锡林郭
勒盟正镶白旗)

5.1.1 资源环境优位

资源分布在区位上的差异,导致了居民点分布的不均衡。内蒙古地区河套平原腹地,巴彦淖尔市五原县的灌渠;大兴安岭腹地,呼伦贝尔额尔古纳市莫尔道嘎国家森林公园;草甸草原腹地,锡林郭勒盟东乌珠穆沁旗的天然草场;干旱沙漠腹地,阿拉善盟额济纳旗的胡杨林;农牧交错地带,锡林郭勒盟多伦县的多伦淖尔湖等自然资源是影响居民点分布密度

差异的主要因素。农业型居民点的灌溉条件、牧业型居民点的草场分布、林业型居民点的林业管护等生产资料是影响聚居规模与结构的主要因素。农耕文化、游牧文化、森林文化等民俗文化是影响地域认同的主要因素。在自然环境、生产资料与民俗文化等资源的共同作用下,居民点选址在政策文化主导下变迁,遵照自然环境与生产资料分布产生形态与结构,居民点在选址上呈现不同的优位选择方式(图 5-5)。

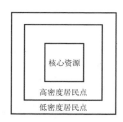
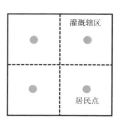
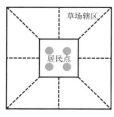
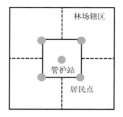

(a) 资源分布与居民点密度 (b) 灌溉条件与居民点密度 (c) 草场分布与居民点密度 (d) 林业管护与居民点分布
图 5-5 居民点选址资源优位选择模式

5.1.2 交通环境优位

交通条件是居民点生产和生活过程中各要素输出和输入效率的影响因素,

也是构建空间体系的重要基础。从游牧到定居过程中,内蒙古地区乡村居民点的选址由"逐水草而居"转向交通环境优位。在居民点撤并、生态移民等政策干预下,选址对交通条件的依赖逐渐增强,时空距离、交通轴线和空间网络成为选址优劣的重要依据。时空距离主要表现为时间成本与空间距离,是行为活动方式的主要依据;交通轴线是路径联系的重要方式;空间网络是结构体系建立的有效平台(图 5-6)。

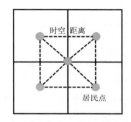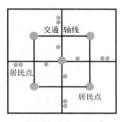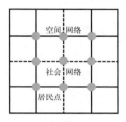

(a) 时空距离与居民点分布　　　(b) 交通轴线与居民点分布　　　(c) 空间网络与居民点分布图

图 5-6　居民点选址交通优位选择模式

5.1.3　公共服务优配

公共服务设施是提供公共服务的物质载体,也是区域经济和社会发展的重要组成部分。内蒙古乡村人口密度低,居民点规模小,多数居民点由于规模与自然环境制约,集约规模化公共服务设施的服务效能较低,难以落实公共服务的公平和效率。公共服务级配体系和服务方式表现为圈层等级与流动协同,居民点选址依据公共服务供需关系呈圈层或动态分布(图 5-7)。

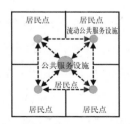

(a) 公共服务与居民点分布　　　(b) 流动性公共服务与居民点分布

图 5-7　居民点选址公共服务优配选择模式

5.2 内蒙古乡村居民点空间分布特征

内蒙古农业地区、林业地区、典型草原牧业地区、荒漠草原牧业地区、农牧交错混合地区乡村居民点空间分布特征存在明显差异。内蒙古农业地区乡村人居空间主要分布于沿黄沿路地区,传统农业受人口增长、劳作半径、水资源分布和土地承载力等要素共同作用,具有较强随机或均质扩散特征,尤其是河套平原灌区平坦地带,居民点数量众多,且相对规模较大。同时,一些地形破碎地带受地貌和气候等自然条件以及社会经济发展条件影响,也会呈现小规模分散分布特征。内蒙古林业地区以林业资源开发与保护利用为主,区域城镇化和生态建设需求较高,兼具农业和林业生产居民点空间分布特征。乡村居民点面积小且分布比较分散,随着"天保工程"①的推进,林区生态环境得到有效保护,旅游资源开发潜力得到释放,聚居空间不断整合、集聚,形成集聚与分散相结合的分布特征。内蒙古牧业地区特殊的生产资料供需方式,造就了形态单一且规模较小的居住单元,多数居民点是由空间距离较近的几个牧区小组构成。居民点空间分布松散、跳跃,受到生产方式的限制,居民点间空间距离较大,呈现大分散、小集聚空间分布特征。内蒙古荒漠草原地区由于地广人稀、气候干旱、生态脆弱,乡村居民点规模小,布局呈现出路径联系弱,空间利用相对集中,居民点间联系仍以不同等级的纵向联系为主的特征,簇群式点-轴空间结构特征明显,空间极化现象突出,人口空间分布差异性显著,集中度较高。内蒙古农牧交错带是自然环境与社会经济要素在空间的过渡和交错地带,呈现出干旱地区向湿润地区的气候过渡特征,高原地区向平原、丘陵及低山地区的自然地貌过渡特征,农耕种植向草原畜牧业的生产方式过渡特征,汉蒙交错居住的民族融合特征。由于农牧交错带的混合复杂关系,一定空间范围内,种植业和畜牧业相互渗透,农区、半农半牧区和牧区交错分布,居民点形成农牧交错的空间分布特征。为进一步说明内蒙古乡村居民点分布特征及差异,依据典型环境特征与发展条件,选取巴彦淖尔市五原县作为农业型居民点布局研究区域,兴安盟阿尔山市作为林业型居民点布

---

① 天保工程,即天然林资源保护工程。在我国,主要在长江上游、黄河上中游,以及东北、内蒙古等重点国有林区实施天然林资源保护工程。

局研究区域,锡林郭勒盟东乌珠穆沁旗作为典型草原牧业型居民点布局研究区域,阿拉善盟阿拉善左旗作为荒漠化草原牧业型居民点布局研究区域,锡林郭勒盟多伦县作为农牧混合型居民点布局研究区域加以说明(图 5-8)。

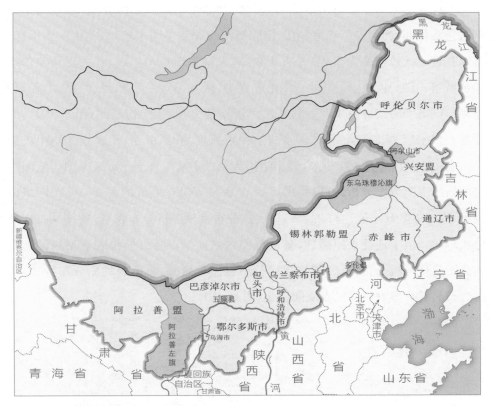

图 5-8　乡村居民点空间分布案例选择

　　在反映居民点分布特征的分析方法中,空间变异系数(C_v 值)是反映空间集聚或分散的重要指标:通过 Voronoi 多边形面积的标准差和平均值的比值,它可以衡量居民点在空间上的相对集聚程度。计算公式为:变异系数(C_v) =(标准差/平均值)×100%。利用 C_v 值分析点分布时,Duyckaets 提出 3 个区间数值:当 C_v 值<33%时,点集为均匀分布;当 C_v 值为 33%~64%时,点集为随机分布;当 C_v 值>64%时,点集为集群分布[82]。因此,选取不同区域样本分析空间变异系数、居民点密度、人口密度及居民点平均距离等指标,可有效反映内蒙古地区不同地理单元的居民点分布特征。

5.2.1 农业型居民点空间分布特征

五原县地处内蒙古自治区西部,河套平原腹地,隶属巴彦淖尔市,东与草原钢城包头相邻,西与煤都乌海相接,南隔黄河与鄂尔多斯市相望,北依阴山山脉。五原县行政区总面积为 2 492 平方千米,总人口为 308 900 人。作为巴彦淖尔市中部城镇,五原县在区域空间一体化进程中,依托沿黄经济和河套特色农业,积极参与区域经济整体发展。乡村居民点规模较大,产业结构趋同(图 5-9)。五原县人口密度为 124 人/千米²,乡村居民点密度为 0.28 个/千米²,平均距离为 16 千米,最大距离为 104 千米,最小距离为 0.2 千米。基于 Voronoi 图与空间距离的居民点离散度分析,可以看出,724 个乡村居民点形成的 Voronoi 图网络格局中,变异系数(C_v 值)为 52.2%,居民点分布呈现随机分布特征,整体具有均质分布趋向。由于地处平原灌区,县域范围内农业生产条件使得农业型居民点空间分布呈现随机分布特征,若将规模较小自然村撤并,将呈现均质分布特征,空间分布具有典型农区居民点空间特征(图 5-10)。

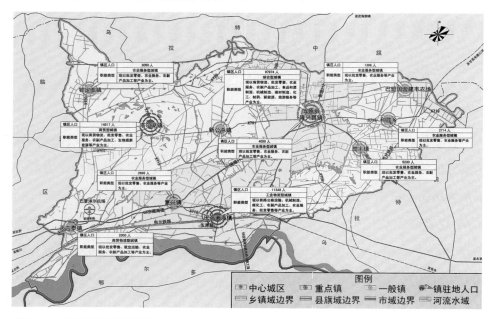

图 5-9 五原县县域镇村分布
图片来源:《五原县隆兴昌镇总体规划(2014—2030)》。

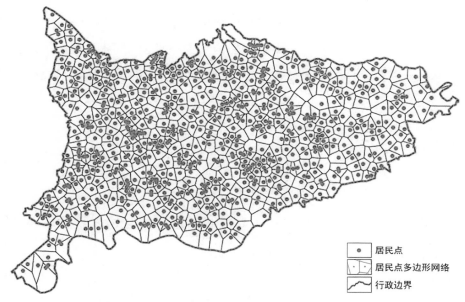

图 5-10　农区典型居民点(五原县)空间分布特征

5.2.2　林业型居民点空间分布特征

　　阿尔山市地处内蒙古自治区兴安盟西北部,横跨大兴安岭西南山麓,是兴安盟林区的政治、经济、文化中心。东邻呼伦贝尔市所辖扎兰屯市和兴安盟扎赉特旗,南至兴安盟科右前旗,西与蒙古国接壤,北和呼伦贝尔市新巴尔虎左旗、鄂温克自治旗毗连,行政区总面积为 7 398 平方千米,总人口为 48 190 人。阿尔山市人口主要集中在伊尔施和温泉雪街,占全市总人口的 61.8%。除五岔沟镇以外,白狼镇和天池镇总人口均在 5 000 人以下,规模较小。农村居民点大多分散在林场周边,不利于集中规划水电等基础设施,也不利于农业人口的转化。中心城区的三个街道除行政中心职能外,还具有商业、服务、文化及旅游疗养中心的职能,是全市的中心。白狼、五岔沟镇都以森林工业为主导经济,其余各镇均位于西部交通沿线,处于市域边缘位置,很难辐射市域中部和东部(图 5-11)。阿尔山市人口密度为 6.5 人/千米²,乡村居民点密度为 0.06 个/千米²,平均距离为 48.5 千米,最大距离为 143 千米,最小距离为 0.04 千米。基于 Voronoi 图与空间距离的居民点离散度分析,可以看出,443 个乡村居民点形成的 Voronoi 图网络格局中,变异系数(C_v 值)为 154.74%,居民点分布整体上呈现集群分布特征。由于自然与交通条件限制,林业型居民点在市域及乡镇范围内,均呈现集群分布特征,空间分布具有典型林区居民点空间特征(图 5-12)。

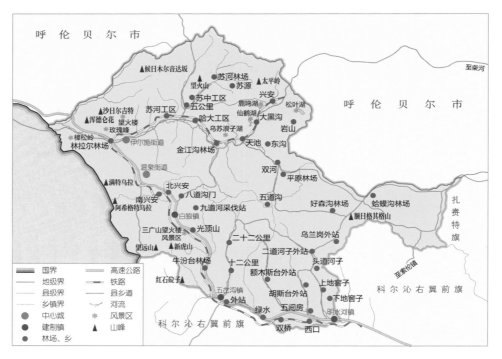

图 5-11　阿尔山市市域镇村分布
资料来源:《阿尔山市城市总体规划(2012—2030)》。

5.2.3　典型草原牧业型居民点空间分布特征

东乌珠穆沁旗地处内蒙古自治区锡林郭勒盟东北部、大兴安岭西麓,东邻兴安盟、通辽市,南连锡林浩特市、西乌旗,西接阿巴嘎旗,北与蒙古国交界,含五个镇四个苏木,即乌里雅斯太镇、道特淖尔镇、额吉淖尔镇、满都宝力格镇、嘎达布其镇和萨麦苏木、呼热图淖尔苏木、额仁高毕苏木、阿拉坦合力苏木,境内驻有乌拉盖管理区,行政区总面积为 4.73 万平方千米,全旗总人口为 8.5

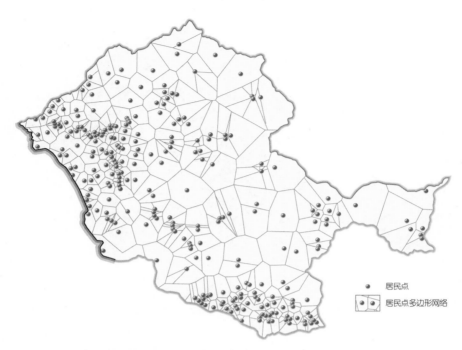

图 5-12　林区典型居民点(阿尔山市)空间分布特征

万人(含乌拉盖管理区)。其居民点规模小,基础设施和公共服务设施配套水平较低,畜牧业基地建设相对滞后(图 5-13)。除城镇、苏木的居民点面积较大外,其余大部分为牧户的院落。东乌旗 621 个居民点,乡村居民点密度为0.01个/千米^2。除乌拉盖管理区的五个镇四个苏木有 158 个居民点,人口密度为 1.56 人/千米^2,乡村居民点密度为 0.004 个/千米^2,平均距离为 78 千米,最大距离为 376 千米,最小距离为 0.06 千米。基于 Voronoi 图与空间距离的居民点离散度分析,可以看出,158 个居民点形成的 Voronoi 图网络格局中,变异系数(C_v 值)为 99%,乡村居民点呈现集群分布特征(图 5-14)。草原牧业型居民点空间分布特征与特定的生态功能与产业分布密切相关,集聚特征表现为两种方式:一种为交通集束,另一种则是自然环境与生产资料环绕。乡村居民点分布在旗域较大范围内并呈现集群特征,苏木、镇较小范围内呈现相对均匀特征,具有随机趋势,空间分布具有典型牧区居民点空间特征。

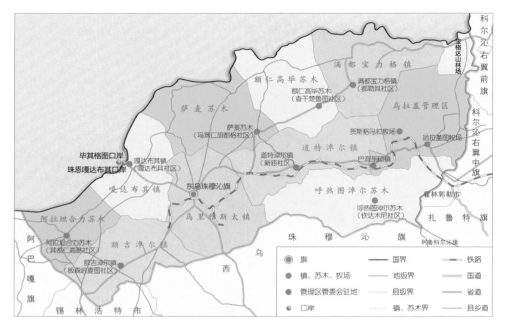

图 5-13　东乌珠穆沁旗旗域镇村分布
资料来源:《东乌旗乌里雅斯太镇城市总体规划(2014—2030)》。

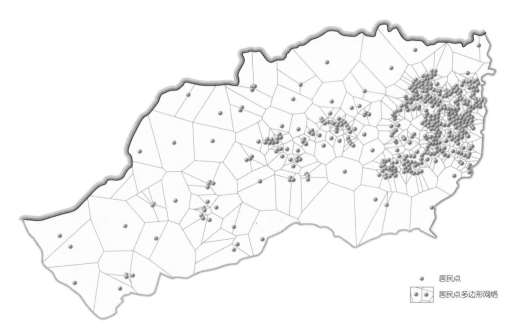

图 5-14　草原牧区典型居民点(东乌珠穆沁旗)空间分布特征

5.2.4　荒漠草原牧业型居民点空间分布特征

阿拉善左旗地处内蒙古自治区阿拉善盟东部、贺兰山西麓,东接巴盟磴口县、乌拉特后旗、乌海市,东南与宁夏石嘴山市、银川市、青铜峡市、平罗县相望,南交甘肃景泰县、古浪县,宁夏中卫市、中宁县,西连甘肃武威市、民勤县,阿拉善右旗,北与蒙古国接壤,全旗总面积为 80 412 平方千米,总人口约 17.35 万人(含阿拉善经济开发区与腾格里经济技术开发区人口)。旗域东西部人口分布差异明显。以敖伦布拉格镇至温都尔勒图镇一线为东西分界,东部地区(占旗域面积的 52%)沙漠分布少,山前地下水和矿产资源储量较西部丰富,承载全旗 95% 的人口,人口密度为 156 人/千米^2,西部地区(占旗域面积的 48%)的面积只承载全旗 5% 的人口(图 5-15)。阿拉善左旗人口密度为 1.8 人/千米^2,乡村居民点密度为 0.003 个/千米^2,平均距离为 51 千米,最大距离为 159 千米,最小距离为 0.7 千米。基于 Voronoi 图与空间距离的居民点离散度分析,可以看出,241 个居民点形成的 Voronoi 图网络格局中,变异系数(C_v 值)为 99.64%,乡村居民点分布不均,且具有集群分布特征。荒漠草原牧业型居民点整体分布集中,局部地区分布较为分散,空间分布具有典型荒漠牧区居民点空间特征(图 5-16)。

5.2.5　农牧混合(农牧交错)型居民点空间分布特征

多伦县地处锡林郭勒盟的南端阴山北麓东端,西与正蓝旗相接,北与赤峰市克什克腾旗接壤,南与沽源县、丰宁县、围场县毗邻,行政区总面积为 3 863 平方千米,总户数为 44 706 户,总人口约 109 011 人。多伦县乡村居民点空间分布不均衡,西南部密集,东北部稀疏,总体呈现"小、散、弱"的现象,规模普遍较小,各行政村人口规模基本在 1 000 人左右;分布较为分散,平均每个自然村人口不到 250 人;大部分村庄经济发展水平低,基础薄弱,发展潜力较小,难以形成区域性、规模化的农业产业化经营(图 5-17)。多伦县人口密度为 28.2 人/千米^2,乡村居民点密度为 0.38 个/千米^2,平均距离为 31 千米,最大距离为 107 千米,最小距离为

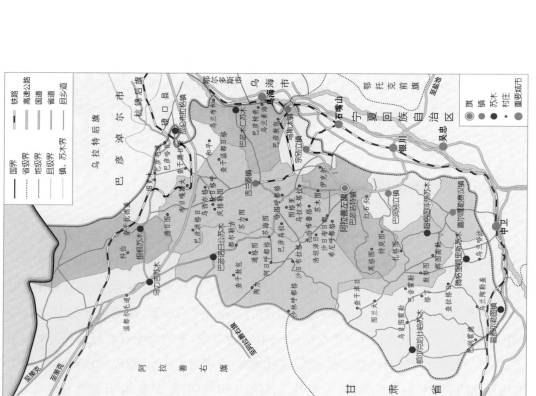

图 5 - 15　阿拉善左旗旗域镇村分布

资料来源：《阿拉善左旗巴彦浩特总体规划（2015—2030）》。

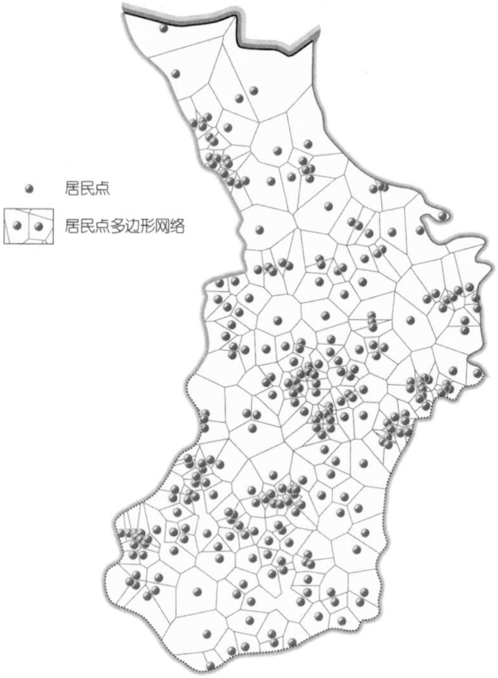

图 5 - 16　荒漠草原区典型居民点（阿拉善左旗）空间分布特征

0.02 千米。基于 Voronoi 图与空间距离的居民点离散度分析,可以看出,1 468
个居民点形成的 Voronoi 图网络格局中,变异系数(C_v 值)为 180.66%,农业型居
民点呈现不均匀分布特征,牧业型居民点呈现集聚分布特征,半农半牧混合型居
民点呈现随机分布特征,不同乡镇居民点分布特征具有较大差异,空间分布具有
典型半农半牧区居民点空间特征(图 5 - 18)。

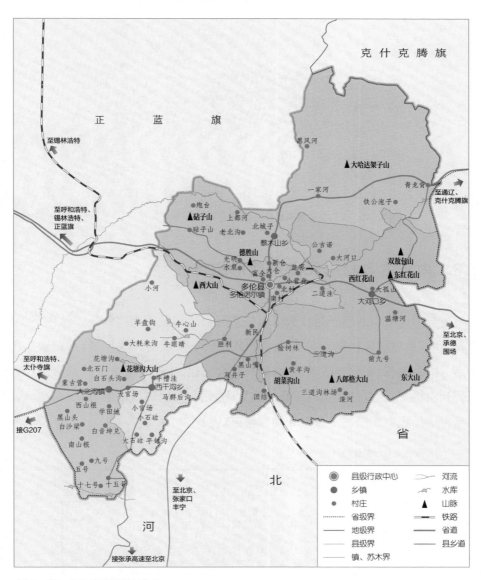

图 5 - 17　多伦县县域镇村分布
资料来源:《多伦诺尔镇总体规划(2012—2030)》。

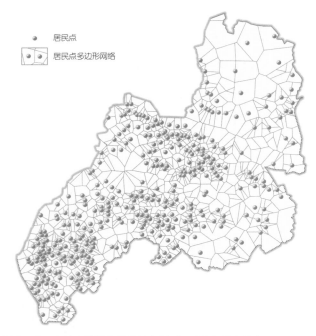

图 5-18　农牧交错带典型居民点(多伦县)空间分布特征

5.3　内蒙古乡村居民点空间形态特征

乡村居民点空间形态是社会组织关系与空间功能的物质体现。从生产生活方式上看,草原牧区居民点是在草原地域背景下形成的人居环境,承载着生产、生活、休闲、祭祀、文化等活动,是空间与社会文化、生产生活方式相结合的产物。而受到农耕文化、森林文化与少数民族文化影响,人居环境不断分化、演变,内蒙古乡村居民点空间形态呈现多元类型特征(表 5-1)。

表 5-1　人居空间形态类型特征

形态类型	区域分布	形成原因	主要特征	基本模式
网状集聚型	主要存在于人口集中、人口规模与用地规模相对较大区域,反映乡镇(苏木)所在地的形态特征。牧区、林区、农区、农牧交错地区均有分布	人口与功能集聚,交通体系成为其形态形成的重要依据,规模的不断扩大,使得交通体系逐渐完善,形成网状结构	交通干线成为人居空间的主要轴线,并沿道路不断蔓延,在完善功能的同时,轴向延展,形成主次分明的道路网络结构	

（续表）

形态类型	区域分布	形成原因	主要特征	基本模式
带状延伸型	主要存在于人口规模较小，用地分散的地区，反映居民点整体与局部的形态特征。牧区、林区、农区、农牧交错地区均有分布	受到自然环境、生产方式及交通走廊影响，农区主要表现为带状轴线式分布形态，牧区与林区表现为居民点整体带状延伸形态，居民点在河流交汇处、凹处或水质较好的狭长河流沿线及交通沿线集聚	分散的居民点沿灌渠、交通线、生产资料、水源地不断集聚，形成连续的带状居民点，聚落边界不断模糊融合，形成规模各异的聚居空间	 沿河流线性布局 沿地势线性布局 沿道路线性布局
组团集聚型	主要存在于人口规模较大与用地规模小且分散区域，反映乡镇（苏木）及中心村周边地区的形态特征。牧区、林区、农区、农牧交错地区均有分布	为提高人居空间发展弹性及土地使用效率，保障生态的可持续性，用地组团间保留一定的空间，居民点在其各自的空间范围内集聚人口，随着规模逐渐扩大，形成规模较大的组团	以组团形式扩张，具有集聚特征，围绕某公共建筑、开敞空间形成整体，功能分区明确，场地利用效率较高	
轴线集中型	主要存在于人口集中、公共服务提供充分与用地规模较大区域，反映乡镇（苏木）及中心村（嘎查）所在地的形态特征。牧区、林区、农区、农牧交错地区均有分布	传统蒙古包的住居模式转变为土坯房、砖瓦房，同时，公共服务的逐步完善，使农、牧民聚居方式逐渐趋向于对公共服务的选择	一字形、十字形、人字形或 T 字形成为组织巷道或住宅的结构，道路的交叉处往往是聚落的中心，布置有公共建筑空间，如村委会或广场	
离散分布型	主要存在于人口分散、人口规模与用地规模较小区域，反映自然村（嘎查）及乡村小组所在地的形态特征，分布于林区与牧区	为实现草原与林业资源的高效利用，由草原与森林的生态环境决定而呈现出的空间形态	以单个家庭或管护站为细胞分散分布，呈自由散落的状态，牧区各牧户独立生产，林区以林业看护为目的，形成独立居民点	
多中心集聚型	主要存在于人口集中、人口规模较大及用地分散区域，反映中心村及周边地区的形态特征，分布于农区	受地形、耕地距离或社会交往因素的影响，耕地的利用效率低，成为形成这种不规则形态的主要原因	中心集中，周边分散，耕地利用效率低，边界模糊。随着土地向高效利用方式转变，分散区域逐渐向中心区域集中，向组团式发展	

5.3.1　农业型居民点空间形态特征

　　河套农区(灌区)有着独特的自然地理环境,北部阴山是局部微气候调节的天然屏障,南部黄河是灌区重要的灌溉水源,总体地势平坦,土壤肥沃,渠道纵横。大地农田成为其主要的景观构成要素,作物按照沟渠与道路划分,构成"农田—渠道—道路—村落—住宅"的传统农业空间景观格局(图 5-19)。河套灌区作为典型的农业乡村地区,空间发展与全国其他农业地区相比既有共同之处,又有其独特格局。河套灌区的农业人口与耕地面积均较多,截至 2016 年年底,灌区乡村人口约78.4 万人,约占总人口的一半。耕地面积为 1 000 多万亩,农村人均耕地达 14 亩,是全国农村人均耕地的 10 倍。乡村的人均建设用地面积为 573.3 平方米。灌区乡村空间格局受到人口分布与农业生产要求限制,总体呈随机或均质化分布。乡村产业结构单一,以农业为主。地区村落众多,受地形影响较小,空间分布较为均匀且距离多为 2~3 千米,彼此之间联系密切。居民点间因受区位交通、历史、文化、经济、政策等相关因素的影响,形成不同空间形态的村落类型(表 5-2)。

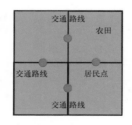

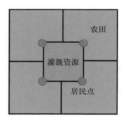

（a）交通主导的农业空间格局　　　　　　　（b）水源主导的农业空间格局

图 5-19　农区空间格局

表 5-2　农区(灌区)乡村空间形态类型特征

空间形态类型	主要特征	典型代表	示例图片	实景图片
带状延伸型	村庄主要沿道路、河流等线性要素在其两侧发展建设,形成一个带状空间。居民多分布于道路两侧	隆兴昌镇光明村		

（续表）

空间形态类型	主要特征	典型代表	示例图片	实景图片
组团集聚型	村庄整体较为聚集,分布紧凑,有明确的边界,一般有公共中心或聚集的场所	隆兴昌镇五星村		
多中心集聚型	村庄受地形、耕地距离或其他因素的影响,整体分布较为分散,不紧凑,建设用地与耕地边界较为混乱	隆兴昌镇王善村		
网状集聚型	经过较为完善的规划,结构清晰,路网完善,有明确的中心,房屋与院落为统一模式,布局规整	隆兴昌镇联星村		

5.3.2　林业型居民点空间形态特征

　　林区居民点将自然生态环境作为乡村发展的本底,内部间隔分布农业种植区,生态性、自然性和地域性特征突出。伴随林场改制与"天保工程"政策实施,以木材交易为基础的经济增长方式转变为以森林资源保护为目标的自然效益开发模式,利用自身环境优势发展乡村生态旅游逐渐成为林区主导产业,人居空间由生产型聚居模式转变为生态旅游型聚居模式,设施配套成为人居空间发展的重点(图5-20)。

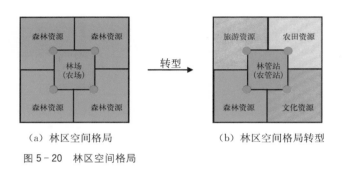

(a)林区空间格局　　　　　　　(b)林区空间格局转型

图5-20　林区空间格局

林场的社会组织关系并不是传统意义上的乡土社会,多数居民点从原始村落逐步发展为林业工人聚居地,部分地区因林木生产需要,就近新建居民点。虽然林场职工与村民之间的社会属性不同,但人际关系依然存在较强乡土特征,民风淳朴,社会交往性强,居民点聚居结构简单。社会组织关系主要表现为林业生产主导的工作关系与移民关系。

林区人居环境组织在空间组织关系上主要表现为线性贯穿与设施引导,由于自然环境与生产资料限制,居民点多围绕林场或农场集中分布;为了与外部环境保持紧密关系,居民点多分布于主要交通沿线附近,呈线性串联形态。林业、农业管护设施与旅游配套设施是空间集聚有效触点,通过设施分布引导空间发展。

随着林区改革的实施,一直以来以林场管理为主的乡村社会结构发生巨大变革,原林管局全面停止对国有森林商业性砍伐、社会职能抽离、人员精简等一系列改革直接作用到乡村,多数林场乡村居民稳定的工作性质被改变。在森林资源全面保护的条件下,依靠森林资源的经济收益被限制,导致林场职工薪资待遇落后于其他行业,村民开始转向寻找更多的就业机会以增加工作收入来源。乡村居民多采取兼业手段提高收入,使得居民由单纯林业职工身份转变为同时兼有旅游经营者、采摘者和养殖、种植者身份。村民兼业化使乡村人口流动性增强,身份的频繁转换改变了村民的经济收入结构与意识。乡村人口的社会属性转变过程作用到乡村空间,原有聚居中心逐步瓦解,逐渐向旅游服务区和对外交通便捷区域集聚,形成新的服务型聚居空间,原有村庄的"空心村"现象不断出现(图5-21)。

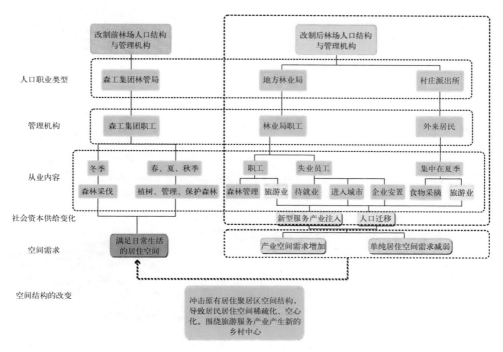

图5-21　政策影响下的内蒙古国有林区乡村人口及空间结构转变机制

　　林区空间范围、自然地形、文化差异、社会结构等因素具有较强地域性,这些因素共同作用于乡村空间形态,使得林区乡村空间呈现多种形态。林区原始村落形态主要由自然环境决定,遵循"靠山面水"的朴素生态观,既保证了和谐的人地关系,同时为乡村居民生活提供了便利。现代社会随着城市化进程推进,城市化对于人力资源的需求导致乡村原本相对封闭的社会空间环境被打破,乡村与城市之间的人流、物质流、能量流的交换日渐增多,乡村空间发展模式也由封闭走向开放(表5-3)。

表 5-3 林区乡村空间形态类型特征

空间形态类型	主要特征	典型代表	示例图片	实景图片
带状延伸型	顺应道路、河流等线性要素延伸,组成线性空间格局	莫尔道嘎镇太平川		
枝状延伸型	由一条线性主干和若干分支组成,房屋沿道路两侧平行排列	恩和俄罗斯族民族乡朝阳村屯		
组团集聚型	多个集中的小居住组团空间依据道路、河流、地形因素相互联系,组合形成一个较大的聚集性空间	奇乾乡奇乾村		
网状集聚型	位于较平坦的土地之上,由网格道路分割成近似于方形用地,居住区平行排列,具有较统一的空间组织	恩和俄罗斯族民族乡自兴村屯		
组团跳跃型	由两个及两个以上的聚落形成一个完整的乡村,空间模式有两种以上的组合形式	莫尔道嘎镇太平林场		

5.3.3　牧业型居民点空间形态特征

　　牧区居民点空间格局受草场划分形式、交通条件等因素影响,呈现独立式与合作社式空间格局。独立牧户根据轮牧场和打草场的划分,选择交通距离近的草场一端或临时在轮牧场建立人畜居住地。合作社将所有社员家庭、生产要素集中到一个区域,将草场划分为多个轮牧场和打草场,以提高轮牧效率,减小对草原的破坏。半农半牧地区居民点格局受到自然资源分布限制,农业与牧业居民点镶嵌分布,呈现交错的空间格局(图5-22)。

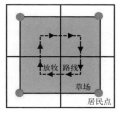

（a）牧区空间格局

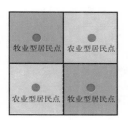

（b）农牧混合地区空间格局

图 5-22　牧区空间格局

　　牧区人居环境组织在社会关系中主要表现为血缘关系、地缘关系和业缘关系。聚居空间多以家庭为单位分散分布,因多样化的社会联系、政治因素及地理关系,表现为居住样式、生产生活方式的相互渗透。血缘关系网络表现为:因生产的需要,很多有血缘关系的家庭会集中分布,一般由父子、兄弟构成,血缘关系是网络节点的核心;地缘关系网络表现为:地理距离之间的居民点相互联系组成地缘关系,地缘联系程度、紧密程度,主要因素受地理距离、文化习俗的影响;业缘关系网络表现为:通过商品经济上的相互作用,自给自足的生活方式发生改变,利用产品交换获得所需要的商品,业缘关系主要发生在嘎查和乡镇之间,相对同一等级之间联系较少。

　　牧区人居环境组织在空间关系中主要表现为路径联系与视线引导。由于大范围分散分布,通往居民点的道路一般为单向,由主要道路串联,区域道路等级划分为县道、乡道、村道,构成聚落道路网络。县道的道路质量相对较好,通达性较好。乡道和村道等级低,部分嘎查间没有明确的村道联系,嘎查间保留传统的空间联系方式,在广袤的草原上,通过敖包形成视觉制高点,自发形成联系路径。无论规模大小、分布如何,居民点与外部环境都会保持紧密关系,人流、信息流、物流通过空间路径传达,在路径的交汇处形成场所空间,总体形成节点网络,如在地理空间上所反映的道路、河流,在意象空间中所反映的节点联系(敖包)。

居民点空间形态表现为聚居空间的组合方式,在民族文化、朴实生态观、传统生产方式、生活习惯及心理意识等因素的影响下,不断完善人、畜活动的空间关系,充分利用自然资源,在有限的条件下,形成方便生活、有利生产、安全舒适的聚居空间形态。网状集聚型、带状延伸型、块状集中型、轴线集中型和离散分布型是草原牧区主要的人居空间形态(表5-4)。

表5-4　牧区空间形态类型

聚居形态	网状集聚型聚居形态	带状延伸型聚居形态	块状集中型聚居形态	轴线集中型聚居形态	离散分布型聚居形态
空间营造	领域限定	路径引导	场所集聚	轴线延伸	游牧路径
层级	中心镇、苏木	苏木、嘎查	嘎查	苏木、嘎查	嘎查、牧户
地域特征	地势平坦,适宜生存的地理、气候环境	地势平坦,沿河流或道路	生态环境较好,三四户组成	生态环境较好	生态环境较好、交通不便
文化特征	有强烈的蒙古族文化特征	定居聚集的地区,受汉族文化影响较深	组团模式发展,具有较强的向心性	沿某道路轴线发展,具有较强的带状延伸性	外来文化影响较小,保留了基本完善的传统文化特征
居民点选址	强调良好的生活条件	沿交通道路、河流水系发展	与生态环境相互融合	与生态环境相互融合	与生态环境相互融合
居民点形成模式	按照城市建设思想和注重环境、实用思想	结合自然环境	结合自然环境	结合自然环境	离散分布
影响要素	道路、公建	道路交通、河流水系	宗教寺庙	道路、公建	草场分布

网状集聚聚居形态既有带状延伸居民点特征,也有块状集聚居民点特征,多以一条或者两条主要交通干线形成居民点空间主要轴线,轴向蔓延联系多个居民点,并向不同方向延伸,形成网络集聚形态。

带状延伸聚居形态具有强烈的路径特征,呈相对紧凑的带状分布,每一个牧户南北方向延伸性较好,一般分为沿地形线性分布、沿水域线性分布或沿道路线性分布(表5-5)。

表5-5　带状延伸聚落分布模式

居民点类型	影响因素	分布模式
乡镇居民点	沿道路	道路通常是人们的日常生活与活动主要轴线,道路两侧形成商业街,形成前街后宅的模式
	沿山水	形成背山面水的聚落空间分布,山体成为乡镇居民点的景观风貌视觉中心,水系作为聚落的自然生态走廊
苏木居民点	沿道路	沿着苏木与乡镇、苏木与苏木、苏木与嘎查的主要联系道路
	沿水系	苏木居民点的水系一般是为牲畜提供水源或者沿着水系布置旅游服务聚落中心
嘎查居民点	沿山、地形	嘎查居民点有很强的向心性,对外联系较少,一般会沿地形,形成避风的安全生活空间
	沿水系	为牲畜提供水源或水边设施

　　块状集中聚居形态表现为不规则团块状。居民点内部形态可分为单中心和多中心,单中心呈圈层分布和扇形分布,中心集聚性较强;多中心呈组团分布,各组团功能互补,共同构建完整的空间形态。根据牧民所承包草场的分布,大部分牧区村庄(嘎查)由多个牧民小组构成,小组包含一到四户家庭,整体呈圈层式分布,分为核心圈、辅助拓展圈和生产圈(表5-6)。

表5-6　圈层发展模式

圈　层	布置形式	主要作用
核心生活圈	居住点不规则块状聚集布置	满足不同居民需求,为村民营造一个宜居的生活环境,继承和发扬传统文化
辅助拓展圈	围合或半围合核心生活圈	防止居住点无序蔓延,维持良好的草原植被生态环境
生产圈	集中连片布置在居民点最外围	大规模草场放牧

　　轴线集中聚居形态,相对集中,并形成一个较为完整的带状形态。这种形态的嘎查较少,且规模不是很大,内部道路基本为十字形、丁字形或单线形。

　　离散型聚居形态,居民点规模较小,一般为一两户家庭,没有明确的团块,随自然水域、山谷或道路分散分布,内部空间联系较弱,开敞渗透性较强,场所领域空间突出,路径属性几乎处在隐含状态,没有明显指向路径,其生产生活空间接近游牧空间,具有内外沟通性、外向性或发散性及可动性特点(表5-7)。

表 5-7 游牧空间特征

特　征	体　现
内外沟通性	游牧民族与自然环境关系融洽,与大自然是相互沟通的。"天苍苍,野茫茫,风吹草低见牛羊"便是这种关系的真实写照
外向性	当牧区水草丰茂时,外向性表现为发散性,它是多目标的或无目标的、随机的;而当草枯水乏时,表现为单一目标的指向
可动性	"逐水草而居"是游牧生活的可动性表现,这一特征也可以看成是发散性的表现形式

5.4　内蒙古乡村人居空间发展模式

1) 家族发展衍生模式

　　家族发展衍生模式主要反映在草原牧区的人居环境中。传统游牧社会以部落为单元、家庭为单位,择水草而居,集体放牧,分布广泛。在生产与生活上,家庭与部落则互相依存,抵御风险。现代游牧社会生产力提高,草场的需求规模增大,多家庭的集中聚居生活逐渐分化,以夫妻加子女为核心的家庭成为草原牧区主要聚居模式。在家族的不断繁衍中,为满足生产生活需求,家庭单元不断分化,产生新家庭、新的聚居空间,通过不断变迁、分化、衍生形成新的居民点(图 5-23)。

2) 行政主导干预模式

　　行政主导干预模式主要反映在农区与林区的人居环境中。由于生态条件的制约,国家推出禁牧、天然林保护工程等政策,将原来分散的居民点集中发展,推进新居民点建设,在政府引导的生态移民政策驱动下,原有的聚居空间逐渐出现衰退。通常会出现原址建设和选址新建两种模式。

3) 交通原则集聚模式

　　道路交通体系不断完善,空间联系得以强化,居民点选址逐渐趋向主要道路集聚,形成带状聚居空间。路径联系较强的道路交通沿线,居民点集聚的趋向性逐渐增强,产业集聚形成以商业、旅游配套、农畜产品交易等具有一定产业功能的居民点。这种模式受交通体系变化影响较大,区域联系的增强或减弱会直接影响居民点的集聚形态和发展方向。

4）基本公共服务引导化模式

公共服务设施配置是改善民生、缩小城乡差距以及建设和谐社会的基础。由于生产生活方式的特殊性，内蒙古地区公共服务设施配置存在诸多困境。公共服务配置水平将成为影响人居空间发展的主要因素。"协同、联建、共享"的设施配置方式，将成为内蒙古地区实现基本公共服务均等化的有效途径。草原牧区的公共服务设施动态化、精准化配置[83]，林区旅游设施与管护站设施层级化配置，农区的水电设施网络化配置将在很大程度上影响人居空间的发展方向。

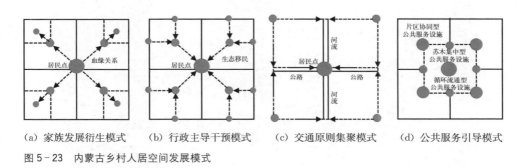

(a) 家族发展衍生模式　　(b) 行政主导干预模式　　(c) 交通原则集聚模式　　(d) 公共服务引导模式

图 5‑23　内蒙古乡村人居空间发展模式

5.5　内蒙古乡村建筑建造特征

在草原传统生产生活方式向现代聚居方式转变过程中，乡村建筑建造方式不断演变，适应新环境，演绎不同文化内涵。建筑作为物质空间形态的本体，塑造着地域空间的社会复杂性与风貌特征的异质性，引导着地域性建筑未来发展的方向，在众多演绎与实践过程中，内蒙古乡村建筑发展主要表现为两种趋向：汉式住房的普及与新技术应用；蒙古包的原真性表达与演绎。

5.5.1　汉式住房的普及与新技术应用

汉式住房虽然在某种意义上并不能成为牧民心目中理想的居住方式，但在很大程度上改善了牧区的生活状况。为实现建筑的地景融合、地域性特征表现与建筑节能，满足使用便捷性和舒适性等要求，人们开始应用绿色建筑技术建造汉式住宅[84]（图 5‑24），这为内蒙古乡村牧区人居环境建设做出了贡献。

受多元文化影响,农区与林区乡村建筑建造方式多样。农区乡村早期建筑以土木结构居多,石砌基础,墙体多为胡墼,屋面为向院内单坡,向内凹陷。公共建筑(庙宇、戏台)为砖木结构;近现代民居大多以砖木结构为主(图5-25)。

图5-24 绿色汉式住宅建筑效果图
图片来源:缪白安《四子王旗草原民居生态设计初探》。

图5-25 农区乡村建筑

　　林区乡村建筑在森林文化的影响下,以汉式合院建筑与林区井干式建筑为典型。林区早期民居多以井干式建筑为主,建筑主体不用立柱和大梁,以圆木或矩形、六角形木料平行向上层层叠置,在转角处木料端部交叉咬合,形成房屋四壁,左右两侧壁上立矮柱、承脊檩构成房屋[85]。受汉族文化影响,建筑多以砖木或土木结构为主,形成合院式住宅(图 5 - 26)。公共建筑采用井干式以体现建筑特色(多为旅游设施配套)。

图 5 - 26　林区乡村建筑

5.5.2　蒙古包的原真性表达与演绎

　　随着汉式住房的普及,传统蒙古包的功能及所承载的意义随之改变。游牧生活使蒙古包成为生产、生活的重要载体,而定居生活的普及使蒙古包成为地域文化原真性的表达,逐渐转变为文化符号与精神寄托。原真性表现为自然地域融合、动态适应、文化认同、节能环保等,演绎方式表现为功能转移、空间重构、新材料与新技术应用等。在乡村建筑演绎过程中,传统蒙古包的居住功能逐渐被汉式建筑取代,或转变为其他功能(如仓储、旅游服务、文化展示)。蒙古包与汉式建筑共存现象普遍存在(图 5 - 27)。预制装配、风光互补、沙袋建造等新技术应用使得传统蒙古包结构发生本质变化。正如坐落在内蒙古锡林郭勒盟苏尼特左旗天然草原上的"沙袋"蒙古族建筑[86],居住空间利用蒙古族最崇尚的形式语言——圆形母题,进行圆形空间重构,利用生态环境软件,对建筑风、光、热环境进行分析和优化,利用被动式太阳能供电、供暖,利用风力供能,实现节能减排效果,加之后期建造管理,减少施工污染,实现建筑全生命周期的绿色建造(图 5 - 28)。

图 5－27　蒙古包与汉式住居共生

图 5－28　蒙古包演绎民居建筑效果图
图片来源：张凝忆《地域材料的创造性运用——现代蒙古族民居"沙袋建筑"》。

　　牧区居民点规模小，布局分散，乌兰牧骑文化活动的动态性，那达慕大会的临时性等特征，使得公共服务供给不能适应牧区生产生活的动态性需求。灵活的建造体系与动态协同的设施级配方式，对牧区公共设施建设具有十分重要的实践意义，是解决牧民基本保障（日常生活、医疗卫生、文体娱乐）的有效方式。可调配公共服务设施[87]，采用大范围协同、小范围移动相结合的级配方式，完善牧区公共服务设施供给的可适性，构建完善的公共服务空间体系（图 5－29）。

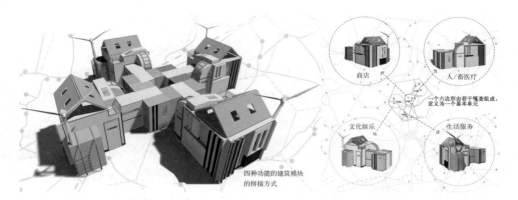

图 5 - 29　可调配设施建筑效果图
图片来源：王琪，张立恒《内蒙古地区草原聚落公共设施空间可适性研究——可装配轻体系统的应用》。

5.6　内蒙古乡村人居空间的地域划分与发展方向

本研究依托地域自然地理、规模、产业发展、基础设施、公共服务设施、空间极化作用，明确地域空间划分与发展格局。其中农区鼓励适度集中居住，提高乡村公共服务和基础设施服务的保障水平，同时满足保护耕地、节约用地的要求，促进乡村集聚发展、农业集约经营。牧区、半农半牧区乡村布点应充分尊重农牧民生产生活方式与特点，考虑适度分散分布，合理配套建设可移动和不可移动公共服务设施和基础设施，改善农牧民生产生活条件，满足就近就业、节约用地等要求（表 5 - 8—表 5 - 12）。

1）农业型与农牧混合型居民点（中部沿黄沿线旗县）

中部沿黄沿线旗县的农业型与农牧混合型居民点，位于内蒙古自治区中西部的核心区，包含 32 个旗县（表 5 - 8）。黄河两岸，分布着内蒙古最重要的经济圈和城市带，资源条件丰富。农村牧区人口和苏木乡镇密度较高，农村牧区人口密度为 100 人/千米²，主要城市边缘人口密度为 500 人/千米²。产业发展条件较好，是全区农牧业主产区，第二产业发展优势突出。都市型现代农业，规模化、设施化农牧业，特色农、畜产品加工业是未来产业发展的主导方向。同时全面的农业服务体系，农牧产品流通体系也将不断完善。在局部农牧混合地区，应弃置和低产耕地实施退耕还草、粮草轮作，强化并推广优良牧草种植，保障畜牧业发展。

农村牧区的基础设施和公共服务设施配置水平整体相对较高,因城镇相对密集,城镇公共服务设施对于农村牧区的辐射能力较强。依托呼包鄂城镇群的辐射带动,就业吸纳能力较强,空间极化现象突出。在不断完善调整产业结构的同时,应提高二、三产对劳动力的吸纳能力,实现本地农牧民劳动力就地转移,有效吸纳其他地区剩余农牧民劳动力异地转移。

区域人口聚集度高、城市群对旗县域和农村牧区的辐射带动能力强,要充分依托中心城市,整合城市、旗县和重点镇公共服务设施资源,形成服务城乡的公用服务设施网络,促进城乡设施的共享,力争整体构建"城乡半小时综合服务"的城乡居民点体系。

表 5-8 农业型与农牧混合型居民点(中部沿黄沿线旗县)

所在盟市	数量(个)	旗县名称	旗县类型
巴彦淖尔市	4	磴口县	半农半牧区
		杭锦后旗	农区
		乌拉特前旗	半农半牧区
		五原县	农区
包头市	2	固阳县	农区
		土默特右旗	农区
鄂尔多斯市	7	达拉特旗	半农半牧区
		鄂托克旗	牧区
		鄂托克前旗	牧区
		杭锦旗	牧区
		乌审旗	牧区
		伊金霍洛旗	半农半牧区
		准格尔旗	半农半牧区
呼和浩特市	5	和林格尔县	农区
		清水河县	农区
		土默特左旗	农区
		托克托县	农区
		武川县	农区
乌兰察布市	9	察哈尔右翼后旗	半农半牧区
		察哈尔右翼前旗	农区
		察哈尔右翼中旗	半农半牧区

（续表）

所在盟市	数量(个)	旗县名称	旗县类型
乌兰察布市	9	丰镇市	农区
		化德县	农区
		凉城县	农区
		商都县	农区
		兴和县	农区
		卓资县	农区
锡林郭勒盟	5	多伦县	半农半牧区
		太仆寺旗	半农半牧区
		镶黄旗	牧区
		正蓝旗	牧区
		正镶白旗	牧区

资料来源：根据《内蒙古自治区城镇体系规划(2015—2030)》整理。

2) 林业型居民点(东北部大兴安岭旗县)

东北部大兴安岭旗县的林业型居民点，是自治区重要的生态保育地区，包含5个旗县(表5-9)。农村牧区人口和苏木乡镇密度低，农村牧区人口密度少于10人/千米^2，苏木乡镇数量每百平方千米不足0.5个。出现较为明显的林区人口转移现象，部分地区城镇化率已达100%，未来仍将有一定的人口转移压力。应有序引导林区人口转移，优先引导人口向本地旗县(市)域中心城镇及小城市转移，鼓励人口向呼伦贝尔市、乌兰浩特市等中心城市转移。农业多以国营农、林场方式经营，应以市场为导向，促进大型国有农垦企业进行现代农产管理改革，加强农牧产业物流、信息流的服务，从提升产量向提高质量、突出特色、提升品牌等方向转化。可利用区内特色化、多样化的自然景观发展特色旅游产业，实现经济发展与生态保育的相互促进。通过发展旅游业、农副产品加工等具有本地特色的产业，提升本地城镇对林区转移人口的吸纳能力。农村牧区的基础设施配置水平整体较高，农业机械化水平较高，公共服务设施配置水平整体偏低，应引导人口向城镇点聚集，通过城市、城镇带动辐射，提升农村牧区的公共服务水平和农牧民生活品质。该区域人口适度集聚，城镇对农村牧区的辐射能力相对较强，要充分发挥极化作用。

旗县沿路呈带状分布、距离较远，应重点提升旗县和县级市、农场、林场场部、苏木乡镇设施的服务能力，并提升设施覆盖度，确保每个苏木乡镇基本民生

设施建设,对一般镇和中心村的设施根据需要予以扶持和保留;力争实现"县城
一小时服务 + 一般乡镇半小时服务"的城乡居民点体系。

表 5 - 9　林业型居民点(东北部大兴安岭旗县)

所在盟市	数量(个)	旗县名称	旗县类型
呼伦贝尔市	4	额尔古纳市	林区
		鄂伦春自治旗	林区
		根河市	林区
		牙克石市	林区
兴安盟	1	阿尔山市	林区

资料来源:根据《内蒙古自治区城镇体系规划(2015—2030)》及相关资料整理。

3) 典型草原牧业型居民点(中北部旗县)

中北部旗县的典型草原牧业型居民点,具有典型草原环境特征,包含 14 个旗
县(市)(表 5 - 10),是传统游牧民族文化集中的主要区域。应通过加大农牧补贴与
矿产开采限制,加强草场的生态保育,减少草场破坏,并积极推进人工草场建设,建
立节水灌溉的优质人工草场。农村牧区人口和苏木乡镇密度低,农村牧区人口密
度少于 10 人/千米^2,苏木乡镇数量每百平方千米不足 0.1 个。人口基数较低,农村
劳动力转出压力较小。农牧业人均产值较高,是自治区主要的畜牧牲畜和奶品制
造基地。畜牧业的联合经营和规模养殖,特色肉乳制品、毛皮加工、饲料种子等产
业是未来主导产业方向。在民族聚居的地方,传统游牧文化产业、民族特色产业、传
统手工制造业等将得到有效扶持。应依托县域经济发展带动牧民就近就业,进行适
度城镇化。农村牧区的基础设施配置水平严重不足,公共服务设施配置水平整体较
低,城市公共服务对农村牧区辐射能力非常弱,因此,应引导人口向城镇点聚集,通过
城市、城镇的辐射,提升农村牧区的公共服务水平和农牧民生活品质。人口集聚程度
不高,城镇对农村牧区的辐射能力相对较弱,由于生产资料的限制,居民点分布相对
分散,要充分发挥重要苏木及公共服务设施的极化作用,进行适当的人口集聚。

旗县(市)人口稀疏、城乡居民点分散、规模较小,考虑地区的民族、文化、生
产方式特色,应按照"总体分散、适度集聚"的原则,依托城乡道路交通设施建设,
完善城乡居民点之间的联系。在民族特色地区,应适当保护并扶持部分村庄嘎

查自身的发展。同时,补充设置教育、医疗等重要民生设施的流动服务站,如流
动卫生站、流动小学等,力争实现"县城一小时服务 + 一般乡镇半小时服务 + 流
动服务站"的城乡居民点体系。

表 5 - 10　典型草原牧业型居民点(中北部旗县)

所在盟市	数量(个)	旗县名称	旗县类型
巴彦淖尔市	1	乌拉特中旗	牧区
包头市	1	达尔罕茂明安联合旗	牧区
乌兰察布市	1	四子王旗	牧区
锡林郭勒盟	7	阿巴嘎旗	牧区
		东乌珠穆沁旗	牧区
		苏尼特右旗	牧区
		苏尼特左旗	牧区
		西乌珠穆沁旗	牧区
		乌拉盖管理区	牧区
		锡林浩特市	牧区
呼伦贝尔市	4	新巴尔虎右旗	牧区
		新巴尔虎左旗	牧区
		陈巴尔虎旗	牧区
		鄂温克族自治旗	牧区

资料来源:根据《内蒙古自治区城镇体系规划(2015—2030)》及相关资料整理。

4) 荒漠化草原牧业型居民点(西部阿巴地区旗县)

　　西部阿巴地区旗县的荒漠化草原牧业型居民点,集中在内蒙古西北部边境
地带,包含 4 个旗县(表 5 - 11),地形为波状高平原,生态环境恶劣,地区内分布
着巴丹吉林沙漠、腾格里沙漠等,人居环境从自然地理特征上看,不适宜居住。
因生态环境制约,要最大限度保护草原生态,严格落实禁牧、休牧等生态保护项
目,限制开垦,恢复草原植被,建立西北生态屏障。农村牧区人口和苏木乡镇密
度低,农村牧区人口密度少于 10 人/千米^2,苏木乡镇数量每百平方千米不足 0.1 个。
人口基数较低,农村劳动力转出压力小。产业结构中第二产业比例较高,平均为
60%,部分地区可达 80%,产业结构不够合理。第一产业以牧业为主,但草场承
载力低,可持续性较低,生产总值较低。产业发展上要充分挖掘资源优势,大力

发展牧区节水灌溉人工草地建设,发展沙产业,提升服务产业水平,完善产业结构。农村牧区的基础设施配置水平整体偏低,公共服务设施配置水平整体偏低,因此,应引导人口向城镇点聚集,通过城市、城镇的辐射,提升农村牧区公共服务水平和农牧民生活品质。该区域人口集聚程度高,城镇对农村牧区的辐射能力相对较强,要充分发挥极化作用。但从生态安全和边疆安全的角度出发,还应保留部分规模较小的居民点,发挥一定的战略作用。

应将县城(城关镇)和人口规模较大的苏木乡镇作为区域服务中心,注重民生设施建设,加强村庄嘎查与县城、苏木乡镇之间的联系,最大程度缩短城乡服务可达时间;保留建设分散的边境村庄嘎查居民点,增强流动服务与动态设施配给,以实现"县城一小时服务 + 一般乡镇半小时服务"的空间服务体系。

表 5 - 11 荒漠化草原牧业型居民点(西部阿巴地区旗县)

所在盟市	数量(个)	旗县名称	旗县类型
阿拉善盟	3	阿拉善右旗	牧区
		阿拉善左旗	牧区
		额济纳旗	牧区
巴彦淖尔市	1	乌拉特后旗	牧区

资料来源:根据《内蒙古自治区城镇体系规划(2015—2030)》及相关资料整理。

5) 牧业与农牧混合型居民点(赤通兴及岭东地区旗县)

赤通兴及岭东地区旗县的牧业与农牧混合型居民点,自然条件较好,农牧业较发达,包含 22 个旗县(市)(表 5 - 12)。农村牧区人口和苏木乡镇密度较高,农村牧区人口密度多于 100 人/千米^2,部分地区人口密度多于 400 人/千米^2,苏木乡镇数量为每百平方千米 2 个。人口密度大,人均耕地较少,农村劳动力转移压力巨大。农牧产业优势明显,是自治区粮食主产区。农业结构调整、规模化种植、农业现代化是这一区域的主导方向,并逐步向多元化、特色化转变。农产品特色挖掘,产业链延伸,科技含量提高是主要方式,可通过龙头企业推动农产品加工、食品医药、副食加工、皮毛加工、特种养殖等产业发展,不断优化县域产业结构,在提高本地非农就业的同时,逐步引导人口向其他地区转移。应优先引导农牧区人口的本地城市就近转移,同时引导向自治区西部城市转移,部分向东北、华北等地转移,实现转移人口的稳定城镇化。农村牧区的基础设施配置水平相对较高,但人均配置水平不足,公共服务设施配置水平相对较高。因此,应引导人口向城镇点聚集,通过城市、城镇的辐射,提升农村牧区的公共服务水平和农牧民生活品质。该区域人口分布相对均匀,整体密集,城镇对农村牧区的辐射能力相对较强,但极化作用不突出。

旗县(市)人口和城镇分布密集,要依托现有重点镇、一般镇和中心村,加大设施密度,逐步满足设施配置千人指标,构建均衡分布的城乡居民点体系,强调城乡服务质量的整体提升,力争实现"县城一小时服务 + 重点乡镇半小时服务 + 一般乡镇满足千人指标"的城乡居民点体系。

表 5-12　牧业与农牧混合型居民点(赤通兴及岭东地区旗县)

所在盟市	数量(个)	旗县名称	旗县类型
赤峰市	8	阿鲁科尔沁旗	牧区
		敖汉旗	半农半牧区
		巴林右旗	牧区
		巴林左旗	牧区
		克什克腾旗	牧区
		林西县	半农半牧区
		宁城县	农区
		翁牛特旗	牧区
呼伦贝尔市	3	阿荣旗	半农半牧区
		莫力达瓦达斡尔族自治旗	半农半牧区
		扎兰屯市	半农半牧区
通辽市	7	开鲁县	半农半牧区
		科尔沁区	半农半牧区
		科尔沁左翼后旗	牧区
		科尔沁左翼中旗	牧区
		库伦旗	半农半牧区
		奈曼旗	半农半牧区
		扎鲁特旗	牧区
兴安盟	4	科尔沁右翼前旗	半农半牧区
		科尔沁右翼中旗	牧区
		突泉县	半农半牧区
		扎赉特旗	半农半牧区

资料来源:根据《内蒙古自治区城镇体系规划(2015—2030)》及相关资料整理。

第6章 内蒙古河套灌区
乡村人居环境

　　本章阐述的是河套灌区地域特征与乡村基本情况,通过典型案例联星村详细描述农业型乡村人居环境特征,呈现河套灌区农业型乡村、农工混合型乡村在土地流转政策影响下人居环境建设现状。最后,探讨河套灌区乡村发展途径。

6.1　河套灌区乡村概况

6.1.1　区位地理

　　河套地区北靠阴山山脉,南邻黄河,在沙漠草原地形中形成了水草丰美的农耕地区,独特的海拔条件、区位条件和地理环境特征,为农业发展提供了基础条件。

　　河套平原分为西套(银川片区)、后套(巴彦淖尔片区)和前套(包头片区)。西套平原西靠贺兰山脉,东临黄河;后套平原、前套平原北靠阴山,南邻黄河(图6-1)。本研究调研的河套灌区位于河套平原的后套平原,地处黄河"几"字湾北侧,巴彦淖尔市境内,东到包头,西接乌兰布和沙漠,东西长250千米,南北宽50余千米,土地总面积为11 890平方千米(图6-2),是全国特大型灌区和亚

图6-1　河套平原与黄河关系

图6-2　河套灌区区位图

洲最大一首制自流引水灌区。黄河从灌区南部边缘穿过,流经灌区 345 千米,灌区年均引黄用水量约 48 亿立方米,引黄灌溉面积达 1 000 多万亩。这里夏季高温干旱、冬季严寒少雪,降水少,蒸发量大,日照充足,是典型的温带大陆性气候区。

6.1.2　经济产业

河套灌区土地肥沃、水资源丰富,为农牧业发展提供了良好基础。长期以来,灌区乡村农业、畜牧业发达,第二、第三产业相对薄弱。随着城镇化发展,灌区经济产业结构发生转变,第一产业在传统农业与畜牧业的基础上,通过土地流转,发展现代农业与规模化养殖,实现粮食增收、牲畜出栏量提高。第二、第三产业发展迅猛,第二产业吸引和培育了大批农副产品加工、装备制造、化学医药、清洁能源等新型企业,政府主导建设的工业园、产业孵化园、电子商务园等产业园区逐渐发展壮大;第三产业主要以河套文化为基础,打造、培育相关的旅游文化路线与旅游产品。

6.1.3　排灌历史

河套灌区是我国著名的古老灌区之一,引黄灌溉已有两千多年历史,始于秦汉,兴于清末,民国时期逐步形成十大干渠,至 20 世纪 90 年代,河套灌区的水利开发大体经历了屯垦水利、雁行水利、地商水利、民工水利四个主要时期[88](图 6-3)。新中国成立初至 21 世纪,河套灌区形成了比较完善的灌排配套工程体系,大致经历了引水工程建设、排水工程建设、灌溉工程项目配套建设阶段,排灌格局基本形成。

6.1.4　灌区管理与土地流转政策

依据巴彦淖尔市水务局资料,河套灌区灌排工程管理划分为两级,即国管和群管两部分,分干渠以上灌溉工程、干沟以上及跨旗县分干沟排水工程由河灌总

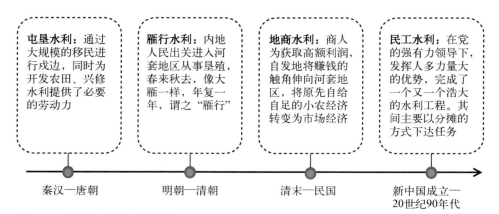

图6-3 河套灌区水利开发阶段
资料来源:张志国《河套地区水利开发的历史演变与人文特征》。

局统一管理;分干渠以下田间灌溉工程、分干沟及以下排水工程由群管组织负责
管理(图6-4)。河灌总局与巴彦淖尔市水务局合署办公,下辖7个管理局、河套
水务公司和5个二级单位等分支机构。

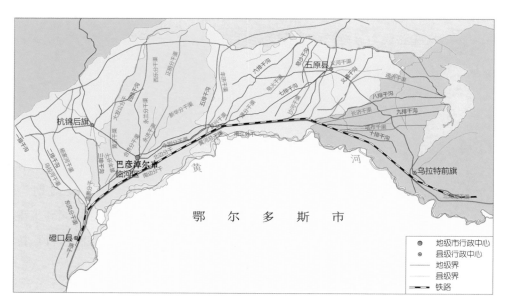

图6-4 河套灌区干渠分布图
资料来源:巴彦淖尔市水务局。

河套灌区土地资源富集,尤其是耕地资源,随着城镇化速度加快,生产机
械化大大提高,部分农民选择将耕地全部或部分流转给农业大户或企业,部分

农民在政府的引导下组成合作社,对土地进行规模化、集约化经营。目前,土地流转已经成为河套灌区乡村土地一种新的发展趋势。根据统计,灌区通过出租与转包等方式流转的耕地面积已达到 19.13 万公顷,其中,14.19 万公顷流转给种养大户,3.88 万公顷流转给企业,还有部分流转给合作社、家庭农场等其他主体。

表 6-1　2017 年巴彦淖尔市土地流转形式统计表

主体	面积(万公顷)	占比
种养大户	14.19	74.2%
企业租赁	3.88	20.0%
合作社、家庭农场等	1.06	5.8%

纵观农业发展史,人类发展的基础是耕地,农业型乡村的发展根本上是农业产业的发展,也就是说,耕地利用方式决定了农业发展水平。新中国成立以后,耕地采用"集体生产"的形式进行生产,生产队是农业生产主体,该阶段发展受农业生产力水平制约,未发挥出集体生产的积极性作用。家庭联产承包责任制的实施,将生产主体细分到家庭单元,在生产力水平低的条件下,提高了农户的生产积极性和耕地产出总量,在一定时期符合我国农业人口基数大的国情,为农业发展作出巨大贡献。同时,家庭单元对农业机械化、农业规模化(农业现代化表现)生产预期、发展路径、市场配置、科技推广敏感性不强,导致农业现代化起步期延长,农业现代化发展受到制约。所以现阶段农业发展的根源在于耕地利用方式的探索,这也是我国农业经济发展重要议题。土地流转政策为打破家庭单元、农业规模化生产提供了可能。

中国农业发展史粗分为掠夺式农业(原始农业)、循环式农业(传统农业)、投入式农业(现代农业)三个阶段[89]。投入式农业(现代农业)的基本特征是农业主体集聚化、农业资源规模化、农业科技普及化(科技化)、收益配置合理化,现代农业发展需要重点研究农业主体、农业资源、农业科技和收益分配。灌区土地流转的形式从根本上要探讨的是资源投入方案和收益配置方案(图 6-5)。

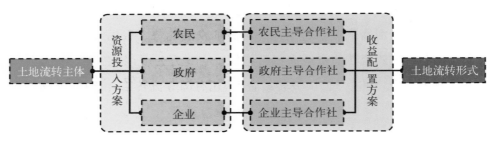

图 6-5　灌区土地流转主体与形式对应关系

6.2　河套灌区乡村地域特征与建设发展

6.2.1　地域特征

1) 自然生态环境

　　河套灌区具有独特的自然地理环境,北侧阴山遮挡北部吹来的寒流,是天然生态屏障;南侧黄河作为灌区水源地,提供源源不断的水资源,宏观上构成背山面水的格局。与内蒙古广袤的草原和沙漠地区不同,灌区地势平坦,土壤肥沃,渠道纵横,以农田景观为主,大面积的露天农作物按沟渠与道路的划分呈条状梯级分布,构成"农田—渠道—村落—住宅—道路"的传统灌区乡村布局模式。

2) 人居环境

　　河套灌区是典型农业乡村地区。农业人口与耕地面积较多,截至 2016 年年底,灌区乡村人口为 70 多万人,约占灌区总人口的一半。耕地面积为 1 084.6 万亩,乡村人均耕地达 14 亩,是全国乡村人均耕地的 10 倍[①]。灌区村落众多,人均建设用地面积较大(表 6-2)。由于受地形影响较小,村落分布较为均匀且距离较近,彼此之间联系密切。乡村产业结构单一,以农业、畜牧业为主,其他产业薄弱。基础设施与服务设施配置差别较大,水电路基本完成全覆盖,其他设施配置不均等。

---

① 2016 年,根据世界银行、国家统计局数据显示,我国人均耕地面积为 1.463 亩。

表6-2　巴彦淖尔市农村居民点人均建设用地面积统计

地　区	人均面积(平方米)
临河区	525.87
五原县	597.59
磴口县	639.00
杭锦后旗	663.14
乌拉特前旗	606.07
乌拉特中旗	429.81
乌拉特后旗	551.84
平　均	573.30

资料来源:《巴彦淖尔市农村建设用地整治潜力研究》。

　　河套灌区乡村采用传统独户独院形式,院落空间较大。因耕地多,收获的农作物需要较大空间存储、晾晒,大院落具备保障生产空间功能。院落布局根据河套地区乡村生活特征逐渐形成,多为矩形围合式布局形式,建筑布置在院落四周,北侧为居住生活空间(正房),南侧及东西侧为储藏空间(凉房或厢房),养殖圈棚东西侧因地制宜布置(图6-6)。其布局结构优点是可满足家庭生产空间需求,抵御冷空气入侵,形成院落微气候调节;缺点是生产和生活功能混杂,生活区和牲畜养殖区未进行有效分隔,院内空气流通性差,影响生活环境的质量。

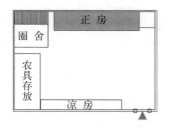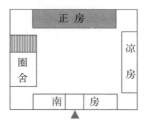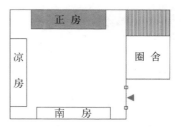

图6-6　河套地区乡村院落布局模式

　　灌区乡村住宅形式受晋陕文化影响,以土木、砖木或砖混结构平顶房屋为主,有屋檐,坐北朝南。因地处北方严寒地区,冬天温度较低,大部分房屋内设有火炕。乡村住宅的变化在一定程度上反映了乡村经济社会发展程度,河套地区乡村住宅演变大致经历了如表6-3所示的几个阶段。乡村住宅从土木结构逐步转变为砖混结构,内部空间形式趋于多样化,功能从一屋多用到分区明确,房屋面积逐渐增大,布局趋于合理;厨房、盥洗室等辅助生活空间布置在主体住房北侧,构成防寒空间;卧室、起居室等主要生活空间布置在阳光充足的南侧,利用太阳能提高室内的温度,降低建筑能耗。总体来看,随着经济社会的发展以及农民生活水平的提高,住宅内部空间、建筑质量不断优化,住宅舒适度有所提高。

表 6-3   河套灌区乡村住宅变迁

时期	结构	特　点	示意图	实景图片
20世纪50—60年代	土木结构	墙体用干打垒,土坯砌筑,较厚,窗户为单层木窗,又称大接耳窗,屋顶多为平顶,内部空间较小,一间房屋承担着多种功能		
20世纪80年代	砖木结构	建筑采用下层为青砖,上层为青砖或木构造柱结合木窗,屋顶用椽子、檩条、苇帘片等逐层构筑。建筑内部居住功能与会客交流功能融合		
20世纪90年代—21世纪初	砖混结构	墙体为红砖,屋顶为预制混凝土或现浇混凝土构筑,窗户为铝合金,内部空间增多,各功能空间独立		

　　灌区生态环境独特,阴山山脉与黄河构成区域景观格局,耕地规模与形态具备规模化生产条件,乡村区域集聚性具备农业生产主体集聚化条件,乡村人居环境具备农业现代化生产的物质空间条件,以上三点特征强化并催生了以土地流转为主导的现代化农业发展改革途径。灌区乡村地域特征具备农业发展形式探索的前提条件,从资源角度看,耕地和技术相对成熟,从农业主体角度看,耕地规模集聚促使农业主体集聚,农业主体具备一定的发展愿望。当前灌区乡村发展的议题更多应集中在合理的资源投入方案和收益配置方案,其中资源投入方案是发展初期的重要突破口。

6.2.2　乡村建设发展

1)　乡村产业

灌区乡村主导产业为农业、畜牧业,随着科学技术的发展和交通运输条件的改善,土地规模化经营和新型经营主体的出现,传统农业与畜牧业正在发生变化。第一,土地耕作条件变化,通过土地整治和高标准农田建设,灌区耕地质量和设施配套提升,为发展现代农业和土地规模化经营创造了条件,农业资源规模化具备一定雏形。第二,经营模式变化,从传统分散个体经营向现代集体协作经营模式转变,农业主体呈现集聚化趋势。第三,种养品种与质量变化,种植技术经历了从单一种植、粗放生产向集约化、标准化生产转变,牲畜良种普及率提高,农产品品类和质量的提升彰显了土地流转过程中农业技术普及化成果。第四,农业主体通过市场配置原则,从资源投入到效益产出形成良性循环,市场运作良好,收益配置趋于合理。

2)　乡村环境

灌区乡村经历了新农村规划、美丽乡村规划、十个全覆盖工程等一系列乡村建设活动,针对乡村普遍存在的"五乱"(垃圾乱堆、污水乱泼、柴草乱垛、棚圈乱搭、畜禽乱跑)现象,开展了以"村庄绿化、巷道硬化、庭院净化"为主要内容的整治活动,整修硬化乡村道路,并保持通畅;推行"户分类、村收集、镇转运、县(旗区)处理"的垃圾处置机制;在乡村周围、房前屋后、道路两侧大量植绿补绿,并派专人负责管护。通过集中整治,新农村新牧区示范点人居环境得到有效改善,切实解决了"脏、乱、差"的问题。

自上而下普遍推行的乡村建设受限于财力、人力客观因素和建设意识等主观因素,建设行为集中在环境整治层面,相比过去乡村环境质量有所提升。未来,乡村环境建设存在三个突破口,一是提升乡村建设内涵,乡村环境建设由物质环境向产业环境、人居环境转变;二是拓展乡村建设主体角色,建设主体由政府向村民转变,发挥村民的主观能动性;三是提出针对性的建设指导方法论,能够针对不同类型乡村进行可实施的精准途径。

3）乡村文化

河套地区文化底蕴深厚，文化活动较为丰富，传统的文化活动有二人台、扭秧歌、唱山曲等，但由于缺乏引导，乡村文化活动较为单一。随着新农村建设的推进，灌区乡村制定相应制度与措施，建设文化活动室与日常生活广场，设立文化墙、文化长廊、文化宣传栏等设施进行文化宣传，同时组织文化馆、图书馆、歌剧团、影剧院等公共文化服务单位深入乡村开展送演出、送图书、送电影、送文艺辅导等下乡工作，丰富了农民的日常生活，乡村文化建设有所提高。

乡村文化体现在乡村物质空间和文化活动中，物质空间包括农业生产空间、生活空间，农业生产空间受农耕新技术影响，逐渐发生变化，生活空间借助文化墙、小品设施等传承乡村文化，但缺乏内涵；村民参与自下而上的文化活动，但类型单一，政府引导的文化活动存在普遍性，但缺乏针对性。

4）乡村治理

灌区经过长期"三农"工作的实践，创新治理机制，根据自身特征，探索自身的乡村治理模式，主要通过自治、法治相结合的方式对乡村进行治理。自治方面，创建"微治理"模式，通过自治制度的建立，开展道德讲堂活动，引导村民移风易俗，树立文明乡风，通过制定规则、推选榜样的形式，总结推广一批好家风、好家训、好家规；法治方面，在乡镇、社区建设公共法律服务工作站，在中心村建立公共法律服务工作室。

在国家法律法规政策指导下，灌区更多依赖乡村社会自组织来约束村民行为，开展自下而上的乡村治理，积极调动村民主体意识，建立非城镇化区域以法律意识为基础的道德意识。

5）乡村生活水平

新型城镇化与新农村建设推进过程中，灌区对800多个乡村开展了危房改造、安全饮水、街巷硬化、基础设施配套等10项工程，公用设施、服务设施、住房质量与乡村环境得到明显改善，乡村生活水平的基础得到提升。此外，随着生产方式、交易方式多元化，种养殖规模化经营，农畜产品的产量与质量不断提高，乡村经济取得巨大发展,农民收入增长,城乡居民收入比逐步缩小。从 1949 年到 2017 年,灌区农民人均纯收入由 25 元提高到 15 704 元,提高了 628 倍,年均增长 10%,比全自治区平均水平高出 2 867 元。

　　乡村生活水平提升的前提是村民收入提高,在政府引导下的乡村改革,通过实施合理的收益配置方案,提高了灌区乡村农业主体经济收入,保障了乡村生活水平。

6.3　河套灌区乡村差异化特征

　　乡村差异化特征研究,是不同类型乡村针对性政策制定的前提条件。在地理环境特征、规模等级特征、产业结构特征和空间结构特征方面,我们通过河套灌区乡村调查数据分析发现,灌区内的乡村存在较大差异,故利用差异化对比对不同类型的乡村进行特征分析。充分考虑样本乡村的代表性和差异性原则,调查选取三个产业发展差异性明显的乡村,分别是以土地流转形式发展的联星村、以传统资源发展的王善村、以传统农耕发展的新兴村(表 6-4)。基本情况数据对比如表 6-5 所示。

表 6-4　河套灌区乡村差异化特征

所在县市	村庄名称	产业类型	地理环境	规模		空间结构		营建模式
				用地	人口	村域	村庄	
五原县	联星村	现代农业	平原台地	特大	特大	大集聚	结构式多中心多片	基于土地流转形式的新建乡村
	王善村	农业服务业	平原台地	中	中	小集聚	结构式单中心单片	基于传统资源开发的自然乡村
	新兴村	传统农业	平原台地	中	中	小集聚	结构式单中心单片	基于传统农业发展的传统乡村

表 6-5　调查村落基本情况信息表

基本情况	联星村	王善村	新兴村
户数(户)	457	146	166
人口(人)	1 352	515	699
村落数(个)	4	2	3

（续表）

基本情况	联星村	王善村	新兴村
耕地面积（亩）	32 000	6 000	15 000
总建设用地面积（亩）	783	625	710
土地流转面积（亩）	20 000	4 000	—
土地收入（元/亩）	600(不包括隐性收入)	1 000	300
平均耕地面积（亩/人）	30	10	20
住房面积（平方米）	90	150	65
平均宅基地面积（平方米）	465	1 000	900

　　对比要素选取地理环境模块中的自然要素、区位条件等，规模等级模块中人口数量等，产业结构模块中的资源现状、发展阶段等，空间结构模块中的集聚性等，将差异化特征对比落实在 SWOT 分析上，探讨不同类型乡村发展途径（表 6-6）。

表 6-6　调查村落 SWOT 分析

	联星村	王善村	新兴村
优势	① 基础设施完善 ② 区位条件较好 ③ 有较强农业发展基础 ④ 特大型人口规模，集聚性较好 ⑤ 建筑质量较好，整体风格突出，内部环境优美 ⑥ 土地流转政策支持	① 区位优势明显，交通便利 ② 历史文化深厚 ③ 河套地区传统建筑较多，地域特色强 ④ 周边旅游资源较多，客源市场好 ⑤ 乡村旅游政策支持	有一定历史，传统建筑保留较多，具有地域特色
劣势	① 周边无其他资源 ② 历史文化资源较少 ③ 无地域特色	① 基础设施不完善 ② 无较强产业支撑 ③ 房屋质量较差	① 区位条件差，交通不便利 ② 基础设施落后 ③ 水利设施老旧，灌溉不便利，农业发展滞后 ④ 无其他产业 ⑤ 房屋质量较差
机遇	① 乡村产业发展政策支持 ② 清洁产业发展政策支持 ③ 乡村环境优美，且具有特色，可发展旅游	① 乡村产业发展政策支持 ② 周边旅游、休闲设施稳步发展 ③ 当地传统建筑较多，可发展旅游服务	国家对传统村落的保护，对传统村落发展的支持
挑战	① 目前产业发展瓶颈 ② 年轻人较少，老年人较多	① 主观发展意识薄弱 ② 旅游市场发展瓶颈	① 居住环境 ② 乡村空心化，老龄化严重

　　通过对比要素的整理分析，受各乡村区位、交通条件、资源禀赋、人文要素及政策扶持力度的影响，乡村差异化明显。通过土地流转形式发展乡村，就地城镇化率高，人居环境建设相对较好，目前需要解决的问题，一是处理好产业发展与

市场的关系；二是拓展土地流转形式，针对不同乡村资源属性，采取不同的土地流转形式，借助土地流转发展乡村经济。基于传统资源开发的自然乡村，借助乡村旅游空间建设，环境有所提升，开发项目集中于民俗观光、民俗体验、农事博物馆建设等，农业主体对资源预判和市场把控不足，是该类乡村发展的瓶颈。基于传统农业发展的乡村，受区位和自然资源条件制约，在乡村发展途径上，需要更深入的资源挖掘和市场拓展，以形成乡村良性发展。

受地形地貌、区位条件、空间集聚性、农业主体主观意识的影响，灌区乡村形成了经济规模上梯度分布、地理空间上不均匀分布、人居环境上差异化分布的特征，特定地区以土地流转的形式进行乡村人居环境建设取得一定成果，其他乡村应发挥优势，积极探讨适宜的发展路径。

6.4　河套灌区乡村典型案例——联星村

6.4.1　联星村基础环境条件概述

联星村是河套灌区典型村落，以土地流转的形式将四个自然村集中安置。农业主体将土地以每年每亩 600 元的价格流转给合作社，由合作社统一对土地进行经营管理，乡村土地资源有效利用的同时增加了农民的收入。目前合作社将一部分土地出租给企业，一部分进行规模化种植，一部分转包给农业大户，还有部分置换为乡村建设用地。目前，乡村处于单一产业向现代农业、水利观光、乡村旅游综合产业转变，形成以土地流转形式带动乡村产业发展的示范乡村，2016 年被评为"中国最美村镇"。

1）区位条件

五原县地处河套平原腹地，北依阴山，南邻黄河，东到乌拉特前旗，西与临河区相邻，总面积 2 544 平方千米，约占河套灌区总面积的 1/4（图 6 - 7）。全县共辖 9 个乡镇，1 个农场，117 个行政村，782 个村小组，总人口为 30 万人，其中农业人口为 20 万人，拥有耕地 230 万亩，农民人均耕地 11.5 亩，是典型的农业大县。境内渠网密布，有多条灌区的干渠和干沟从县域穿过，为农业灌溉提供了良好的条件,每年引黄河水 10 亿立方米自流灌溉。

　　隆兴昌镇位于河套平原腹地,是五原县政治、经济、文化中心,县政府所在地,东与五原县胜丰镇、和胜乡接壤,西接五原县新公中镇,南与五原县套海镇、胜丰镇接壤,北靠乌拉特中旗乌加河镇、德岭山镇(图 6-8)。下辖 24 个村,12 个社区居委会,总人口为 12.3 万人,有蒙、汉、回、满、朝鲜等 8 个民族。地域面积为 370.9 平方千米,其中镇区面积为 12.7 平方千米,耕地面积为 36.7 万亩。境内地势平坦,土地肥沃,水网密布,河套灌区的多条干渠为其提供了充足的灌溉水源,是典型的河套灌区城镇。

　　联星村位于五原县隆兴昌镇北部,北隔乌加河(河套灌区总排干)与乌拉特中旗相邻,南距五原县城区 9 千米,交通便利,地势平坦,土地肥沃,渠道纵横,灌溉便利,是典型的平原村(图 6-8)。

 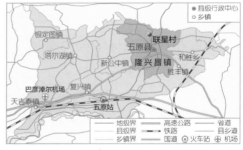

图 6-7　五原县区位图　　　　　　图 6-8　隆兴昌镇、联星村区位图
　　　　　　　　　　　　　　　　　资料来源:根据《五原县隆兴昌镇城市总体规划
　　　　　　　　　　　　　　　　　(2014—2030)》整理绘制。

2) 基本属性

表 6-7　联星村基本属性

	宏观区位	中观区位	地形因素	区域发达	村庄发达	农业类型	非农类型	主要民族	历史文化	人口流动	村庄规模	居住类型
联星村	西部	城郊村	平原	中等	发达	种植业	新型	汉族	非传统村落	流出型	较大村	集中居住

　　联星村是土地流转后集中建设的居民点,区位条件、耕地属性、村落集聚性、人口规模、资金技术与政策等满足农业主体集聚化、农业资源规模化、农业科技普及化、收益配置合理化要求,形成了良好的土地流转产业链条,耕地作为资源投入到农业生

产中,农业主体中部分劳动力剩余,出现转移现象,人口流动呈现流出型特征。

3) 人口与用地

　　联星村整合同联村二、三、六社和五星村四社(图 6 - 9),共有居民 457 户,总人口为 1 352 人,其中常住 300 多户,900 人左右,无外来人口。联星村现有住宅建设用地 783 亩,耕地 32 000 亩,其中包括 20 亩集体用地和 800 亩林地,人均耕地面积为 23.7 亩。目前已有 20 000 亩土地进行了流转,占所有耕地的 62.5%。部分流转土地在企业合作社主导下,形成规模化养殖、光伏发电、饲草料种植等闭合产业链条;以农民为主导的合作社大机械农业科技逐渐普及;主要种植经济作物。未流转土地由村民自种,以传统种植和小机械耕作为主。

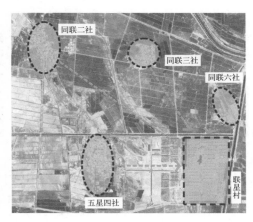

图 6 - 9　联星村与旧村关系图

4) 经济产业

　　联星村流转出的 20 000 亩土地有一部分继续进行规模化种植,主要种植玉米和草苜蓿,分别为 3 000 亩和 4 000 亩。未流转的 12 000 亩土地主要种植葵花、小麦、番茄等。流转土地的租金每年按每亩 600 元的价格支付给村民。养殖产业方面,建成 10 万只奶山羊规模化养殖园区,养殖奶山羊 2 万多只(图 6 - 10)。

图 6 - 10　联星村的农业与畜牧业

　　第二产业发展依托企业合作社,以农畜产品加工和太阳能发电为主。农畜产品方面,以天然羊奶加工为主,如酸奶、羊奶粉、奶茶粉、羊奶糕点等,并通过物流销往全国。太阳能发电方面,建设清洁能源输出基地,已建设 50 兆瓦光伏发电设备(年发电量可达 8 500 万度),目前已有 30% 投入使用,剩余 70% 正协调并网,如果全部投入使用,平均每年每位村民可增收 2 万~3 万元(图 6-11)。

图 6-11　联星村的乳业与光伏发电

　　日常生活服务方面,商业服务集中分散式布局,核心区建设美食商业街,商业店铺有 72 间,以商品零售与餐饮娱乐为主。乡村旅游方面,以奶山羊养殖文化陈列室、美食商业街、乡村活动体验、周期性文化交流活动为主导(图 6-12)。

图 6-12　联星村的商业与观光养殖

　　联星村经济产业发展途径相对合理,三次产业发展方向准确,合理的资源配置方案能够保障乡村发展预期成果,社会效益明显。在目前的发展基础上,联星村需优化三次产业与市场的耦合关系,第一产业规模化养殖后,积极挖掘市场,匹配生产与销售的关系;第二产业完善产品销售渠道拓展,尤其是光伏产品的并网渠道;第三产业优化旅游资源,建立差异化游憩体系,保障旅游市场稳定。

5) 乡村风貌

乡村经过统一的规划决策建设而成,结构清晰,布局紧凑,道路体系完善,公共空间适宜。格局上保留原有乡村风貌肌理,村民住宅摒弃城市小区布局形式,以联排式住宅形成街巷。住宅建筑均为一层,院落尺度结合光伏产业,形成了鲜明的乡村与工业结合的特色风貌(图6-13)。但建筑采用徽派建筑风格,在地域性上缺乏思考。

图6-13　联星村风貌

6.4.2　联星村社会基础环境特征

1) 社会关系

乡村社会关系是维系乡村健康发展的主要因素,也是乡村典型特征。联星村是新建村落,由四个自然村组合而成,与传统的村落有着相同的社会关系网络,是以血缘关系为纽带、宗法观念为核心的传统宗族社会,为典型的"熟人社会"。村民平时来往密切,这种社会关系也在一定程度上影响了空间布局。新村落建成时,采用了以旧有住宅置换新房、面积等量置换的做法,原有邻里关系需重新建立,在一定时期内,社会关系处于磨合重组阶段,短时间内给村民交往造成困扰,再社会化时期的社会关系是未来一段时间内联星村需要面临的问题。

2) 人口结构与流动

受土地流转的影响,联星村劳动力从第一产业中分离出来,出现劳动力剩余、人口向外转移现象,人口流动数量约占全村总人口三分之一。人口转移目的地分三个圈层,第一圈层是周边地区,包括隆兴昌镇、巴彦淖尔市;第二圈层是呼包鄂地区;第三圈层是自治区外。村内中老年人居多,年轻人较少,乡村劳动力以中老年人为主,乡村产业在现有架构基础上,通过市场拓展,产业源头劳动力需求自然会上升,外流的青壮年劳动力将会逐渐回流。目前,联星村在拓展第一产业、第二产业市场的同时,积极梳理第三产业发展思路,产业链条延展,就业岗位增加,以吸引部分年轻人回乡创业,使人口结构趋于合理。

3)生活状态

联星村村民受土地流转的影响,生活状态和身份发生较大转变。按照土地流转耕地的比例进行划分,村民主要分为三类:第一类为土地全部流转的农民,该类村民家庭年收入有保障,同时在联星村产业拓展未达到理想状态之前,可外出务工,提高家庭收入,生活状态相对稳定。第二类为土地部分流转的村民,保留耕地继续耕作,农闲时务工。第三类是没有进行土地流转的村民,保持原有生活状态。通过对比可得,第一类村民生活状态转变较大,基本脱离农业生产,较多从事其他产业,就业意向相对灵活;第二、第三类村民转变较小,大部分还继续从事农业耕作,农闲时务工,就业意向相对单一。

6.4.3 联星村乡村生活空间布局

1)居民点布局

联星村分为新村与旧村两部分,旧村分为四个居民点,分布在新村的北侧与西侧,乡村形态不规则,内部布局较为混乱,道路不成系统。新村的格局与旧村截然不同,乡村形态规则,有明确的边界,内部布局规整;道路采用棋盘式,有明确的中心;结构完善,景观风貌丰富。新村相对旧村最大的优点是节约用地资源。旧村除少数畜牧养殖户开展养殖外,大部分处于荒废状态(新村产业空间与生活空间分离,生活空间未设置生产场地),对旧村建成区的利用是联星村需要面对的问题。旧村保留了河套地区传统的院落形式和建筑,开发旅游与配套服务是旧村改造利用的途径。

2)院落形式与住房

村内共有住宅院落 457 套,住宅是统一建设的标准化户型,分为 A、B、C、D四种,其中 A 类房 112 平方米,B 类房 96 平方米,C 类房 88 平方米,D 类房 48 平方米,由村民按照原有住房面积和质量等级置换而来。建筑结构为砖混结构。建筑由坡屋顶、白墙灰瓦、马头墙元素构成徽派风格,与地域风貌有差异(图6-14)。住宅建筑吸取河套传统住宅优点,将厨房、储物室、卫生间等生活辅助空间放到北侧,形成保温空间(图6-15)。

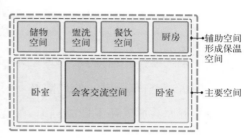

图 6-14　联星村实景图　　　　　图 6-15　联星村住宅模式图

　　院落空间分两种,面积分别为504平方米、252平方米,长度相同,宽度不同,保持街巷空间完整。院落空间由硬化铺装和园地组成,硬化面积较小,占整个院落的七分之一,园地安装有太阳能电池板,电池板下种菜,空间得以有效利用(图6-16)。

图 6-16　联星村院落布局与实景图
图片来源:《联星村村庄规划》(右上图)。

相比传统河套院落形式,联星村院落内未设置牲畜饲养空间(土地流转家庭不从事农业生产,不需饲养牲畜),结合光伏发电,形成了新的院落格局,功能划分明确。

3)基础设施

给水、排水、供电、供暖、网络、环卫等设施统一规划建设,有完善的基础设施管廊(表6-8);道路系统分主干路、次干路、宅间小路三级路网结构,总长度12.9千米,设有停车位460个,满足停车需求;供水系统与县城供水管网直接相连,由县里统一供水;村内设有污水处理厂,处理生活污水,净化的污水用作绿化灌溉和造景用水;乡村东部设一处供热站,采用枝状管网布置形式实施集中供热;环卫设施与五原县形成环卫设施网络,配建垃圾转运站一个,垃圾回收车一台,垃圾箱实现全覆盖,配备5名环卫工人,保证环境整洁。在灌区乡村中,基础设施如此完善的乡村并不多见,土地流转为联星村提供了良好的物质空间。

表6-8　联星村基础设施配置基本情况

	给水设施	电力设施	道路交通	环卫设施	燃气设施	污水设施	雨水设施	防灾设施	供暖设施
新村	√	√	√	√	×	√	√	√	√
旧村	√	√	√	×	×	×	×	×	×

4)服务设施

服务设施配套上,充分考虑村民日益增长的物质文化需求,配建了完善的公共服务设施(表6-9),统一布置在乡村中心位置,方便使用。卫生室具备乡村医疗服务能力;老年活动中心、体育运动场所、图书馆大大丰富了村民业余文化生活;幼儿园对接五原县学前教育,教育设施完善,服务能力覆盖联星村及周边乡村(图6-17);商业服务满足村民日常需求。随着乡村社会老龄化加剧,养老问题越来越突出,需强化养老设施建设。

表6-9　联星村公共服务设施配置基本情况

	幼儿园	小学	卫生室	图书馆	商业零售设施	老年活动中心	养老设施	公交车
新村	√	×	√	√	√	√	×	×
旧村	×	×	×	√	×	×	×	×

图 6-17　联星村及周边乡村服务配套设施

5）公共空间与景观绿化

图 6-18　联星村景观结构图

　　联星村主要公共空间集中了商业服务空间、公共服务空间和景观绿化空间，位于乡村中心位置。次要公共空间分布于各组团内，公共空间由三条景观轴线连接（图 6-18）。

　　联星村具有独特的自然环境背景，所处河套平原，地势平坦，气候宜人，北侧距离阴山 13 千米，为村落提供了良好的生态环境。周边区域大片农田景观，棋盘状农田网络结合纵横交错的水渠，形成了独特的河套灌区乡村风光。乡村三面环水，与中心公共空间水系相互呼应，共同构成乡村的水系景观。建成区绿化率达 65％（图 6-19）。乡村景观是与城市景观明显不同的景观形态，除了保持乡土空间以外，乡村文化生活的原真性是彰显乡村景观风貌的

图 6-19　联星村绿化

重要非物质因素。

6.4.4　联星村乡村生产空间布局

　　联星村生产空间划分建立在土地流转后的产业布局基础之上，企业合作社主要产业为光伏发电、畜牧业生产、农业生产，产业空间主要分为农业生产空间、畜牧业生产空间以及光伏产业生产空间（图6－20）。农业生产空间分布于乡村西、南、北三个方向，主要是村民流转后的耕地。畜牧业生产空间位于乡村西侧，占地1 400亩，养殖奶山羊20 000只，由羊舍、自动化挤奶车间、办公区和示范区组成。光伏生产空间分为两部分，一部分位于乡村居住区，结合村民的住宅，利用屋顶与院落园地空间设置光伏电池板；另一部分位于畜牧业生产空间，光伏电池板下空间开展畜牧养殖，这种方式保护环境又节约土地（图6－21）。

图6-20　联星村生产空间关系图

图6-21　联星村光伏发电与规模化养殖

6.5　河套灌区乡村发展途径探讨

　　当农业发展进入生产瓶颈时，破除生产瓶颈就要从农业主体、农业资源、农业技术、收益配置等方面进行改革式探索。河套灌区乡村在农业资源整合方面顺应历史发展潮流，积极探索以土地流转为主要形式的乡村发展路径，像联星村这样满足前提条件的乡村对农业发展方向相对敏感，进行了耕地利用方式的实践探索，取得了切实可行的经验。联星村作为河套灌区典型农业发展型乡村，资源投入方案整合了农业主体、农业资源和农业技术。其中，农业主体集聚特征保

障了农业资源规模化,政府或企业引导保证农业技术普及化、科技化,完成了以
耕地为主要要素的资源投入,在收益配置方案上积极探索,寻求平衡点。

　　政府与企业主导的农业合作社,建立在政府对乡村发展的敏感性和企业的
先进技术决策基础上,基于土地流转模式的联星村通过多方资源整合,在村民物
质文化生活需求、企业经济效益、政府乡村社会发展三方诉求上找到了平衡点,
反映在经济产业上,联星村第一产业拓展,涉农工业突破,第三产业提升达到预
期成果(图 6 - 22)。

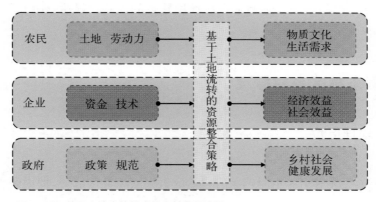

图 6 - 22 基于土地流转模式的乡村发展途径

第7章 内蒙古蒙东林区
乡村人居环境

本章论述蒙东林区地域特征与乡村的基本情况,通过典型案例太平林场(太平川与太平村)详细阐述了林业型乡村的人居环境特征,呈现了蒙东林区林业型乡村在林区生态治理政策影响下人居环境建设的现状。最后,探讨了蒙东林区乡村发展途径。

7.1 蒙东林区乡村概况

7.1.1 地理区位

本书中,蒙东林区指的是内蒙古自治区大兴安岭林区部分,即内蒙古大兴安岭林区。内蒙古大兴安岭林区指的是分布于大兴安岭的天然森林和社区林业,是我国最大的集中连片的国有林区。它东连黑龙江,西接呼伦贝尔大草原,位于呼伦贝尔草原北端,与俄罗斯、蒙古国接壤,边境线长 440 千米;地处寒温带气候区,全年平均气温为−3℃左右,近年最低气温为−52℃。南北长 696 千米,东西宽 384 千米,呈不规则长方形,地跨呼伦贝尔市和兴安盟地区[90]。内蒙古大兴安岭重点国有林区是我国四大国有林区之一,下辖 19 个林业局,林业主体生态功能区总面积达 10.67 万平方千米,占整个大兴安岭的 46%;森林面积达 8.17 万平方千米,现 70%的森林被列为国家重点、一般公益林,实行全封闭保护和限制性开发。

7.1.2 经济产业

自 1952 年建立以来,大兴安岭林区一直是全国重要的木材生产基地。经过多年的开发建设,在可持续发展理念的指导下,林区已形成经营林、林产工业、林业旅游、自组织生产等多种经营为一体的特大型森林产业组织,兼有林政资源、防火、技术监督等行政管理职能和医疗卫生、公安、教育等社会职能。森林工业管理局在初期就形成了林业行政事业管理和企业经营兼容的政企合一模式雏形。

　　1998 年国家天然林资源保护工程实施[91],该地区经济产业发展成为以林业为主,同时开发旅游产业、林下经济的综合模式,在不破坏当地自然资源的前提下,进一步提高了地区的经济发展水平及居民收入水平。林区居民将森林产业作为主要经济来源,部分农业生产条件较好的乡村,传统农业收入也十分重要。林区地势起伏大,适合种植农作物的耕地区域少,当地从事农业种植的村民的人均耕地面积远远小于内蒙古人均耕地面积平均水平。为了提高乡村居民人均收入,林业型乡村农业生产模式已经从传统的家庭承包生产模式转变为生产队生产模式,集中进行农业现代化集体生产,现代机械化农业产业在林区农业地区得到推广。

7.1.3　历史进程

　　内蒙古大兴安岭林区早在清朝就已被开发,其历史演变过程如图 7-1 所示。大兴安岭地区气候高寒,开发成本高昂,而南方林区木材充足、便于运输,使得大兴安岭林区没有被大规模开发,主要以当地居民、流人采伐、开矿为主。2015 年之前,内蒙古大兴安岭林区的管理机构为内蒙古森工集团(林业管理局)[92]。

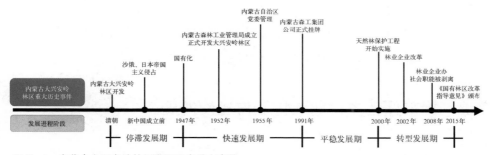

图 7-1　内蒙古大兴安岭林区发展历史重大事件

　　林业曾经是东北地区国民经济收入的重要来源,且大批林业职工以此为生。随着国家对生态环境保护要求的提高,以原材料生产为主的林业经济逐渐衰退,而在林业经济效益逐渐减少的同时,大面积的生态林区需要人工养护,企业内部的供需关系失衡,使得林区人口总体呈下降趋势。

7.1.4　林区治理与乡村体系变迁

由于国家对林业资源进行管控,地方发展受国家宏观政策影响较大。内蒙古大兴安岭是我国最大的防护林保育区,随着国家的经济发展、产业转型及生态建设,该地区林业发展从原来国民经济支柱产业向生态防护职能转变,经历了从"靠山吃饭"转变为"养山护山"的发展过程。政策的改变直接作用于居民生产活动,对部分居民来说,原有维持生计的林木产业不能继续保证或满足现实生活需求,其稳定的生活状态开始瓦解,空间需求也从基本生活空间转变为提供新经济来源的生活与新产业复合空间。

2008 年以前,林区社会管理主体及管理结构与传统乡村具有较大差异。林业型乡村的基层组织为林场,不同于传统乡村以村委会等政府机构为基层组织,林场由森工集团直接管理,与传统管理组织仅承担乡村社会行政、管理职能不同,森工集团作为国有企业,同时承担了企业管理职能和乡村社会行政、管理职能(图 7 - 2)。企业不仅长期为职工发放工资,同时还承担着"两供一业"的社会职能。也因为企业不堪重负、管理体系不完善,林区民生问题极为突出,特别是在乡村地区的基础设施供给上,林业型乡村的供给水平远远低于自治区平均水平。2008 年,国家为缓解森工集团职能压力,要求企业剥离社会管理与公共服务职能,行政管理权移交地方政府[93]。2015 年,内蒙古大兴安岭林业管理局(即内蒙古森工集团)撤销,组建自治区人民政府直属的内蒙古大兴安岭重点国有林管理局,其治理体系随着国家生态政策逐渐改变。

7.2　蒙东林区乡村地域特征与建设发展

7.2.1　地域特征

1)　自然生态环境决定空间发展模式

大兴安岭乡村是典型林业型乡村,与内蒙古广大的草原和沙漠地区的乡村自然环境呈现较大差异。林区主要以起伏的山脉与连绵的林木为主,乡村

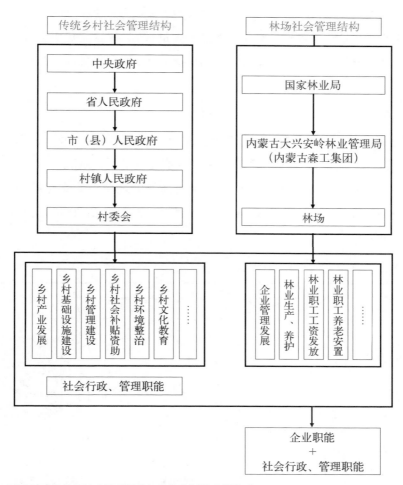

图7-2　林场社会管理结构与传统乡村管理制度对比

以良好的自然生态环境作为发展本底。林业型乡村自然生态环境优势突出，大面积林木中间隔分布农业种植区，自然与人工生态环境共同呈现林业型乡村环境的生态性、自然性和地域性特征，乡村环境建设发展主要以生态型空间发展模式为主。

2) 乡村人居环境基本特征

（1）旅游产业推动乡村空间建设

林业转制后林区停止大规模的木材交易，增强对森林资源的保护，经济收入水平提高出现瓶颈。为了既实现生态环境保护，又提高居民收入水平，林业型乡村开始充分利用自然环境优势,将生态旅游服务作为转型后的乡村主导产业。良好、自然的生态环境为林业型乡村吸引了大量游客,各林区基层管理组织及自组织社区通过创新旅游服务,提高公共和生活收入,进而反哺乡村各项基础设施建设。

（2）地域民族文化主导乡村空间特色

林场地区分布有数量较少,以"森林民族""狩猎民族"著称的鄂温克族、鄂伦春族、达斡尔族聚居区及俄罗斯族聚居区[94],明显区别于汉族或蒙古族为主的民族构成。特殊的民族结构体现了林业型乡村独特的地域民族文化特征,在融合多元文化基础上,聚集空间传达着地域特有的文化精神价值,促进了民族地区文化空间发展（表7-1）。

表7-1　林区不同文化体系下的民居形式

民族乡村聚落分布区域	主要特点	民居院落平面图	民居住宅平面图	民居外观
鄂伦春族	游猎民族的生产特点,使建筑形式简单、易拆卸,并以父系大家族为单位形成小聚落	建筑主体与自然和谐共建,没有具体的院落边界范围及固定模式	斜仁柱	
俄罗斯族	俄罗斯族与汉族建筑融合,以院落为单元呈"独门独院"特征,布局分散		木刻楞	
达斡尔族	主要从事农业,在定居传统的影响下,乡村聚落聚居而生		蔓子炕	

资料来源：根据齐卓彦等《森林文化体系下内蒙古呼伦贝尔少数民族传统民居》整理绘制。

在林区天然森林资源环境背景下,居民多采用当地易取的木材作为建设原材料,充分利用自然资源。建筑材料原始朴素,具有极强的地域适宜性和民族性。建筑材料虽趋同,但在民族文化背景和生产模式的影响下,各少数民族民居的院落模式、建筑形式、功能呈现明显的差异性。同时少数民族民居形式、建造方式在社会发展及民族融合的影响下不断发生冲突和融合,推进了民族地区建筑形式的发展。

7.2.2 乡村建设发展

1) 乡村建设情况

蒙东林区自然条件复杂,可达性弱,导致林业型乡村的基础设施建设水平落后于平原地区,长期以来,多数乡村基础设施不完善,居民生活质量低。2015 年起,林区进一步强化乡村基础设施建设,重点围绕乡村危房改造,通村道路、村内道路修建和硬化,水、电、通信等设施供给升级;乡村公共服务设施优化配置,改善了乡村人居环境条件,提高了乡村居民生活的舒适性与安居性(表 7 - 2)。

表 7 - 2 2015 年林业六局乡村基础建设情况

项目类别	项目内容			
改造类项目	危房改造	街巷硬化改造	饮水安全改造	电网升级改造
	投资 14 475 万元	投资 7 778.39 万元	投资 840 万元	投资 722 万元
	5 218 户	165 千米	—	1 895 人
设施配建类项目	电视接收设备	卫生室建设	文化活动室建设	便民超市建设
	投资 910.15 万元	投资 210 万元	投资 910.15 万元	投资 117.5 万元
	41 个	7 个	41 个	11 个
社会福利类项目	社会保障			
	80 周岁以上的老人均享受养老及医疗补助			

资料来源:根据《呼伦贝尔市统计年鉴(2016)》整理。

2) 乡村整治与保护

在推进城镇化进程中,乡村建设、发展、保护逐渐被关注。2017 年,第四批中国传统村落名录公布,内蒙古自治区列入中国传统村落名录的乡村达到 44 个,其中 10 个村落来自蒙东林区(表 7 - 3),这一地区成为内蒙古拥有传统村落数量最多的地区,凸显呼伦贝尔乡村地区的历史性和地域性。由于地处山林深处,受城市文化影响较小,乡村空间环境特色突出,三生空间模式充分体现出环境友好、产业突出、生活淳朴的特征。同时,在森林文化及民族特色作用下,乡村空间的历史价值与文化价值被不断发掘。在村庄整治和建设上,由于国家与地区政策的支持,传统村落的基础设施建设、维护的资金投入不断增加,乡村居民环境保护意识和生活认同感不断提高,乡村的自主建设发展水平进入新阶段,具有历史价值的建筑和地域营造特点的建造方式得以保护和传承,乡村传统风貌回归。

表 7 - 3 呼伦贝尔地区列入中国传统村落名录的村庄

第一批	第二批(2013 年)	第三批(2014 年)	第四批(2017 年)
无	额尔古纳市蒙兀室韦苏木**室韦村** 额尔古纳市奇乾乡**奇乾村** 额尔古纳市恩和俄罗斯族民族乡**恩和村**	额尔古纳市蒙兀室韦苏木**临江村**	额尔古纳市莫尔道嘎镇**太平村** 额尔古纳市三河回族乡**下护林村** 莫力达瓦达斡尔族自治旗腾克镇**腾克村** 牙克石市博克图镇**西沟经济合作管理委员会** 牙克石市免渡河镇**胜利村** 根河市敖鲁古雅乡**奥鲁古雅村**

7.3 蒙东林区乡村差异化特征

7.3.1 太平村与自兴村基本特点

样本乡村太平村和自兴村位于内蒙古自治区东部大兴安岭林区的额尔古纳市。林业型乡村具有良好的自然生态环境,差异性主要表现在营建方式、选址特征、空间结构等方面。营建过程呈现自下而上自然演化乡村居民点(如太平村)与集中新建、重建乡村居民点(如自兴村)并存状态。选址呈现"依自然"顺势而生与"近生产"临近新建并存特征,自然式乡村地理环境以丘陵地形为主。相对平原区新建乡村选址特点,自然式乡村更能体现林业型乡村的自然环境特征。空间结构呈现结构式单中心多片与结构式单中心单片并存形态。丘陵地区乡村受地形起伏影响较大,村庄的空间结构顺应地形呈分片式发展,乡村个体保持单中心多片的空间结构,形成林区特有的空间结构与乡土景观;平原地区的新建村落主要呈现单中心单片结构,是新建村落常见的一种空间结构(表 7 - 4)。

表 7 - 4　蒙东(额尔古纳市)林业型乡村差异化特征

样本乡村	产业类型	地理环境	规模		空间结构		空间模式
			用地	人口	村域	村庄	
太平村	林业 + 旅游	丘陵	特大	小	大集聚	结构式单中心多片	自然式
自兴村		平原	特大	小		结构式单中心单片	新建式

7.3.2　太平村与自兴村建设比较

乡村建设从乡村空间结构、设施配置、住房条件、环境卫生等方面进行比较分析,能够真实反映林业型乡村建设中存在的差异。

1) 空间结构

太平村是我国传统村落,具有较长的发展历史。最初的乡村结构为单中心单片,随着大兴安岭林区开发,从事林业生产的职工增加,在旧村的东南方向集中新建职工安置居民点,在空间结构上形成飞地式的多中心多片结构。随着旅游业发展,新、旧居民点间交通连接位置逐步形成旅游服务中心,并成为新、旧居民点间联系与发展的空间节点,整体空间布局相对分散,但功能相互依赖性较强,形成以旅游服务为核心的单中心多片空间结构特征。

自兴村作为完全新建的乡村,规划在地势平坦地区,地形环境不受限制,空间结构形成平原地区常见的单中心单片,集中形成方格网空间结构。

2) 设施配置

新建村落自兴村与传统村落太平村在公共服务设施的配置上存在着较大差异,相比太平村,自兴村的公共服务设施和基础设施配置更为齐全(表 7 - 5,表 7 - 6),且居民对设施使用的满意度①也高于太平村。年代较为久远的乡村在设施配置上与新建村庄存在着较大的差距,这也成为传统村落居民生活满意程度

---

① 满意度评分采用里克特五级量表的消极式陈述,对选择"很不满意"的赋值为 5,"满意"赋值为 1,即获得分值越小则代表满意度越高。

偏低、发展缓慢的重要原因之一。

表7-5　公共服务设施配备情况比较

样本乡村	图书馆	卫生室	娱乐活动中心	老年活动中心	公共活动空间	公交车
太平村	无	无	有	无	有	有
自兴村	有	有	有	无	有	有

表7-6　基础服务设施配备情况比较

样本乡村	自来水	电	电话	电视	燃料
太平村	有	无	无	有	柴火
自兴村	有	有	有	有	柴火、燃气、电

3) 住房条件与环境卫生

林业型乡村住房以传统木刻楞建筑为主。太平村的住宅面积和宅基地面积都远大于新建的自兴村,较大的宅基地面积为居民提供了蔬果种植、家禽饲养空间,院落空间形式符合乡村生产生活需求,较新建居民点更能适应居民生活。乡村住宅设施配置水平较低(表7-7),其中太平村的水、电供应不能保证居民日常使用,严重影响生产生活组织与整体人居环境满意度(图7-3,图7-4)。

表7-7　太平村与自兴村住房基本情况比较

样本乡村	住宅建筑面积 (平方米)	宅基地面积 (平方米)	空调	网络	水冲厕	洗浴	独立厨房
太平村	138	600	无	无	无	27%有	67%有
自兴村	58	180	无	无	无	无	40%有

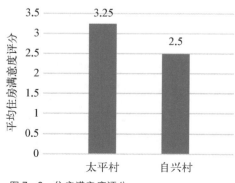

图7-3　住房满意度评分

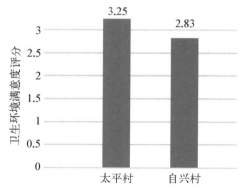

图7-4　卫生环境满意度评分

　　调查过程中,林业型乡村居民的卫生环境满意度均处于中等偏下水平,污水排放是影响乡村卫生环境的主要因素之一。由于自兴村建成时间较短,设施使用和交通出行相对便捷,居民的满意程度略高于太平村。

　　居民普遍认为乡村卫生环境较之前有较大改善,这与设施投入(表7-8)及乡村居民环境保护素质提高有直接关系。太平村的乡村卫生环境清理与维护工作主要由林场职工完成,依旧延续了林业型乡村职工的社会职能。自兴村由于运营不完善,居民数量较少,卫生环境维护相对简单。太平村近几年旅游业发展较好,随着游客量的不断增多,餐饮和住宿需求不断增长,给乡村卫生环境的维护带来挑战,也成为太平村卫生环境满意度较低的主要原因之一。

表 7-8　环境卫生设施配备情况

样本乡村	污水设施	垃圾收集设施
太平村	无	有
自兴村	无	有

7.4　蒙东林区乡村典型案例——莫尔道嘎镇太平林场

7.4.1　基础环境条件概述

1) 区位条件

　　莫尔道嘎镇位于大兴安岭西北麓,隶属额尔古纳市,与俄罗斯隔额尔古纳河相望,属中低丘陵地形,具有丰富的森林资源。莫尔道嘎镇是以森林产业为主的林业型乡镇,区域内林地面积为 64 万公顷,森林覆盖率为 93.2%,属山区型边境林业镇区。

　　太平林场位于莫尔道嘎镇区西北(图 7-5),距莫尔道嘎镇 51.2 千米,西邻额尔古纳河,是远离城市建成区的林业山区村落,由太平川和太平村两个居民点组成,太平川为原始村落,太平村为新建部分。2016 年,太平村获"中国传统村落"称号。

图 7 - 5　太平林场区位

2）基本属性

　　太平林场村落选址依山傍水，依据丘陵地形，在靠近水源、地势平坦区域建设居民点（表 7 - 9）。空间布局为沿道路两侧平坦地区呈线性分布，太平川和太平村居民点相对独立，由道路连接（图 7 - 6，图 7 - 7）。村庄外围地区以丘陵林地为主，农业耕地依平坦地势间隔分布于林地、丘陵之间（图 7 - 8）。由于生产生活需求的特殊性，住宅多为独立围合院落，院落之间存在一定空间距离，以保证足够私人生产、生活空间。村庄建筑整体布局松散，但规则性较强（图 7 - 9）。

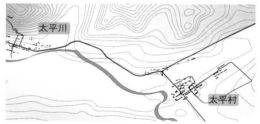

图 7 - 6　太平川和太平村居民点布局图

图 7 - 7　太平村村口处整体地形环境

表 7 - 9　太平林场基本属性表

村名	宏观区位	中观区位	地形因素	区域发达度	村庄发达度	农业类型	非农类型	主要民族	历史文化	人口流动	村庄规模	居住类型
太平村（川）	东部	偏远村	山区	中等	中等	林业	专业服务型	汉族	太平村被列入中国传统村落名录	流出型	小村	集中居住

3）人口与用地

　　太平林场面积为 53 416 亩，建成区用地规模为 200 亩，常住人口为 100 人，共计 50 户。由于太平村及太平川原属国有林场，居民以林场职工为主，职

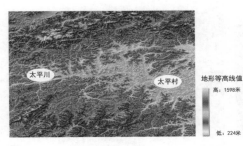

图 7-8　太平林场高程分析图　　　　　　　　图 7-9　太平林场基本布局鸟瞰
资料来源:《莫尔道嘎镇总体城市规划》。

工户籍为城镇户口。随着国有林场改制及国家天然林资源保护工程的实施,伐木工程在莫尔道嘎林区全部停止,大量职工从村庄搬至城区,乡村现有空置用房为 40～50 户。太平林场是为职工工作生活集中建设的居民点,现村庄内大部分居民依然为林场职工,由林场直接管理,不设村委会。由于人口流动,现村庄内还居住着一些外来居民,这些居民由村镇派出所直接管理。

4）经济产业

天保工程实施之前,太平林场居民以伐木为主,森林采伐为该村主导产业。随着天保工程的实施,林场职工的工作性质由采伐转变为森林防护、检测,林业已经不能支撑该村庄正常运行。2010 年,太平林场在林业局引导下进行产业转型,借大兴安岭优质的环境资源及特殊的民族风俗文化发展旅游产业(图 7-10,图 7-11),村庄主导产业转变为旅游服务业、森林管护、特色种植、养殖业。

5）乡村风貌

村庄整体呈自然分布形态,依山傍水,以自由散落的院落为居民点基本模式,依据道路和地形自然分布,院落大小不一,整体村庄布局疏密有序。木刻楞建筑、独立院落、农家田园、天然草地林地(图 7-12,图 7-13)充分体现了林业型乡村的独特风貌。

图7-10　太平林场传统木屋

图7-11　太平林场旅游接待处

图7-12　太平林场整体风貌

图7-13　太平林场木刻楞建筑

7.4.2　社会基础环境特征

1）社会关系

太平林场原为早期集中建设的单位职工居民点，其血缘、亲缘关系弱，人际网络主要以地缘为基础。早期迁居来俄罗斯族群体，使得村庄中具有三、四代血统的俄罗斯族居民，其文化习俗、精神信仰、日常生活呈现一定的俄罗斯风情特征。

2）人口结构与流动

受村庄就业岗位、林木资源开发限制，太平林场人口流失现象严重，但伴随林业资源的转型开发与林下资源的充分利用，发展旅游业成为自然资源开发的有效抓手。经济变化机遇和发展潜力逐渐被年轻人发掘，青年人逐渐成为旅游旺季乡村旅游服务业从业者，中老年人也从森林采伐业中被解放出来，成为林下产业的主要从业者。产业转型为年轻人提供了创业平台,为中老年人提供了再就业途径。总体来讲,人口结构向平衡方向发展,但人口流动性受季节影响依然较大。

太平林场人口流动呈现两个显著特征。其一,存在外出务工的中青年人流动(夏季返回)现象。随着当地旅游业的发展,太平村居民经济来源不仅仅依靠工资,逐步开放的旅游市场,激活了当地的经济,丰富了产业结构。外出的年轻人看到家乡经济发展变化,逐渐有了返乡意愿,一般冬天多在外从事工作,旅游旺季(一般为 6—8 月)返回家乡从事旅游服务。受旅游业周期性和不稳定性的影响,中青年人的流动性依然较大,流动特征与乡村自身的拉力和外部市场的拉力有着重要关系。其二,存在留守林场的中老年人流动(冬季离开)现象。该类人口流动现象与林场的工作性质及冬季时长有关,流动特征具有地域特殊性。受气候条件、职工兼业、乡土情结的影响,太平村的人口流动呈现"冬季无人、夏季返乡"的"城镇—乡村钟摆迁居"现象。

3) 生活状态

居民生活主要呈现冬、夏两种状态,夏季人群活动丰富多彩,旅游产业活力较强。林下野生资源采摘、梅花鹿养殖,为居民提供了良好的生活保障和经济来源,居民日常生活闲适。与旅游业相关的民宿产业方兴未艾,但受基础设施建设的限制,发展相对迟缓。冬季人活力锐减,除少数养殖业者,多数居民返回莫尔道嘎镇或拉布大林镇生活。

7.4.3　生产生活空间布局

1) 居民点布局

居民生产生活空间不断变化,其实质是居民的空间供给变化。微观上,从乡村居民空间供给可以看出居民空间供给与城镇化水平之间的关系[95]。太平林场空间规模持续扩大,具有更强的开放性。总体布局由原有乡村(太平川)和新建乡村(太平村)共同组成。受地形环境影响,居民点布局松散。两个生活聚居区均沿着河流两旁平缓地带建设。太平川保留原有村庄布局模式,沿道路呈线性自由布局;太平村为集中建设(图 7 - 14,图 7 - 15),呈集中组团式布局。

图 7-14 太平村村庄布局平面示意图   图 7-15 太平村居民点现状分布图

　　太平川保留了部分具有历史价值的百年老木屋,但维护不佳,结构稳定性较差,多数房屋出现了地基下陷、屋顶漏水等问题,影响居民正常使用。村庄内多数房屋由林业局在 20 世纪七八十年代集体建设,整体呈线性排布,部分住宅于 2016 年进行过整体修缮。太平村为新建村庄,建筑界面连续性强,有明显的序列感(表 7-10)。房屋多为传统民居木刻楞建筑,也有部分砖土建筑。宅基地面积为 500~4 000 平方米。

表 7-10 新旧乡村空间形态特征

乡村空间模式	主要特点	平面布局示意图	现状空间分布图
太平村 组团式布局结构	新建聚落空间,居民点在交通干道一侧呈组团式布局。院落单元布局松散		
太平川 线性布局结构	原始村落,空间沿对外交通干道线性排布,院落单元布局较为紧密		

资料来源:额尔古纳市规划局,由课题组整理绘制。

2) 院落形式

　　院落是生活居住的主要载体,由木栅栏围合成半开放或独立院落,居民住宅建筑与菜圃占院落空间 90%，还有少量储藏空间。部分养殖户由于生产与生活空间混合，院落空间划分出部分牲畜圈养区域（图 7-16）。院落对居民来说具有主体生活功能延续（为生活提供部分食品供给）和安全防御的职能，也是私人空间向村庄公共空间的过渡。新建院落相比传统院落占地面积要大，且彼此分离，院落空间呈线性展开，以求资源利用的最大化。

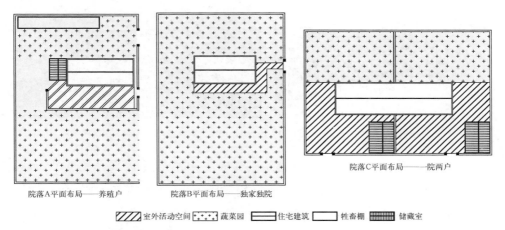

院落 A 平面布局——养殖户　　　　院落 B 平面布局——独家独院　　　院落 C 平面布局——院两户

▨ 室外活动空间　⁛ 蔬菜园　▭ 住宅建筑　▢ 牲畜棚　▤ 储藏室

图 7-16　太平林场院落平面布局示意图

3) 居住建筑

　　太平林场居住建筑主要为木刻楞建筑（图 7-17，图 7-18），以木材为主要建筑材料，属于"井干式"结构建筑。这是一种移植于俄罗斯传统民居的建筑形式，具有适应内蒙古东北部林区寒冷气候、取材方便的突出特点。从 17 世纪中叶开始，一定数量的俄罗斯人流放或迁徙到额尔古纳河流域，从事放牧、采金等生产活动[96]，木刻楞建筑在这个时期随之传入，并随着俄汉通婚，一代又一代的华俄后裔在额尔古纳河流域中国一侧定居，将这种具有异域特色的建筑形式保留在了中国[97]。太平林场是木刻楞原始状态保留最完善的乡村地区，当地的传统木刻楞建筑历史均在百年以上。当地俄罗斯族在继承传统木刻楞建造方式的同时，随着文化融合、地区特色以及技术发展，进一步改进了木刻楞建筑传统形式（表 7-11），当地形成了传统与新型木刻楞建筑形式共存的建筑群。如现代木刻楞形式将原来的"雨淋板"屋顶置换为轻型彩钢板屋顶，减轻了冬季屋顶积雪的压力，降低了屋顶的维护成本。这是根据地方气候特点进行的材料改进,有利于房屋安全。但木质"雨淋板"作为传统建筑中的重要部分,更换为彩钢板之后建筑的外观造型发生本质改变,不利于对传统建筑形制和风貌的保护。

图 7-17 太平林场村庄传统木刻楞建筑形式(一)   图 7-18 太平林场村庄传统木刻楞建筑形式(二)

　　为保证房屋的保暖效果,居住建筑进深较浅,以保证屋内采光充足,平面形式呈长方形。房屋南向开窗,北向仅开一扇通风小窗。住宅平面简单,功能相对独立,分为主要生活功能区、交通和辅助功能区以及储藏功能区三个分区,能够满足居民的日常生活需求(图 7-19,图 7-20)。

表 7-11 太平林场木刻楞建筑主要形式

木刻楞建筑	传统木刻楞	蝈蝈笼子
建造方式	选择长 10 米、直径为 20 厘米,顺直的原木,通过"木刻楞"工艺将 15～18 根原木垒叠在一起,形成房子的主体四壁。主体建筑中不需要铁钉子,木头之间的缝隙利用茅蒿进行填缝,增强建筑的保温性	在传统木刻楞基础上变形。在主体垒叠基础上,在房屋主体外层斜着钉上柳条或窄木条,甩上由黄泥和草搅拌的泥料,增强建筑的保温性。这种形式是汉族抹泥技术与俄罗斯木刻楞建造技术的结合
图示		

（续表）

木刻楞建筑	传统木刻楞	蝈蝈笼子
图示		

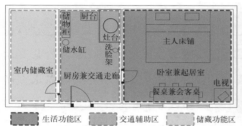

　生活功能区　　　交通辅助区　　　储藏功能区

图 7 - 19　太平林场住宅室内布局图　　　　　图 7 - 20　太平林场住宅室内图

4）基础设施

　　太平川位于山区，受地形和交通的影响，现基础设施配置不足。村庄供电以柴油机自主发电为主。2014 年，内蒙古东部电力有限公司在太平川配建风光互补分布式电源（图 7 - 21，图 7 - 22）。运营的过程中，由于缺少资金和后期管护，村庄只能采用白天阶段性供电、夜晚断电的方式，这严重影响了居民的生活，限

图 7 - 21　太平林场村庄内的光伏发电设备

图 7 - 22　太平林场村庄内的风力发电设备

制了村庄旅游业的发展。村庄供水设施差异较大,太平村配套完善,太平川自打地下水井;污水处理、排污与通信设施配置不完善,存在一定的污染与通信能力弱现象(表7-12)。

表7-12 太平林场基础设施配置基本情况

村庄	给水设施	电力设施	环卫设施	道路交通	燃气设施	污水设施	雨水设施	防灾设施
太平村	√	√	√	√	×	×	×	√
太平川	×	×	√	√	×	×	×	

5)公共服务与公共空间

公共服务设施配置不完善,村庄仅配套简易商店和小规模公共活动场所,没有卫生室、幼儿园、图书室、老年活动中心等公共服务设施(表7-13)。公共交通每周一班次,满足林场职工基本用车需求,但不能满足居民的日常出行需求。居民访谈和调查问卷显示,居民们认为现村庄内最需要增加的公共服务设施为卫生室、幼儿园和公交车。村庄公共空间主要满足旅游服务配套使用,为游客提供公共活动的场所,在居民生活聚集区内没有配置公园、广场等公共活动场地与设施,但自然环境的空间优势为居民们提供了天然的公共活动场所(图7-23)。

表7-13 太平林场公共设施配置基本情况

村庄	幼儿园	小学	卫生室	图书馆	文化娱乐设施	商业零售设施	老年活动中心	养老设施	公交车
太平村	×	×	×	×	√	√	×	×	×
太平川	×	×	×	×	√	√	×	×	×

图7-23 太平林场村庄公共空间

6) 生产-生活空间结构特征

太平林场生产结构较为特殊,居民不从事农牧业生产,林业养护和旅游是太平林场的主导产业。凭借优越的自然条件和特殊的文化资源,该地区越来越受到旅游者的青睐,地方旅游业发展初见规模。自驾旅行驿站、农家乐、民宿等原生态旅游服务业成为生产-生活空间联系的纽带,生产与生活空间一体化趋势明显(图 7 - 24,图 7 - 25)。

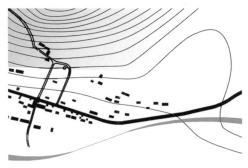
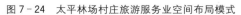

| (a) 行列式 | (b) 旅游区与居民点相对独立 |

图 7 - 24　太平林场村庄旅游服务业空间布局模式

| (a) 餐饮业 | (b) 旅游咨询 |

图 7 - 25　太平林场乡村旅游产业空间

7.5　蒙东林区乡村发展途径探讨

太平林场作为蒙东林区典型生态林业型乡村空间,具有优越的生态条件、深厚的历史底蕴和民族特色,伴随着地方大力鼓励发展在地旅游业,其经济发展潜力巨大,对周边地区的集聚吸引力增强。应积极培育地区产业吸引力,促使其接纳能力有效提升,基础建设精准投入,服务设施精细化管理,成为区域中心村镇。应创新乡村旅游服务,发挥乡村产业增长极作用,提升物流交通建设,使蒙东林区内各林场成为区域旅游服务的核心节点(表7-14)。

表7-14　蒙东林区乡村发展路径探讨

发展瓶颈	发展路径
社会与经济均处转型	稳定民生与社会保障
产业转型限制	创新产业与服务
空间距离、人口密度限制	动态化、精准化设施供给
城市文化影响	民俗文化与旅游资源开发结合
非理性建设	积极引导,完善技术规范

第8章 内蒙古锡林郭勒牧区乡村人居环境

本章阐述了锡林郭勒牧区地域特征与乡村基本情况,通过典型案例东乌珠穆沁旗乡村与苏尼特右旗乡村详细论述了牧业型乡村的人居环境特征,呈现了锡林郭勒牧区牧业型乡村在历史变迁与生态政策影响下人居环境的建设现状。最后,探讨了锡林郭勒牧区乡村发展途径。

8.1 锡林郭勒牧区乡村概况

8.1.1 区位地理

锡林郭勒盟位于内蒙古自治区中部,北纬 42°32′～46°41′,东经 111°59′～120°00′。北与蒙古国接壤,边境线长 1 098 千米;西与乌兰察布市交界;南与河北省毗邻;东与赤峰市、通辽市、兴安盟相连。共辖 2 市、9 旗、1 县、1 个管理区、1 个开发区(图 8 - 1)。

全盟属中温带干旱半干旱大陆性季风气候,寒冷、风沙大、少雨。春季多风易干旱,夏季温凉雨不均,秋季凉爽霜雪早,冬季漫长冰雪茫。大部地区年平均气温在 0～3℃之间。地势南高北低,地形以高平原为主,东、南部多低山丘陵,盆地错落其间,为大兴安岭向西和阴山山脉向东延伸的余脉,西部、北部地形平坦,零星分布一些低山丘陵和熔岩台地。浑善达克沙地由西北向东南横贯中部。海拔在 800～1 800 米之间。

锡林郭勒草原是内蒙古的主要天然草场,因草场类型齐全(图 8 - 2)、动植物种类繁多等特点成为全国唯一被联合国教科文组织纳入国际生物圈监测体系的国家级草原自然保护区。区域生态网络中,锡林郭勒草原是华北地区的重要生态屏障。

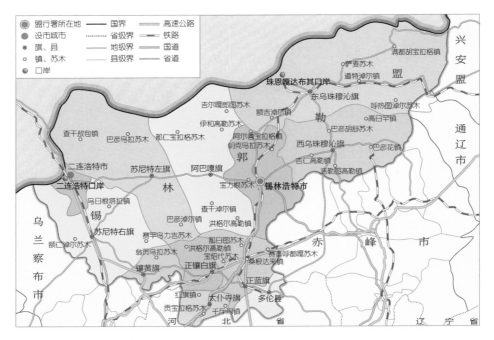

图 8-1　锡林郭勒盟盟域范围
资料来源：《东乌珠穆沁旗乌里雅斯太镇城市总体规划（2014—2030）》。

图 8-2　锡林郭勒盟草原分布图
资料来源：《东乌珠穆沁旗乌里雅斯太镇城市总体规划（2014—2030）》。

8.1.2　经济产业

2016 年,锡林郭勒盟国民经济生产总值为 1 045.51 亿元,比上年增长 7.2%。三产增加值分别为 115.30 亿元、613.71 亿元、316.50 亿元,产业结构为 11.03∶58.70∶30.27。全年人均生产总值为 100 073 元,比上年增长 6.9%。全盟全体居民人均可支配收入为 25 554 元,比上年增长 8.4%。其中,城镇人口人均可支配收入为 32 903 元,农牧区人口人均可支配收入为 13 188 元,均高于自治区平均水平(表 8-1)。

表 8-1　2016 年锡林郭勒盟社会人均收入情况

	农牧区人均收入	城镇人均收入	城镇化率
锡林郭勒盟	13 188 元	32 903 元	64.5%
内蒙古自治区全区	11 609 元	22 746 元	60.3%

资料来源:根据《内蒙古统计年鉴 2016》整理。

全盟可利用草原达 18 万平方千米,占内蒙古全区的 1/5(图 8-3)。畜牧业是第一产业主导力量,就业人口为 25.41 万人,占就业人口的 41.1%。全盟草食

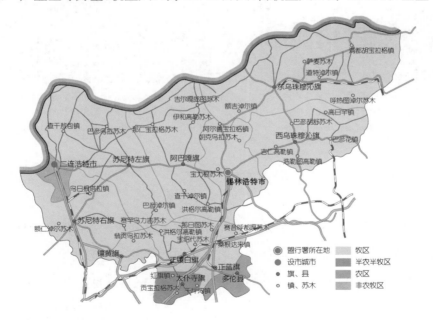

图 8-3　锡林郭勒盟农牧业分区图
资料来源:《东乌珠穆沁旗乌里雅斯太镇城市总体规划(2014—2030)》。

家畜拥有量位居全国地区级首位,是国家重要的畜产品基地,其畜牧产品加工业在内蒙古地区具有明显比较优势。

8.1.3　民族文化

　　锡林郭勒草原是亚欧大陆草原区亚洲东部草原亚区保存比较完整的原生草原,也是内蒙古高原典型草原生态系统代表区。蒙古族在传统游牧时期一直以"逐水草迁移"方式繁衍生息,尊重并敬畏大自然是蒙古族传统的价值观,也是影响其生产生活的重要文化根源。锡林郭勒草原深处至今依然保持着传统畜牧业的生产生活习俗,流动的畜群、散落的蒙古包、传统的服饰饮食和风俗节庆活动所代表的原生游牧文化在锡林郭勒草原得以相对完整地保留与传承(图8-4,图8-5)。

图8-4　锡林郭勒草原上放牧的牧民　　　　图8-5　锡林郭勒草原上的蒙古族祭敖包
图片来源:东乌珠穆沁旗人民政府网站,《图说东　图片来源:东乌珠穆沁旗人民政府网站,《图说东
乌》http://www.dwq.gov.cn/qq/tsdw/。　　　乌》http://www.dwq.gov.cn/qq/tsdw/。

8.1.4　历史变迁与人居环境发展

　　锡林郭勒草原自古以来就是中国北方游牧民族劳动、生活、繁衍的地方,人类发展历史可追溯至新石器时代。从明清时期的几次大规模开垦运动起,除蒙古族从事的传统畜牧业外,锡林郭勒草原开始有少量汉民进行种植业和养殖业生产活动。但因草原面积广大且相对封闭,汉民族及农耕文化对传统游牧文化影响相对较小,锡林郭勒草原地区保留了较为完整的传统游牧生产生活方式。20世纪

80 年代,随着土地制度改革,锡林郭勒草原地区开始实施畜草双承包经营责任制、推行草畜平衡制度,牲畜分户私养、草原划片承包的经营管理制度使得传统的"逐水草而居"因草场界限的严格划分向定居转变。但因草场类型不同,生产条件具差异化特征,锡林郭勒地区的草原聚落形态、人居环境等亦有差异化特征。

　　草原经历了"氏族制"到"分封制"的变迁,聚落功能从单一满足生产生活需求,发展出生产生活、军事防御、文化传承、宗教传播等多种功能。因游牧时期受自然环境及宗教文化影响,游牧民族的生产生活方式对定居场所的依赖程度低,草原聚落的人居环境在游牧时期以原生自然环境为主,人居环境建设以顺应自然为主。随着政权和管理模式的变更,草原聚落的产权制度、社会组织形式和生产模式的变迁,聚落空间布局由分散走向集中,生产生活方式由游牧转为定居,为牧区人居环境建设奠定了良好基础,草原牧区的医疗教育、文体设施等公共服务设施和基础设施建设水平大大提升,牧民对定居的认可度逐渐提高。至 20 世纪末,草原牧区已基本完成生产生活方式从游牧转定居的全过程(表 8-2)。

表 8-2　内蒙古草原不同时期聚落环境变迁

时期	产权制度	社会组织	聚落选址与形态	生产模式
游牧时期	公有制	氏族、部落联盟	邻近水源、草场,依地势而建。环形圈层集中、开放、可移动、内部松散、规模小	单一式经济,远距离大范围游牧
半定居时期	家庭经济	家庭、农村公社	定居点呈大分散、小集中自由式布局,规模小	游牧与定点放牧
定居时期	双权一制	农村社区	沿交通线集中式布局,聚落内部按功能组织结构	放牧与舍饲、半舍饲结合,农畜产品加工、旅游等

　　游牧时期物质能量需求与区域自然供给(受日照、气候变化等影响)相对平衡,人地关系呈动态调整状态;定居时期,物质能量需求与自然供给关系确立,人地关系呈固定状态;而游牧—定居的过程,人地关系由动态平衡向固定状态过渡,形成了锡林郭勒牧区乡村人地关系第一次重大调整,基于草甸草原、典型草原、荒漠化草原等几种草场类型在能量供给上的差异,形成了草甸草原、典型草原人均草场面积相对较小,人均可利用草场面积相对较大,荒漠化草原人均草场面积大,人均可利用草场面积小的格局,奠定了锡林郭勒牧区乡村人地关系的第二次调整的基础,形成了人地关系局地再调整的定居建设期。定居建设期可以

理解为人居环境建设时期,在原有定居基础上,局部生态不平衡地区进行了人地关系调整,草场类型的差异造成了牧区截然不同的乡村人居环境(图8-6)。

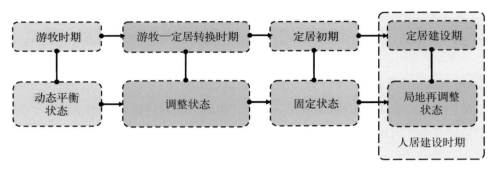

图8-6 锡林郭勒牧区历史变迁与人地关系状态

　　进入乡村振兴新时代,锡林郭勒草原牧区乡村在定居的基础上,全面发展人居环境建设。鉴于锡林郭勒草原特殊的区位条件、地理环境、经济结构、民族文化特征,该地区乡村在空间上呈现出生态脆弱、环境相对恶劣、主体对物质空间建设能动性弱的特征,人居环境呈现出空间粗犷、建设行为随意的趋势,从建设控制性角度看与农业型乡村呈现出明显差异,内涵上存在本质区别。牧区草场类型多样,乡村人居建设要有针对性和差异性,探索适宜的锡林郭勒牧区乡村人居环境建设途径,是内蒙古广袤草原牧区乡村人居建设的重要举措。

8.2　锡林郭勒牧区乡村地域特征与建设发展

8.2.1　基本特征

　　锡林郭勒牧区的草甸草原、典型草原生态环境、草场质量均优于荒漠化草原,牧区草场规模远大于荒漠化草原。其中,草甸草原因面积小、区位偏远,牧民数量少。

　　锡林郭勒牧区的草甸草原和典型草原草场质量较为优良,为放牧提供了极大的选择性,所以牧民可以充分利用村域范围内的一切可利用草场进行放牧,由于人随牧走的传统习惯,村域的空间结构呈现大分散特征;荒漠化草原因受自然生态环境限制,可利用草场有限,质量较好的草场需容纳较多的牧民,在村域内其空间结构呈现小集聚特征。

　　草甸草原和典型草原的牧区多为自然形成的居民点,人均草场面积大,其空间主要以非结构化离散式为主;荒漠化草原生态环境恶化,居民从环境退化地区搬迁出来,故需新建部分村落容纳生态移民。这些新建村落空间结构一般呈现单中心单片特征(表 8-3)。

表 8-3　草原类型与乡村聚落空间形态类型

草原类型	基本情况	空间模式	主要特点	平面布局示意图
荒漠草原	草场质量低,居住点集中于条件优良的草场,另由生态搬迁形成移民村,聚落人口密度较大	线性布局 + 点状布局	居民点户数较多,主要沿道路呈线性集中布局;部分居民点选址距道路稍远,布局分散	
典型草原和草甸草原	可利用草场面积大,以传统牧业为主,居民点与草场联系紧密	非结构化离散式点状布局	居民点户数少,人口密度低,布局基本无特定形式,居民点选址以靠近自家草场、便于放牧为主	

8.2.2　乡村建设发展

1) 住房条件与卫生环境

　　草原牧区固定住房主要以汉式板房为主(图 8-7),传统蒙古包则在夏天进行走场时被牧民临时使用。因居民点户数少,院落面积较大,没有明确边界限制宅基地范围。住宅设施的配置基本保持一致,以满足基本生活需要为主,有独立厨房,无水冲厕、洗浴等设施,靠近道路的居民点网络配置条件较好。

　　草原居民点的环卫条件同农业村落相似,通常无专门的污水处理和垃圾处理设施,但整体的环境卫生条件优于农业村落,主要因为草原聚落人口规模、密

图 8-7　牧区固定住所建筑形式

度远小于农业型地区,村民以蒙古族为主,传统的环境保护意识较强。在部分人口较为集中的嘎查点或新建移民型乡村,配置有垃圾收集设施。

2) 设施配置

就设施配置条件而言,草原居民点因其低密度、大分散特点,公共服务与基础服务设施配置水平普遍较低。部分靠近交通路网、成规模集中的居民点配置情况稍好,可实现集中供水供电,基本配备图书室、卫生室等公共服务设施,日常生活用品或药品等需求均可就近满足。偏远、分散、规模小的居民点则以光伏或风力发电供应来满足基本生活需要,但并未配备文化、卫生等公共服务设施,日常生活需求主要依靠邻近嘎查点或镇区提供。

8.3　锡林郭勒牧区乡村差异化特征

内蒙古地区因其地带性温湿特征,成为我国草原的主要分布区,由东到西依次有草甸草原、典型草原、荒漠化草原等类型。典型草原作为主体类型,约占全区草地总面积的 35%,该类型草原自然肥力较高,放牧条件较好,是全区面积最广的优良天然牧场,主要分布于内蒙古中东部的呼伦贝尔、鄂尔多斯、锡林郭勒等地区。其中,锡林郭勒草原总面积为 20.30 万平方千米,可利用优质天然草场面积为 17.96 万平方千米,是内蒙古畜牧业主要地区。

锡林郭勒牧区乡村受草场类型影响,差异化较大,以典型草原、草甸草原为背景的乡村遵循传统牧区乡村发展途径,第一产业发展适应性较强,牧业生产占主导地位,第二、第三产业发展与第一产业相关性较高。以荒漠化草原为建设背景的乡村,受限于区域生态承载力,牧业型乡村特征最为特殊,呈现区域人地关系重大转变后移民空间的再社会化特征。产业转型、人口角色转变、空间转变、发展途径转变等一系列问题的适宜性对策是乡村人居面临的重点问题(图 8-8—图 8-10)。

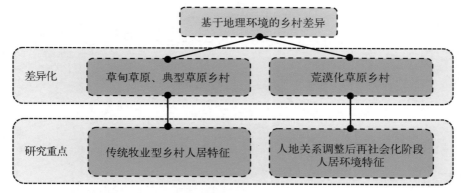

图 8-8　锡林郭勒牧区乡村人居环境类型与重点

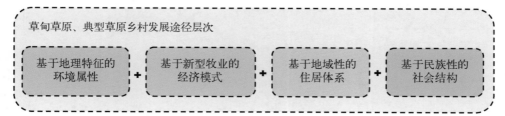

图 8-9　草甸草原、典型草原乡村人居特征

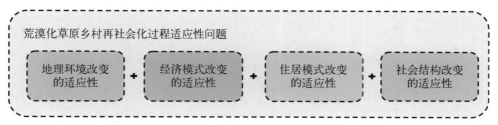

图 8-10　荒漠化草原乡村人居特征

8.4　锡林郭勒牧区乡村典型草原案例——呼热图淖尔苏木

8.4.1　呼热图淖尔苏木基础环境条件概述

东乌珠穆沁旗(简称"东乌旗")地处内蒙古自治区锡林郭勒盟东北部,北与蒙古国交界(图 8-11),旗域面积共 4.73 万平方千米,以典型草原和草甸草原为主,具有良好的草场资源,畜牧业相对发达,草食家畜拥有量居全自治区首位,是内蒙古地区及国家的重要畜产品生产基地。

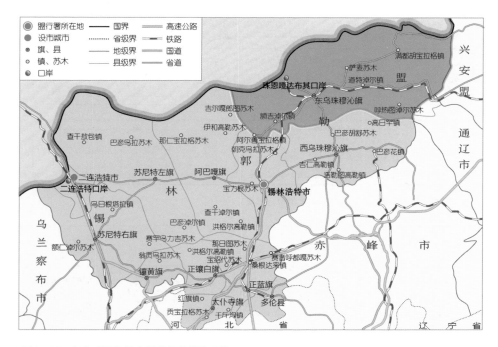

图 8-11   东乌珠穆沁旗在锡林郭勒盟的区位
资料来源：根据《东乌珠穆沁旗乌里雅斯太镇城市总体规划（2014—2030）》整理绘制。

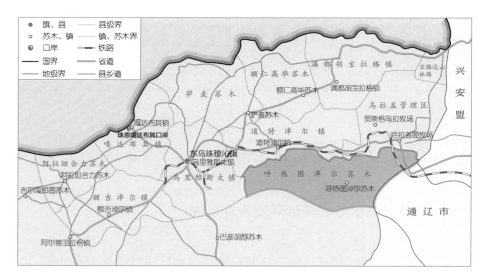

图 8-12   呼热图淖尔苏木在东乌珠穆沁旗的区位
资料来源：根据《东乌珠穆沁旗乌里雅斯太镇城市总体规划（2014—2030）》改绘。

1) 区位及自然地理条件

呼热图淖尔苏木位于东乌旗东南方(图 8 – 12),距离旗政府所在地乌里雅斯太镇 185 千米。该苏木地势东高西低,北部是低山丘陵,南部是盆地,地形基本平坦(图 8 – 13)。地处广袤的草甸草原腹地深处,草场类型以草甸草原为主,分布在苏木东北部,西南部典型草原与草甸草原相间分布,是东乌旗乃至整个内蒙古优质天然牧草生产基地(图 8 – 14)。

图 8 – 13　呼热图淖尔苏木高程分析
图片来源:根据《东乌珠穆沁旗乌里雅斯太镇城市总体规划(2014—2030)》整理绘制。

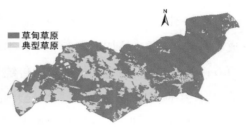

图 8 – 14　呼热图淖尔苏木草原类型分布
图片来源:根据《东乌珠穆沁旗乌里雅斯太镇城市总体规划(2014—2030)》整理绘制。

2) 人口及用地概况

全苏木现辖 10 个嘎查、2 个社区,总面积为 6 383 平方千米,牧户有 1 294 户。常住人口为 6 572 人[①],人口密度为 1.03 人/千米²。因户均草场面积大,以家庭为单位的独立居民点之间相距较远,沿交通线呈分散式点状布局,或有三到五户家庭集中布

图 8 – 15　呼热图淖尔苏木居民点

局形成小规模集中型居民点(图 8 – 15,表 8 – 4)。

特有的低密度人口分布与用地特征使该地区的生产生活对自然环境影响程度较低,草原生态环境保护较好,但不利于集中配置各类设施和经济的集约化发展,影响和制约牧区居民生产发展和生活质量提升。

――――――――――

① 数据来源:东乌珠穆沁旗人民政府网站(http://www.dwq.gov.cn/fb/cyzw/zzjg/smzc/201607/t20160712_1625403.html)。

表 8 - 4　呼热图淖尔苏木基本属性表

基本属性	宏观区位	中观区位	地形因素	区域发达度	村庄发达度	农业类型	非农业类型	主要民族	历史文化	人口流动	村庄规模	居住类型
呼热图淖尔	东部	偏远地区	平原村	发达	发达	畜牧业	无	蒙古族	非传统村落	平衡型	中等村	散点居住

3）经济产业概况

呼热图淖尔苏木是优质天然牧草产地和乌珠穆沁羊的主要生产基地,形成了畜牧、农畜产品加工等产业。苏木政府及牧民的主要收入来自畜牧业,但原有以家庭为主、牲畜混放散养的传统养殖方式对资源的利用效率差,经营粗放,生产率低,以增加牲畜头数来提升经济收益的方式加重了草原生态环境压力。为实现畜牧业高质高效发展,牧民的生产方式由家庭自由式逐渐转向组织化的合作社式生产模式,集体引进先进养殖技术和设备,以提升畜牧业生产的现代化、集约化和规模化水平,增加收入。2018 年,呼热图淖尔苏木已建立以马业、牧业、草业、种公羊业为主的牧民专业合作组织 14 个。

4）整体风貌

因特殊的地域性自然环境特征,草原牧区聚落的选址、空间布局、形态结构等均与农业型村庄有明显不同。游牧时期的草原居民逐水草而居,居民点以蒙古包为中心构建基本的生产生活用地,规模小、干扰弱,与周边草原环境基本融为一体。广袤无垠的草原、蜿蜒而行的河流、移动的牧群、散落的蒙古包是草原聚落典型的景观风貌。但随着游牧向定居的转变,红瓦白墙的汉式板房、围合或半围合的院落、现代化风力或太阳能发电设施与草原自然环境相配合,形成了新的草原聚落风貌。此外,传统居民点选址考虑季节性草场和水源条件而流动,现代草原居民点以草场为属地,逐步定居在邻近交通线的位置,水源以地下水为主,对选址影响逐渐弱化。但从传统到现代,从游牧到定居,草原聚落总体呈现低密度、小规模、分散化,与自然环境适应度高等特征(图 8 - 16)。

图 8 - 16　呼热图淖尔苏木居民点景观风貌

8.4.2　呼热图淖尔苏木社会基础环境特征

1）牧民生活状态

　　呼热图淖尔苏木是以蒙古族为主的传统牧业地区,居民生活受传统习俗影响,仍不同程度地保留着游牧和转场的习俗。冬季有冬营盘草场,通常建设为固定住所,以定居为主,牧业生产放养和舍饲相结合,水电供应条件便利,通信条件良好,牧民生活基本实现现代化。夏季则因草场养护或轮牧需要进行走场,牧民以蒙古包为住所,牧群以放养为主,日常生产生活与传统游牧时期相似,亦受现代城市文化影响。餐饮、服饰等既保留蒙古族民俗文化特色,亦与汉族餐饮服饰文化和现代文明相融合。

2）新农村建设

　　草原地区居民点布局分散,居民点聚集程度不高,加之经济水平限制,苏木市政基础设施建设条件较差。2014 年以来,随着内蒙古新农村新牧区建设的推动,市政设施建设供给水平大大提升,水、电、广播通信等设施配置得以改善,为牧民增加了了解外界发展的渠道,牧民的生活便利性和安全性获得提升。

3）人口流动情况

　　随着城镇化进程加快,近年牧区的人口外流现象较为明显。尤其以传统畜牧业生产为主的地区,青壮年人口流失较为明显,留守人口普遍年龄偏高,存在劳动力与产业发展难以为继的现象。但在合作社、农畜产品加工和旅游开发等现代化畜牧业发展的地区,青壮年留乡或返乡现象较多,究其原因,一是牧业经济收益提升的吸引,二是草原民族的故土情怀。

8.4.3 呼热图淖尔苏木村庄生活空间布局

1) 居民点布局

呼热图淖尔苏木所辖范围内有两个相对较大的人口集聚中心(图 8-17)。其他嘎查以苏木为中心,呈放射型圈层布局(图 8-18),中心与各嘎查居民点之间距离较远,但有较为便利的交通联系,各嘎查点居民点通常只有 3~5 户牧民家庭。这一布局模式与游牧时期"阿寅勒"环形圈层空间布局相类似(图 8-19)。嘎

图 8-17 呼热图淖尔苏木居民点分布图
图片来源:根据《东乌珠穆沁旗乌里雅斯太镇城市总体规划(2014—2030)》改绘。

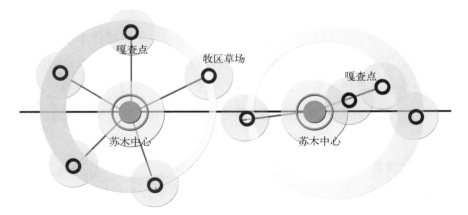

图 8-18 呼热图淖尔苏木居民点布局模式

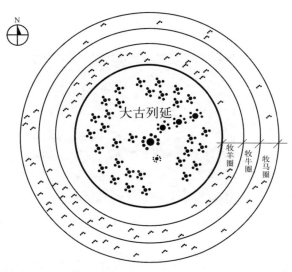

图 8-19　"营盘"空间布局模式图

查居民点是整个区域内的空间集聚点,通过交通干线将每个次级生产节点与区域中心相连接,政治、商业服务功能沿交通线由中心向外逐渐扩散并弱化。

牧区居民点布局分散,主要原因,首先是草场载畜能力有限,传统畜牧业生产需要较大范围的草场作为放养牲畜的生产基础;其次是牧民为了方便放牧,居住点选址优先考虑草场利用,牧户之间往往间隔着大面积的草原地区,以确保生产基础条件[98]。呼热图苏木嘎查布局呈典型的分散化特征。

2）居住建筑与院落空间

呼热图淖尔苏木嘎查牧民的固定住居以汉式固定砖土建筑为主。相对蒙古包,这类建筑结构稳定、居住空间宽敞,能提供更为方便舒适的生活条件。需要夏季走场的牧民家庭,依然以蒙古包为住居形式。固定住所功能多样化,以住宅、车库、库房和棚圈等围合或半围合形成院落空间,可分为生活性空间和生产性空间。生活性空间在内向布局,外围为牲畜棚圈、库房等生产性空间,院落面积较大(图 8-20)。内外圈层式的院落空间布局有利于生产和生活空间的相对独立,便于保持生活性空间的卫生环境(图 8-21)。

3）公共空间

草原聚落往往以敖包形成人们来往的节点,牧民在敖包举办祭祀等文化活动,进行日常交流,敖包既是满足牧民精神需求的祭祀空间,也是牧民生活中重要的公共场所,为牧民创造进行交流的社会性空间(图 8-22)。敖包的日常辐射距离约 20 千米,与寺庙相同,在有宗教活动的情况下可达 100～150 千米[99]。

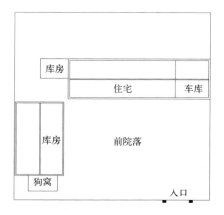
图 8-20　呼热图苏木院落空间示意图

图 8-21　呼热图苏木院落空间现状

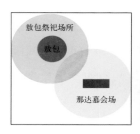

图 8-22　敖包与那达慕会场
图片来源：康美《呼伦贝尔草原聚落空间特征研究》。

4）公共服务设施配置

　　牧区居民点规模小，布局分散，这给公共服务设施布局带来较大难度。公共服务设施往往集中在苏木配置，形成以中心苏木为核心的放射式基本公共服务设施配置结构，利于设施的集约和有效利用。嘎查级别居民点因平均规模不足10户，教育、医疗、文体和社区服务等公共服务设施配置率极低（表 8-5）。

表 8-5　呼热图淖尔苏木嘎查公共设施配置情况

	幼儿园	小学	卫生室	图书馆	文化娱乐设施	商业零售设施	老年活动中心	养老设施	公交车
呼牧勒敖包	×	×	√	√	×	×	×	×	×
察干淖尔	×	×	×	√	×	×	×	×	×
巴彦淖尔	×	×	×	√	×	×	×	×	×

5) 基础服务设施配置

受传统生产方式、经济条件、交通不发达等因素影响,嘎查级别的居民点市政设施供给能力较低。嘎查点的新农村建设集中于提升水电供应能力,因集中供水和供电难度大且成本高,供水以居民点集中打井取用地下水为主,供电则通过每户安装太阳能或风能发电设备,道路交通、广电通信条件已有完善(图 8-23,图 8-24,表 8-6)。

图 8-23　太阳能供电设施　　　　　　　　图 8-24　有线电视设施

表 8-6　呼热图淖尔苏木嘎查基础设施配置情况

	给水设施	自来水设施	电力设施	环卫设施	道路交通	燃气设施	污水设施	雨水设施	防灾设施
呼牧勒敖包	√	×	×	×	√	×	×	×	√
察干淖尔	√	×	×	×	√	×	×	×	√
巴彦淖尔	√	×	×	×	√	×	×	×	√

8.5　锡林郭勒牧区乡村荒漠化草原案例——苏尼特右旗

8.5.1　苏尼特右旗基础环境条件概述

苏尼特右旗位于内蒙古自治区中部,锡林郭勒盟西部(图 8-25),地形南高北低,中北部为坦荡的高平原和丘陵,南部多山,浑善达克沙地自东南向西北于中部贯穿。全旗总面积为 22 340 平方千米,可利用草场面积为 20 278 平方千米,牧区人口约 2.19 万人,占总人口数的 32.2%,人口密度为 3 人/千米²。苏尼特右旗属大陆性干旱气候,草原向荒漠的过渡地带,东南部以典型草原为主,西北部以荒漠化草原为主(图 8-26),畜牧业生产主要以放牧为主,有部分游牧形式。境内几乎没有地表水,地下水分布不均且埋藏较深。

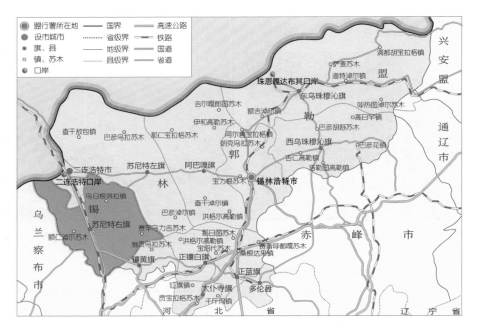

图 8-25　苏尼特右旗的区位
图片来源:根据《东乌珠穆沁旗乌里雅斯太镇城市总体规划(2014—2030)》整理绘制。

图 8-26　苏尼特右旗草原类型分布图
图片来源:根据政府提供土地调查数据整理绘制。

因生态环境脆弱,草场超载严重,中北部地区草场退化、沙化严重,1999—2001 年该地区曾连续三年遭受干旱、雪灾、沙尘等极端天气影响。牧民赖以生存发展的草原退化严重,制约了以自然环境为基础的地区经济发展及社会稳定。2001 年,为治理恶化的生态环境,改善牧民生产生活条件,苏尼特右旗开始开展生态移民工作。这一政策从根本上改变了该地区的人地关系和乡村人居环境。

8.5.2　苏尼特右旗生态移民政策背景

人类活动对草原自然环境的干扰较大,往往导致荒漠化草原生态系统严重恶化。内蒙古是我国重要的生态屏障,其生态环境的改变会直接影响我国北方的生态环境。随着环境污染、沙漠化程度日益严重,雨水量大幅减少,沙尘暴等极端天气频繁出现,21 世纪初,内蒙古草原环境荒漠化最严重的地区开始开展生态移民。其目的,一是改善草原生态,恢复被破坏的自然环境;二是改善牧民的生产生活状况。因此,牧民自发或被迫迁出草原,生产生活方式由游牧转变为完全定居。草原生产关系向农业与畜牧业混合形式转变。

2000 年起,内蒙古自治区开始实施"围封禁牧、季节休牧、划区轮牧"政策和生态建设工程(表 8-7)。苏尼特右旗作为生态脆弱区,成为实施生态移民重点地区,由政府引导实施以奶牛养殖业为主要产业依托的生态移民工程。生态恶化最为严重的旗域中北部地区陆续实行围封禁牧;中南部苏木和镇实行划区轮牧和季节性休牧。大量牧民从苏尼特右旗荒漠化草原地区迁入旗政府所在地赛汉塔拉镇以及周边具备"五通"条件的生态移民村,集中发展模式化种植和养殖业或从事第二、第三产业。

生态移民村的建设采取国家投资、地方配套、牧民自筹相结合的办法。自治区政府和当地政府,从移民搬迁、定居、就业等工作实施到草场保护和管理等有针对性地制定了组织、政策、资金、科技等方面的保障措施。因搬离原有生活环境,人地关系被打破重组,移民村或镇区移民聚居区人居环境条件几乎完全取决于当地政策与资金扶持力度。在生态移民实施的初期,搬迁的农牧户获得了来自政府的很多优惠政策和补助。但失去草场的牧民,也失去了以往习以为常的生产生活资料与环境,适应能力差的牧民其生产生活往往难以维持,移民贫困化和返乡等现象频现。

表 8-7　苏尼特右旗生态移民政策(2001—2013 年)

2001 年	《国家京津风沙源治理工程》《内蒙古锡林郭勒盟苏尼特右旗"围封转移"工程项目实施方案(2001—2005 年)》《内蒙古苏尼特右旗生态移民和异地扶贫移民试点工程实施方案(2001)》

2002 年	《转变生产经营方式发展生态畜牧业的意见》《关于印发〈内蒙古自治区退耕还林工程管理办法〉》
2003 年	《苏尼特右旗浑善达克沙地南缘带围封草场牧户优惠条件》
2007 年	《引导扶持牧区人口向城镇转移的实施办法》《围封转移牧户草场流转办法》
2008 年	《内蒙古苏尼特右旗边境生态移民项目》《健全农村牧区人口转移服务体系》
2009 年	《边境地区生态移民项目养老保险实施办法》《2009 年游牧民定居工程、建设管理办法》
2010 年	《巩固退耕还林成果项目》
2011 年	《关于成立齐日哈格图生态移民工作》
2013 年	《内蒙古自治区生态脆弱地区生态移民扶贫资金管理办法》《内蒙古自治区生态脆弱地区移民扶贫规划》

8.5.3 苏尼特右旗村庄生活空间布局

苏尼特右旗地区生态移民以集中安置为主,散布在旗域西北部边界、浑善达克沙漠上的牧民整体搬迁至移民村或分散安置到周边大中城镇。移民村的建设水平及牧民的适应性是影响移民村人居环境宜居水平的关键。至 2005 年年底,全旗共转移农牧民 770 户,其中 510 户主要迁入赛汉塔拉镇区及周边村落[100]。迁入区的生态承载能力较强、土地资源较丰富、交通区位较好,是区域内"五通"地区[101]。本次调查的主要移民安置地即赛汉塔拉镇区的移民安置小区,以及都呼木和阿尔善图苏木的整村移民安置点。2006—2013 年,全旗共完成生态移民 13 795 人。

1) 整村移民安置点

集中安置是指将原居住地的生态移民整体搬迁,在移民原居住地以外的中小城镇周边、工业园区以及旅游产业园区周边进行生态移民安置区的统一建设,改善生态移民的生活条件。对于集中安置的生态移民来说,其安置区的选址一般位于移民迁入目的地镇区的外围,安置区拥有较为独立的场所与空间,以及独立的基础服务设施,与迁入目的地镇区互不干扰。

牧民迁出原有居住地后,不能再从事之前的放牧生产,政府根据安置地的资源和区位条件提供产业扶持,以养殖业和农业为主。因农业与牧业在生产习惯、生活方式等方面均存在较大区别,不同产业主导下乡村空间呈现较大差异性(表8-8)。

表8-8 不同产业类型的整村移民安置点比较

	基本情况	选址与区位	布局结构	平面布局示意图
养殖业移民村——都呼木嘎查	始建于2002年,第一批生态移民安置点初期产业定位为奶牛养殖业	距离赛汉塔拉镇5千米,毗邻呼锡公路	集中式布局。居住点为统一规划、建设的行列式布局,棋盘式路网,界限明显,内部功能分区较明确	
种植业移民村——阿尔善图嘎查	苏尼特右旗唯一以农业种植为主导产业的生态移民村	距赛汉塔拉镇约16千米,位于镇区东北方向	"集中+自由式"布局。统一建设居民点呈行列式集中布局,有明显界限;外围有部分居民点临近生产用地,呈自由式分散布局	

新规划的移民村布局均呈现与农业型乡村趋同的空间结构,布局总体采用单元组合式,多为8~12户为一单元的整齐的棋盘式路网布局形式,空间紧凑而集中,用地集约、住宅朝向较好。按照统一规划、统一建设的原则,每户牧民配建小草库仑和宅基地,并配有标准化棚圈、储草窖、砖木结构住宅等。但后期因农牧业生产便利性影响,部分居民点在安置点外围呈现自由式分散布局,更加靠近生产空间。

因距离城镇较近,集中布局,移民村可实现集中供电、供水和基础环卫设施设置(表8-9),其他文化娱乐、医疗服务、商品服务等均需依托邻近城镇供给。村落景观以草原为自然基底,沿主要道路进行人工绿化,散落的住户和草原融为一体(图8-27)。

(a)院落前绿化　　　　　　　(b)垃圾转运站　　　　　　　(c)街道绿化

图8-27 移民嘎查设施与景观

表 8-9　苏尼特右旗移民村基础设施配置情况

	给水设施	自来水设施	电力设施	环卫设施	道路交通	燃气设施	污水设施	雨水设施	防灾设施
都呼牧嘎查	√	√	√	√	√	×	×	×	×
阿尔善图嘎查	√	×	√	×	√	×	×	×	×

以畜牧业为主的移民村,住居院落既是生活空间也是生产空间,包括住宅、库房、棚圈等(图 8-28)。生产与生活空间的重叠,便于安排生产,但也给生活环境带来一定影响(图 8-29)。

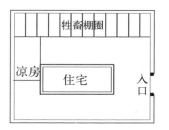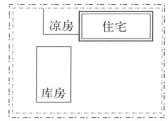

图 8-28　移民村院落生产生活空间示意图

(a) 生产空间　　　　　　　　(b) 生活空间　　　　　　　　(c) 存储空间

图 8-29　移民嘎查生产生活空间

2) 城镇分散移民安置小区

分散安置是指将原居住地的生态移民搬迁后,移民经过政府统一组织或投靠亲朋好友,分散安置到原居住地周边的大中城镇。依托镇区发展的移民安置小区,临近城市主要道路、学校,可以和镇区共享文化、教育、医疗等公共服务、市政基础设施,小区配套设施较完善——体育活动、照明和硬化道路等基本可满

足。苏尼特右旗赛汉塔拉镇区的生态移民小区主要有四个,占地面积为 87 886
平方米,分散布局在镇区内(图 8 - 30)。

移民小区建筑总体为现代风格,局部有蒙古族图样装饰,色彩以棕红色、黄
色、橘黄色、白色和棕白色为主(表 8 - 10)。

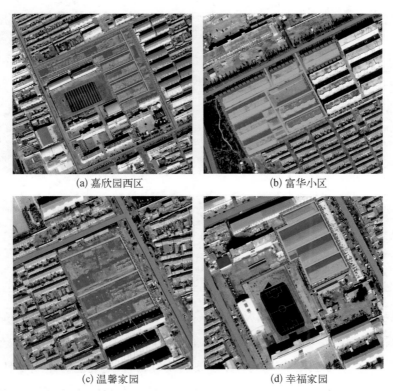

(a) 嘉欣园西区　　　　　　　　　(b) 富华小区

(c) 温馨家园　　　　　　　　　(d) 幸福家园

图 8 - 30　城镇各移民小区区位

表 8 - 10　不同产业类型的整村移民安置点比较

	区　位	建设指标	设施配备	景观风貌
富华小区	赛汉塔拉镇西北角,西临城市过境公路——呼锡公路,北临城镇境内的 101 国道	用地面积为 34 798 平方米	居民健身、商业服务、市政公务设施	

（续表）

	区　位	建设指标	设施配备	景观风貌
幸福家园	位于赛汉塔拉镇东北角锡林路与宝力噶街的交汇处,临近苏尼特右旗第三小学	用地面积为 9 172.2平方米	商业服务、市政公务设施	
温馨家园	位于赛汉塔拉镇东北角锡林路与朱日和街的交汇处	用地面积为15 016.23 平方米,建筑面积28 350.41平方米	商业服务、市政公务设施	
嘉欣园	东临巴彦路、西接乌兰牧骑路、北靠乌日根街,临近旗蒙古族幼儿园	用地面积 28 900平方米	居民健身、商业服务、市政公务设施	

　　移民小区的居民基本不再从事原来的畜牧生产,部分牧民利用城镇优良的消费资源从事第二、第三产业,如奶制品的制作销售、民族服饰的定制加工等,牧民的生产生活方式逐渐适应城镇,社会关系较为顺应;适应能力差或不具备生产能力的牧民,难以在城镇中获得有利的生产资料与生产机会,出现贫困化、迁回草场等现象。

8.6　锡林郭勒牧区乡村发展途径探讨

　　从案例中可以看出,内蒙古草原聚落因所处自然环境不同,呈现出不同的空间形式和发展过程,人居环境差异性较大。定居后牧业型村落空间形态、结构布局等均趋于向农业型乡村或城市社区方向发展,牧民生产生活中对环境的不适应性明显。我们应明晰锡林郭勒牧区乡村自然环境属性,精准定位以草甸草原、典型草原为基底的乡村与以荒漠化草原为基底的乡村的不同发展途径,充分考虑人地关系状态，形成两套具有针对性、适宜性的乡村人居建设途径。

1）草甸草原乡村与典型草原乡村

在草原质量较好的牧区，牧民基本保留较传统的畜牧业方式，但生活区较为偏僻，生活便利性较差。该类型乡村应在不破坏原有脆弱生态的基础上，充分尊重地理环境属性，合理界定三生空间，经济产业的发展中注重与牧业经济的高相关性，提升牧业产业发展基础，在空间管控条件下，探索涉牧工业、涉牧旅游服务业发展；借助人居环境建设完善地域特征明显的住居体系；住居体系的建立应保障原有地缘、血缘社会结构。草甸草原、典型草原乡村人居环境发展途径以第一次人地关系调整[①]后形成的稳定状态为基础，将保护地域特征、民族传统文化等典型特征作为人居环境发展的重点（图 8－31）。

图 8－31　草甸草原、典型草原乡村人居发展途径

2）荒漠化草原乡村

荒漠化草原乡村人居环境建设建立在草原牧区人地关系第二次调整时期[②]，处于局地再调整的定居建设期。荒漠化草原地区生态供给能力弱、生存环境恶劣，乡村是局地再调整的重点区域，而重新调整的人地关系，面临的主要问题是再社会化过程中的生存适应性，体现在地理环境变化的适应性、经济模式改变的适应性、住居模式改变的适应性以及社会结构改变的适应性。

基于生态的移民工程是区域能量平衡、环境生态修复的重要举措，解决基于生态承载力的移民空间再社会化磨合演进过程中的问题，是人居环境建设的重点。提高适应性，其一是安置地地理环境相似性，整村搬迁安置地选址时，在保障生态承载力的前提下，首选草甸草原地区或典型草原地区，地理环境相似则经

---

① 新中国成立初期至 20 世纪末。

② 21 世纪初期至目前。

济产业、住居体系和社会结构更符合地域性、民族性；城镇分散移民安置地显然不符合地理环境相似性，这就要更多考量产业、住居体系和社会结构中涉及的各民族传统、地域特征问题等，从而营造民族性、地域性。其二是产业模式，整村搬迁安置地产业模式与牧业经济相关性较高，以强化第一产业为主；城镇分散移民安置地产业探索要更多依赖牧业次生产业，如畜牧产业深加工、运输等。其三是住居体系，整村搬迁安置地借助生态移民工程，住居体系要强化民族性、地域性；城镇分散移民安置地住居体系建立更为艰难，城市居住小区形态瓦解了蒙古民族原生住居体系。因此，不论是整村搬迁安置地，还是城镇分散移民安置地，稳定的社会结构与组织，是再社会化过程的核心问题，而基于血缘、地缘的社会结构组织方式能够有效提高人居环境改变的适应性（图 8-32）。

图 8-32 荒漠化草原乡村人居发展途径

第9章　内蒙古乡村人居
环境质量评价

乡村人居环境是乡村居民生活质量和满意度的重要内容。内蒙古乡村人居环境质量整体处于中等偏下水平,与全国人居环境质量较好的东南沿海发达地区乡村存在较为明显的差距,并表现出高质量与低质量村庄数量较少,农区人居环境质量明显高于林区、林区又高于牧区的特征。

9.1　评价方法

9.1.1　"SWOT - PESTE"分析

面对城乡一体化、乡村振兴等发展目标以及乡村存在的诸多问题,内蒙古乡村人居环境质量评价借助了战略环境分析工具——"SWOT 与 PEST 理论"[102],提出内蒙古乡村发展环境分析框架,以期获得较为全面、系统与科学化的分析结果。

在战略环境分析框架中,"SWOT - PEST"将组织的内部微观环境与外部宏观环境进行统一综合系统分析和定性研究。SWOT 分析主要围绕组织内部的发展优势（Strength）、劣势（Weakness）、面临的机遇（Opportunity）和挑战（Threat）;PEST 主要分析组织所面临的政策（Political）、经济（Economics）、社会（Society）、技术（Technology）宏观背景环境。因内蒙古乡村的生态特殊性,在PEST 分析中加入生态因素（Ecology）,形成适应于内蒙古乡村人居环境系统的"SWOT - PESTE"分析模型（表 9 - 1）。我们在调查资料整理和田野调查的基础上,建立内蒙古乡村人居环境背景分析矩阵,形成对内蒙古乡村人居环境较为全面和理性的认识。

内蒙古乡村人居环境"SWOT - PESTE"分析框架分为内部资源和外部环境两部分。内部资源主要分析乡村发展自身的优劣势条件,研究影响乡村资源

表 9-1　SWOT-PESTE 分析矩阵

PESTE SWOT		政策(P)	经济(E)	社会(S)	技术(T)	生态(E′)
内部因素	优势 S	SP	SE	SS	ST	SE′
	劣势 W	WP	WE	WS	WT	WE′
外部因素	机遇 O	OP	OE	OS	OT	OE′
	挑战 T	TP	TE	TS	TT	TE′

配置和未来发展的关键影响因素;外部环境主要分析不同层次的环境要素,研究发展外部环境中的机遇和威胁及关键影响因素。通过文献查找、田野调查、经验总结等方式确定"SWOT-PESTE"矩阵中影响内蒙古乡村发展的关键因素。通过矩阵列表可以得到四组分析方案,依次为:S 类、W 类、O 类和 T 类。四组方案分别重点关注:乡村发展的优势因素、劣势因素、机遇因素和挑战因素;每组方案中又包含政策、经济、社会、技术和生态五类分析子方案(表 9-2)。

表 9-2　内蒙古乡村发展"SWOT-PESTE"分析矩阵

PESTE SWOT		政策(P)	经济(E)	社会(S)	技术(T)	生态(E)
内部资源	优势 S	"乡村振兴"战略	乡村经济形势良好	少数民族文化底蕴深厚	现代农业、新技术的自主应用	具有良好的原生生态环境
		自治区、地方政府支持	现代农牧业、旅游业发展			有利于乡村旅游
	劣势 W	具体的配套措施、指导方案不完善	农业生产规模小、效益低	人口老龄化、乡村空心化严重	农牧业机械化程度不高	历史欠账多、生态环境不断恶化
		城乡二元结构制度	农产品价格低	少数民族文化式微	新技术普及性低	生态环境与产业发展的矛盾
外部环境	机遇 O	新型城乡发展政策	居民消费水平提高,促进农产品价格提高、乡村旅游发展	民族文化得以对外展示	推动乡村社会变革	对可持续性人类生存环境的需求
				乡村社会走向开放		
	挑战 T	城市化发展速度快	乡村产业发展困境	冲击少数民族文化	传统生产建造方式受到新科技的挑战	城市化、旅游业、经济发展与生态保护之间的矛盾
		城乡发展不平衡		城乡社会发展矛盾		

1) 乡村发展的内部资源优势分析

政策层面,国家乡村振兴战略的提出成为内蒙古乡村建设发展的政策背景,国家、自治区到地方政府,都给予乡村建设大力支持,为乡村提供专项政策补贴资金以保障乡村的基本建设与产业发展,生态脆弱、贫困的乡村地区也有针对性的实施政策。

经济层面,自治区经济总体形势良好,乡村粮食产量一直保持在全国前列,农牧民人均生产资源的占有量大,并随着现代农牧业机械化生产方式、乡村旅游业的发展,乡村经济总量及农牧民人均 GDP、人均收入都呈现持续上涨态势。

社会层面,自治区作为我国主要的蒙古族聚居区,地域面积广阔的农村牧区因受城镇化影响程度小,传统民族文化传承受干扰较弱,意识形态与艺术形式保留相对完整,是地域性文化传承,民族文化多元性呈现的主要地区之一,承载着重要的文化使命。

技术层面,全程机械化、绿色提质增效(含耕地质量提升)、控水、控肥、控药、控膜技术集成等先进绿色技术推动全区乡村地区建立集成创新示范区,快速推进了农业技术发展。

生态层面,内蒙古乡村地区工业化发展较为缓慢,生态环境受干扰范围较小、自然环境原生性保持较好,有利于构建良好的自然基底,支持乡村农业发展、生态保护和特色旅游发展。

2) 乡村发展的内部资源劣势分析

政策层面,乡村振兴是国家新政,实施时间短,地方性相关政策、法规尚未完善。

经济层面,内蒙古地区土地质量不均,耕地质量、农牧业产值差异大,造成不同地区农牧民人均收入差距明显,农畜产品价格普遍较低;农牧民收入低,乡村地区生产总值仍远低于城市,从事农牧业生产的人口不断减少;农牧机械化生产、旅游业仍处于初级发展阶段,发展动力小。乡村企业极少,主要以家庭自主生产为主,生产规模小、效率低。

社会层面,城乡之间社会环境、生活方式仍然存在极大差距,长期城乡二元制度及社会结构对于人口自由迁徙及公共服务设施等的公平化配置影响明显。一方面,乡村地区医疗教育等设施普遍落后,一定程度上限制了乡村社会整体发展进步;另一方面,城镇化进程中劳动力的流动导致乡村空心化、老龄化现象严重。

文化层面,乡村文化随着城镇文化与生活方式的推进与扩散,传统的乡土文化与价值观发生转变。同时,汉民族与其他民族在生活与生产方式相融合的前提下,各民族文化相互融合、衍化、整合,形成了独特的地域性特色乡土文化,但少数民族传统文化未得到充分重视。

技术层面,全区农牧业未实现全程机械化,科技对农业生产贡献不高,农业科技推广体系不够完善。

生态层面,自治区生态环境基底较为脆弱,现状农牧业生产模式与生态环境存在部分不适应的情况,部分乡村地区土壤退化、沙化现象严重,生态环境逐渐恶化,人居环境基础差。

3) 乡村发展的外部环境机遇分析

政策层面,国家综合实力提升,城乡一体化发展,实行"以城带乡、城市反哺乡村"政策,为乡村建设发展提供了巨大动力;对农村土地制度,国家积极推进不同改革措施、试点,进一步明确乡村发展前景。

经济层面,国家经济持续发展,居民消费水平提高,刺激农牧产品价格提高,有机、无害农牧产品市场需求旺盛;乡村生态旅游业发展有着良好前景。

社会层面,全球化与信息化促使乡村从封闭落后走向现代开放,民族文化成为展示地区特色的重要载体。

技术层面,新技术、新材料发展推动乡村社会方式变革;信息化、科技化发展或将帮助乡村越过工业发展阶段直接进入现代化乡村社会。

生态层面,全人类开始重视生态环境,在城市化、工业化快速发展后,对可持续环境不断追求,有利于乡村生态环境保护;科技进步对生态保护及生态治理提供了前所未有的支持。

4) 乡村发展的外部环境威胁分析

政策层面,中国的城市化仍处于快速发展阶段,人口仍保持由乡村向城镇流动的趋势。内蒙古地区城镇数量多、规模小、地区差异大,对乡村地区带动作用较弱,新型城镇化政策仍需逐步实施与推进。

经济层面,乡村经济发展与生态环境保护之间存在矛盾与博弈。内蒙古仍处于城市快速建设阶段,城市对企业的吸引远大于乡村,乡村产业类型单一、规模小、数量少。

社会层面,长期存在的二元结构给城市与乡村的经济、社会发展带来了明显的差异化现象,丰富多元的城市生活方式与传统单一的乡村生活方式形成鲜明对比,并随着城镇化逐步向乡村推进与扩散,加速了乡村传统社会的瓦解。

技术层面,一方面是乡土民居的传统建造、生产、生活方式逐步被现代技术材料取代,传统村落风貌逐渐弱化与碎片化;另一方面是农业生产技术的现代化和机械化越高,对劳动力数量需求越少,会将大量农业剩余劳动力推向城镇。

生态层面,一方面是城镇化进程中,城镇的环境问题与经济发展同步向周边乡村延伸,城镇建设对乡村资源的掠夺以及废弃物的排放,导致乡村生态环境压力渐大;另一方面是乡村资源开发与经济发展之间的矛盾,生态环境的透支利用和过度开发,以及部分地区的水土资源过度消耗,导致环境污染、土壤退化现象明显。

5) 乡村人居环境"SWOT - PESTE"分析

通过确定影响内蒙古乡村发展的关键因素,以及对相关联因素的分析,我们可得到内蒙古乡村发展的"SWOT - PESTE"分析矩阵。按照 S、W、O、T 四类子系统,对内蒙古乡村发展策略进行分析。

S 类策略:坚定走"乡村振兴"道路,进一步发展乡村现代农牧业、旅游业,重视少数民族文化传承,通过自治区、地方政府支持促进乡村发展。对良好的生态环境要坚持保护与利用相结合。

W 类策略:需要完善自治区乡村发展政策的具体操作措施,打破城乡二元结构,促进人口的合理健康流动。正确看待文化的多元价值,传承民族文化。提升产业发展规模、加强农牧业机械化水平。不断恢复被破坏的生态环境,发展生态型产业。

O 类策略：在城市反哺作用下，充分、合理利用乡村资源。加快乡村发展，缩小城乡差距，加强不同地域乡村之间的交流学习，坚持走乡村可持续发展道路。

T 类策略：贯彻城乡一体化发展，提高乡村产业内发性动力，帮助乡村产业合理转型，避免乡村陷入城市工业化陷阱。保护城乡生态格局，保护多元的民族文化，协调城与乡、传统与现代之间的关系。

乡村人居环境是复杂的巨系统，具有典型的开放性与复杂性，随着宏观环境不断变化，以及内部资源的不断更新调整，乡村系统始终处于动态变化中。正如钱学森先生在 1997 年 1 月香山会议的书面报告中指出："只求解决一定时期发展变化的方法，所以任何一次解答都不可能是一劳永逸的，它只能管一定的时期，过一段时期宏观背景变了，巨系统成员本身也会有变化，因此开放的复杂巨系统只能作比较短期的预测计算，过一时期要根据宏观观察，对方法作新的调整。"吴良镛先生对于人居环境的复杂性与开放性也做了相关解释，他认为："首先，开放的复杂巨系统，由于其开放性和复杂性，必须用宏观观察；其次，对开放的复杂的巨系统的任何一次解答都是暂时性的。"[7]

利用"SWOT - PESTE"分析矩阵建立的对内蒙古乡村人居环境的系统认知，是对"宏观—微观"环境的综合观察与分析，并随着系统条件的不断改变，可以不断调整分析矩阵内的决定因子，结合层次分析法和德尔菲法等，分析某段时间人居环境的改变，确定主要问题和矛盾，及时反映需求变化，为规划策略、方法、手段等提供宏观决策分析的依据。

9.1.2　评价体系构建

内蒙古乡村人居环境质量评价指标体系源于"我国农村人口流动与安居性"调查，在全国乡村人居环境评价的四级指标体系基础上，根据地方适用性进行了调整与修正，整体上仍与全国评价体系保持一致。权重赋值通过德尔菲法确定，评价指标体系的构建包括基础资料的收集整理、评价指标的权重值测算、研究样本的聚类分析、数据的标准化处理以及评价指标的综合计算等流程（图 9 - 1）。

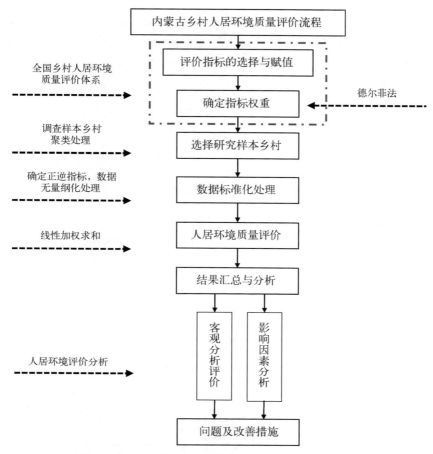

图 9-1　内蒙古乡村人居环境质量评价研究流程图

　　评价指标体系包括客观供给条件、社会环境、人口流动特征、人口主观意愿 4 个系统层指标、13 个一级评价指标和 21 个二级评价指标。评价体系以主观性与客观性相结合,保证能够反映各层面的综合情况。以全国人居环境质量评价体系为基础,结合实地调查中对地域性特征的认知,内蒙古乡村人居环境质量评价体系构建最终确认如表 9-3 所示。

表 9-3　内蒙古乡村人居环境质量评价体系

系统层指标	指标层 1(权重)	指标层 2(权重)	指标(权重)
客观供给条件 36.31%	生活质量(15.72%)	住房条件(8.45%)	户均住房面积(2.44%)
			建筑维修率(2.93%)
			房屋内生活设施配置占比(3.08%)

(续表)

系统层指标	指标层 1(权重)	指标层 2(权重)	指标(权重)
客观供给条件 36.31%	生活质量(15.72%)	公共设施(7.27%)	道路用地面积(1.45%)
			市政设施普及率(1.59%)
			村镇公交普及率(1.16%)
			服务设施普及率(1.59%)
			子女小学就学单程距离(1.48%)
	生产功能(11.76%)	经济属性(11.76%)	农民人均纯收入(5.94%)
			主要农业方式(农林渔牧)地均收益(2.96%)
			村中休闲农业和服务业开发进展(2.86%)
	生态环境(8.83%)	自然环境(4.09%)	气候适宜度(0.63%)
			地形宜居度(0.94%)
			灾害程度(2.52%)
		人工环境(4.74%)	污水处理设施配置水平(1.32%)
			垃圾收集设施配置水平(1.79%)
			5 千米内是否有污染型企业(1.63%)
社会环境 21.22%	区域环境(6.63%)	宏观区位(2.32%)	所处省份的发达程度(2.32%)
		中观区位(4.31%)	所处地级市的发达程度(4.31%)
	人文环境(6.92%)	社会关系(4.65%)	与村里亲友邻里来往关系(1.93%)
			村内能人的带动作用(2.72%)
		文化属性(2.27%)	文化发达程度(2.27%)
	政策方面(7.67%)	资金支持(5.20%)	人均政府拨款(3.15%)
			户均社保补助金额(2.05%)
		投入支持(2.47%)	每千人专职村庄保洁员拥有量(2.47%)
人口流动特征 20.15%	人口稳定性(11.13%)	人口稳定(11.13%)	人口流动系数(3.79%)
			迁出意愿低(3.80%)
			希望下一代生活地区(3.54%)
	村庄潜力性(9.02%)	村庄潜力(9.02%)	村民对村庄未来发展的信心(4.97%)
			2010 年以来年新建住房占比(4.05%)

（续表）

系统层指标	指标层 1(权重)	指标层 2(权重)	指标(权重)
人口主观意愿（满意度）22.32%	总体满意度(5.12%)	总体意愿(5.12%)	目前生活状态满意度(5.12%)
	生活质量(6.40%)	住房条件(3.00%)	个人住宅满意度(1.66%)
			村庄居住条件满意度(1.34%)
		公共设施(3.40%)	公共交通设施满意度(0.94%)
			村卫生室满意度(0.85%)
			对子女就学满意度(0.94%)
			文体活动设施满意度(0.67%)
	生产功能(4.55%)	建设属性(2.35%)	对近年农村建设是否满意(2.35%)
		经济属性(2.20%)	对生活在村内的经济条件是否满意(2.20%)
	政策方面(3.50%)	政策保障(3.50%)	村民对政府实施的政策项目的总体评价(3.50%)
	生态环境(2.76%)	自然环境(1.41%)	本行政村空气质量、水质量评价(1.41%)
		人工环境(1.35%)	本行政村环境卫生状况评价(1.35%)

注：根据全国乡村人居环境质量评价指标体系修订。

9.1.3　数据筛选处理

1）数据筛选

本次评价所需数据以项目组实地调查获得数据为主，通过对内蒙古 7 个盟市、35 个村庄、377 名村民、村庄负责人及相关负责单位的调查，以问卷填答、访谈、实地踏勘等方式获得，最终整理形成内蒙古乡村人居环境数据库，涵盖内蒙古东、中、西部不同自然地带与经济发展类型的乡村地区，对内蒙古地区乡村人居环境建设情况具有较强的代表性。

2）评价结果

研究将各村庄的汇总数据进行多次审核、校对，通过评价体系获得各个乡村的最终评价结果，并根据乡村属性的聚类分析（图 9-2），在保证研究基本覆盖内蒙古不同属性乡村类型的同时，简化数据统计程序，最终选择 7 个盟市、25 个村庄和 278 个村民有效样本作为本次研究对象（表 9-4）。

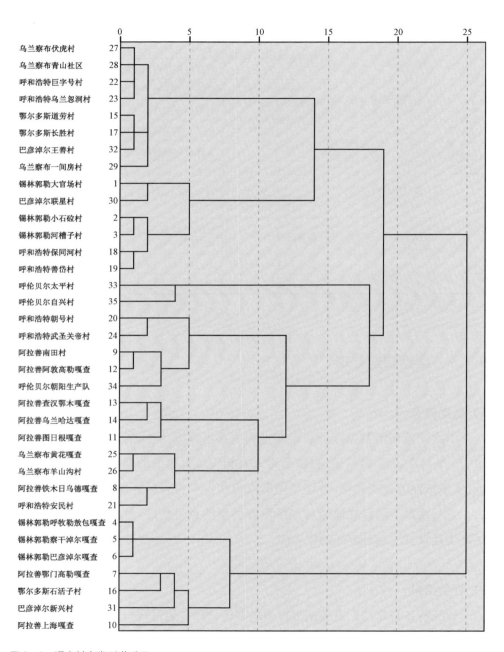

图 9-2　调查村庄类型谱系图

表 9-4　内蒙古乡村研究样本属性表

研究样本	宏观区位	中观区位	地形因素	区域比较	村庄发展程度	农业类型	主要民族	人口流动	村庄规模	居住类型
大官场村	西部	远郊村	平原	发达	中等	种植业	汉族	流出型	较大村	混合型
小石硅村	西部	远郊村	平原	发达	欠发达	种植业	汉族	流出型	较大村	混合型
呼牧勒敖包嘎查	西部	偏远村	平原	发达	发达	畜牧业	少数民族	平衡型	中等村	散点居住
铁木日乌德嘎查	西部	远郊村	山区	落后	欠发达	种植业	少数民族	平衡型	中等村	混合型
南田村	西部	城郊村	山区	落后	中等	种植业	汉族	平衡型	中等村	集中居住
上海嘎查	西部	偏远村	山区	落后	中等	畜牧业	少数民族	流出型	小村	散点居住
图日根嘎查	西部	远郊村	平原	落后	中等	畜牧业	汉族	平衡型	较大村	集中居住
查汉鄂木嘎查	西部	远郊村	山区	落后	中等	畜牧业	少数民族	平衡型	中等村	散点居住
乌兰哈达嘎查	西部	近郊村	山区	落后	中等	畜牧业	汉族	平衡型	中等村	散点居住
道劳村	西部	近郊村	平原	发达	中等	种植业	汉族	平衡型	较大村	散点居住
石活子村	西部	偏远村	丘陵	发达	欠发达	畜牧业	汉族	流出型	中等村	散点居住
保同河村	西部	近郊村	山区	发达	中等	种植业	汉族	流出型	大村	混合型
朝号村	西部	远郊村	平原	发达	中等	种植业	汉族	平衡型	大村	集中居住
安民村	西部	远郊村	山区	发达	落后	种植业	少数民族	平衡型	较大村	集中居住
巨字号村	西部	近郊村	丘陵	发达	落后	种植业	汉族	平衡型	大村	散点居住
武圣关帝村	西部	城郊村	山区	发达	欠发达	种植业	汉族	平衡型	较大村	集中居住
黄花嘎查	西部	近郊村	平原	中等	欠发达	种植业	少数民族	平衡型	较大村	散点居住
伏虎村	西部	近郊村	平原	中等	欠发达	种植业	汉族	平衡型	大村	散点居住
一间房村	西部	近郊村	丘陵	中等	欠发达	种植业	汉族	平衡型	中等村	散点居住
联星村	西部	城郊村	平原	发达	发达	种植业	汉族	流出型	较大村	散点居住
新兴村	西部	远郊村	平原	发达	发达	种植业	汉族	流出型	小村	散点居住
王善村	西部	城郊村	平原	发达	中等	种植业	汉族	平衡型	中等村	散点居住
太平村	东部	偏远村	山区	中等	中等	林业	汉族	流出型	小村	集中居住
朝阳生产队	东部	城郊村	山区	中等	中等	种植业	汉族	平衡型	小村	集中居住
自兴村	东部	近郊村	山区	中等	中等	林业	汉族	平衡型	小村	集中居住

3) 指标数据的标准化处理

　　评价指标体系中不同指标的量纲存在较大差异,原始数据不具备可比性。同时,各指标与综合评价目标间的函数关系也不相同,直接或间接得到的指标原始值不能直接进行评价计算。为了解决以上问题,本研究在确定最终研究样本后,对原始基础数据进行标准化处理,将各项评价指标值转换为无量纲数值,消除不同单位造成的指标间不可比性,使各变量在分析中处于同等地位,具备可比性[103]。本研

究选择数据相对化方法进行标准化处理,以消除量纲影响,采用公式如下:

$$G_i = \frac{Z_i}{Z_{max}} \qquad\qquad (9-1)$$

逆指标(即数值越小越好)采用公式:

$$G_i = 1 - \frac{Z_i}{Z_{max}} \qquad\qquad (9-2)$$

式中,G_i 为第 i 项标准化评价值;Z_i 为第 i 项指标初始值;Z_{max} 为第 i 项指标的最大值。

本研究中除子女就学单程距离以外均为正指标。得到无量纲标准值后,结合评价指标权重赋值,通过线性加权求和得到研究样本人居环境质量最终评价值(表 9-5)。

表 9-5　内蒙古乡村研究样本人居环境质量评分表

盟　市	县(旗)	镇(乡)	村	安居性评分
巴彦淖尔市	五原县	隆兴昌镇	王善村	0.434 599 4
阿拉善盟	阿拉善左旗	巴润别立	图日根嘎查	0.413 078 5
巴彦淖尔市	五原县	隆兴昌镇	联星村	0.407 588 0
呼和浩特市	土默特左旗	善岱镇	朝号村	0.379 286 3
呼和浩特市	武川县	可可以力更镇	巨字号村	0.374 665 2
阿拉善盟	阿拉善左旗	巴润别立	铁木日乌德嘎查	0.349 487 5
乌兰察布市	卓资县	旗下营镇	一间房村	0.347 186 2
呼伦贝尔市	额尔古纳市	莫尔道嘎镇	太平村	0.342 278 1
鄂尔多斯市	达拉特旗	展旦召苏木	道劳村	0.338 715 6
呼伦贝尔市	额尔古纳市	恩和俄罗斯族民族乡	自兴村	0.334 271 1
呼伦贝尔市	额尔古纳市	恩和俄罗斯族民族乡	朝阳生产队	0.325 682 4
巴彦淖尔市	五原县	隆兴昌镇	新兴村	0.320 243 9
阿拉善盟	阿拉善左旗	巴润别立	上海嘎查	0.316 820 9
阿拉善盟	腾格里经济技术开发区	腾格里额里斯	乌兰哈达嘎查	0.309 999 3
呼和浩特市	土默特左旗	善岱镇	保同河村	0.309 289 5
锡林郭勒盟	多伦县	西干沟乡	大官场村	0.300 837 6
乌兰察布市	卓资县	旗下营镇	伏虎村	0.297 934 9
呼和浩特市	土默特左旗	善岱镇	安民村	0.296 718 7

（续表）

盟　市	县（旗）	镇（乡）	村	安居性评分
呼和浩特市	武川县	可可以力更镇	武圣关帝村	0.291 700 9
阿拉善盟	阿拉善左旗	巴彦浩特	南田村	0.287 668 1
锡林郭勒盟	东乌珠穆沁旗	呼热图淖尔	呼牧勒敖包嘎查	0.287 024 2
乌兰察布市	察哈尔右翼中旗	辉腾锡勒管委会	黄花嘎查	0.268 682 0
阿拉善盟	腾格里经济技术开发区	嘉尔嘎勒赛汉	查汉鄂木嘎查	0.239 569 3
锡林郭勒盟	多伦县	西干沟乡	小石砬村	0.232 254 5
鄂尔多斯市	达拉特旗	展旦召镇	石活子村	0.207 631 3

9.2　样本特征分析

9.2.1　自然环境

乡村外部的自然环境条件是乡村建设发展的基础性要素,内蒙古狭长的形态造就了复杂多样的地理和气候条件。本次调查区域从西到东横跨内蒙古的 7 个盟市,占内蒙古土地的 80.94％,涉及沙漠、戈壁、平原、丘陵、山地、森林等不同的自然地带。样本选取的范围广、覆盖面大,可反映不同自然环境对乡村人居环境的影响(表 9-6)。

表 9-6　调查区域基本自然条件

调查区域	区　位	主要自然条件
阿拉善盟	内蒙古西部	沙地、沙丘、戈壁
呼和浩特市	内蒙古中部	荒漠草原、沙地、水浇地
巴彦淖尔市		
鄂尔多斯市		
乌兰察布市		
锡林郭勒盟	内蒙古东部	草原、沙地
呼伦贝尔市		草原、丘陵、森林

总体来讲,内蒙古西部地区生态环境恶劣,资源有限,人口主要集中在城镇地区,乡村人居环境呈现人口密度低、规模小的特征;中东部地区自然环境优于

西部地区,良好的生态环境、富集的自然资源使村庄人口密度高于西部地区,中东部村庄规模较大,人居环境条件亦较好。

9.2.2 社会环境

1）人口年龄构成

调查样本中乡村人口年龄主要集中在 40~69 岁之间,20 岁以下人口占比极小,人口年龄结构极不平衡(图 9-3)。因乡村人口外流现象严重,导致劳动人口缺失、老龄化明显,生产与消费能力不足。留得住人、留得住劳动力成为稳定村庄建设与发展、维持合理人口结构的基本前提。

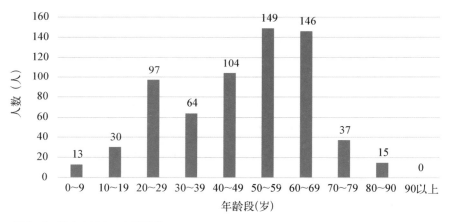

图 9-3　样本乡村人口年龄结构

2）文化素质构成

根据调查数据分析,样本乡村中人口受教育程度以小学、初中水平为主。未受教育人口数量占总人数的 19.5%,接受高中及以下基础教育人口数量占总人数的 73.2%,接受专科及以上高等教育人口数量占 7.3%(图 9-4)。而从总体数据来看,各盟市接受教育人口数量占比基本一致,受教育人口数量占比在 81% 左右(图 9-5),基础教育普及性较好。各盟市高中及以上教育人口数量占比相近,为 30%~32%(图 9-6),说明内蒙古各盟市村民受教育程度差异小,教育资源分布相对均匀。

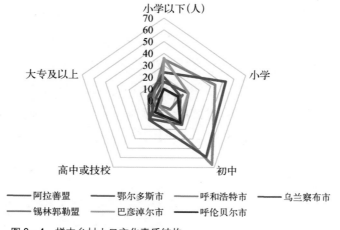

图 9-4　样本乡村人口文化素质结构

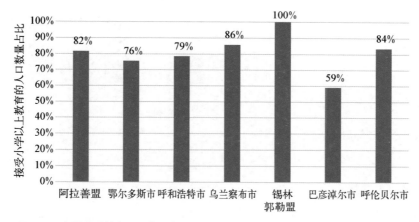

图 9-5　各盟市受教育人口数量占比

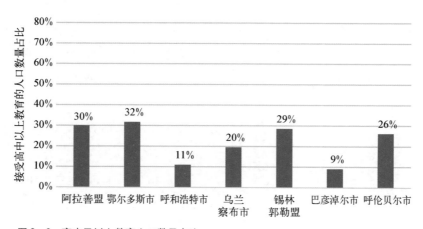

图 9-6　高中及以上教育人口数量占比

3）人际关系构成

根据调查样本数据分析（图 9-7），村支书或村主任对乡村人际关系的评价均较高，认为乡村人际关系较为简单、亲切，社会利益冲突较少。乡村中的基本社会单元依然是以家庭为中心，由有血缘关系和无血缘关系但关系熟络的几个家庭组成具有强烈社区感的小乡村组团。强烈的血缘关系和邻里关系使得村民在生产生活中更易实现互相帮助，表现出比城市更亲密的人际关系和社会环境。

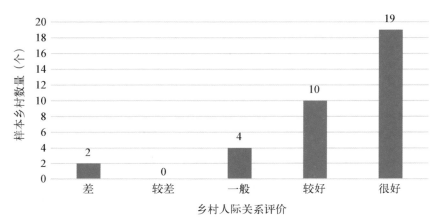

图 9-7　样本乡村人际关系水平

4）乡村能人效应

内蒙古乡村人口普遍受教育程度不高，对现代化的农牧业生产技术掌握不足，但部分农牧民思想意识活跃、文化素质较高、创新能力较强、领导和组织才能较出色、群众支持度较高，在农牧业传统经济中承担技术带头人或经理人的角色，成为农牧区经济增长和致富的带头人。"能人效应"使得相应村庄的村民收入水平、生活质量、乡村社会发展都呈现有序上升趋势。如图 9-8 所示，调研乡村中有 64% 有"能人效应"存在，这些能人在乡村中具有较高的声望，对外联系广泛，是乡村经济体与市场的联系纽带。

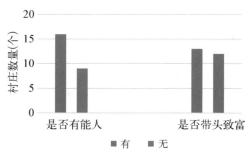

图 9-8　内蒙古调查乡村能人情况

9.2.3 经济环境

内蒙古乡村的传统产业以农、牧业为主,部分地区兼有林业和渔业生产。随着产业结构的不断调整,乡村产业形成以农业为主导,牧业为特色的产业结构。现代乡村产业类型趋于多样化,部分乡村三产融合发展,多以农畜产品生产、加工、销售为主,另有矿产资源开发和旅游等经济形式出现。乡村生活条件与经济发展模式相适应,呈现地区性差异。

1) 居民收入

调查村庄居民户年均收入水平相差不大,均在 4 万~5 万元,锡林郭勒地区户均收入稍低,不足 4 万元(图 9-9)。大部分地区村民的主要收入来自农业生产、非农务工和社保补助。分析各地乡村的收入结构可以看出,锡林郭勒、阿拉善和鄂尔多斯地区以农林牧渔业为主;呼和浩特、乌兰察布和呼伦贝尔地区以非农务工为主;巴彦淖尔村民收入来源占比相对平衡。由于阿拉善地区农业生产条件较差,乡村社保补助占收入的比重明显高于其他地区。

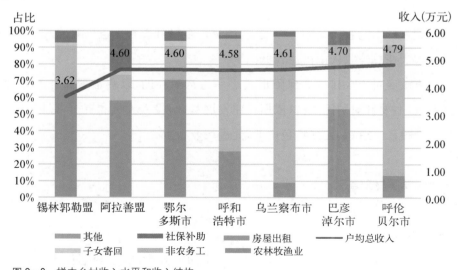

图 9-9 样本乡村收入水平和收入结构

2) 居民消费

从家庭消费结构分析可得(图9-10),村民主要支出为吃穿用度、看病就医、农业成本等,以满足家庭生产生活需求为主。从马斯洛的需求层次理论(图9-11)角度分析,上述消费结构偏重于基本需求层次,经济收入来源单一且较低,对消费行业拉动亦不足。

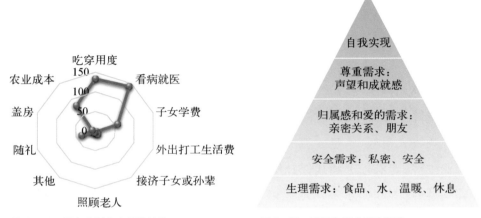

图9-10 样本乡村家庭消费结构   图9-11 马斯洛需求层次理论

3) 社会保障

从调查样本的收入结构可以发现,内蒙古乡村社会补助已实现全覆盖,但社会保障收入在总体收入中占比较低。

地方政府对于乡村社会保障形式之一为贫困补助,以资金帮扶和产业帮扶形式发放,主要针对贫困乡村,依据村庄发展基础,投入人员和资金,以财政政策引导资金投入,支持其发展特色产业,促进产业新生。

9.2.4 人居环境

1) 居民点规模

调查区域范围内,受地形条件和生产生活方式影响,乡村居民点规模呈现"农区大、牧区小"的总体特征,且中部地区农业人口较集中,乡村数量、规模与分布密度均高于东西部地区;东部地区由于山地、草原、森林等自然生态环境的保护以及牧、林产业的生产特殊性,限制了乡村可容纳人口数量,各乡村居民点规模较小;西部地区的生态环境对生产生活的承载力较低,人口数量少,且集中于城镇,村庄数量少、规模小且布局分散。

2) 住房条件

调查样本乡村的居民住房占地面积普遍较高且呈现地区差异性。宅基地面积集中在 400~800 平方米之间,平均为 564.97 平方米,住宅面积在 40~120 平方米之间,平均为 77 平方米。阿拉善盟和巴彦淖尔市的乡村住房平均面积较高;鄂尔多斯市和乌兰察布市的乡村住房水平接近全区平均值;呼伦贝尔市、锡林郭勒盟和呼和浩特市则低于全区平均水平。同时,内蒙古地区乡村住房条件及配套设施普遍落后,生产和生活基础设施均较为落后。

表 9-7　样本乡村居住条件

调查区域	村庄平均户数(户)	住房平均面积(平方米)
锡林郭勒盟	226	59
阿拉善盟	180	103
鄂尔多斯市	600	82
呼和浩特市	839	50
乌兰察布市	589	83
巴彦淖尔市	486	102
呼伦贝尔市	54	63

9.3　评价分析

9.3.1　总体评价

根据内蒙古 25 个乡村样本人居环境质量评价的最终结果(图 9-12),可得到以下结论:内蒙古乡村人居环境质量整体处于中等偏下水平。从调研中获得的数据可以看出,内蒙古乡村人居环境客观供给评分较高,但主观意愿评分略低(图 9-13)。原因在于内蒙古近年来在乡村振兴战略指引下,乡村基本建设投入较大,但因地域广阔,布局分散,建设与养护难度大等,基础设施的供给质量和普及率均与乡村居民的需求有一定距离。

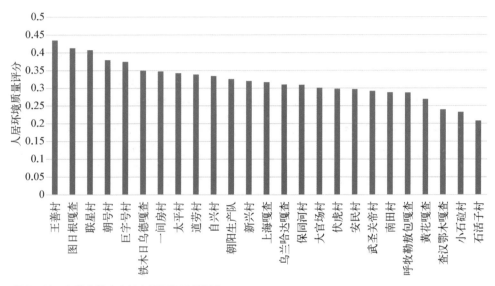

图 9-12　内蒙古样本乡村人居环境质量评分

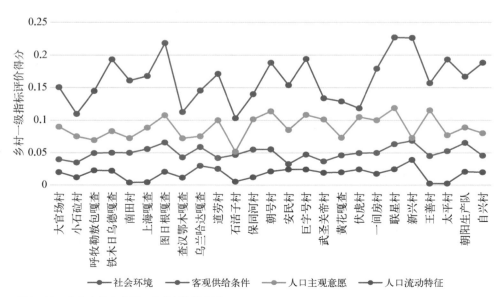

图 9-13　内蒙古样本乡村一级指标评价得分

9.3.2　样本评价

我们通过研究样本乡村二级评价雷达图,分析内蒙古地区乡村人居环境质量共性特征与差异性特征,获得了对不同类型乡村建设水平的认知,以便针对不同类型乡村特点制订具体的提升改善意见。

共性特征:从 25 个样本乡村人居环境质量二级指标评分来看,评分占比较高的指标项主要集中在生活质量、生活质量满意度、生态环境三个指标上。在 13 个二级评价指标中,内蒙古地区乡村客观的基础设施供给条件对人居环境质量的影响较大,是现阶段影响内蒙古乡村人居环境质量评价的重要指标。

差异性特征:人居环境质量相对较好的村庄评分极值较大,高评分指标集中在客观供给条件方面。一般和较差乡村的评分在各方面相对平衡,表明现阶段人居环境质量较差的村庄具有较大的发展提升潜力,通过提高乡村的物质供给,在一定程度上就可以提高低质量乡村人居环境水平。但对于人居环境质量已经较好的乡村,单纯地提升满足基本生产生活需求类的设施条件对于提升乡村人居环境质量的作用不再明显,需在提升区域整体发展水平和优化产业发展模式的基础上,加强满足居民精神需求的文化类设施配套水平,这是进一步提升乡村人居环境水平的主要方向。

9.3.3　空间格局

内蒙古乡村人居环境质量平均得分为 0.317 4,整体属于中等偏下水平,评价最高分是最低分的 2.09 倍,乡村人居环境质量发展不平衡。以内蒙古乡村人居环境质量的平均得分为 Q,以高于 Q 值评分的平均值 0.342 8 为 Q_1,以低于 Q 值评分的平均值 0.283 7 为 Q_2。将 Q、Q_1、Q_2 数值作为乡村人居环境质量的分级依据,内蒙古乡村可分为四种类型:高质量、较高质量、较低质量、低质量[104](图 9 - 14—图 9 - 17)。

高质量乡村,评价得分高于 Q_1。该类乡村人居环境质量处于较高水平,居住条件适宜,基础设施与公共设施较为完善,村民生活质量满意度高。

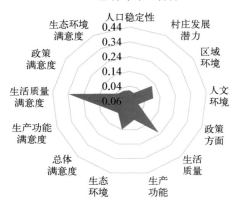

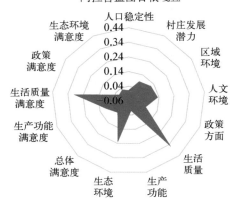

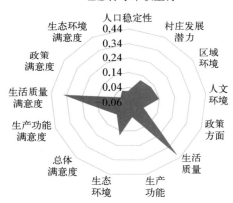

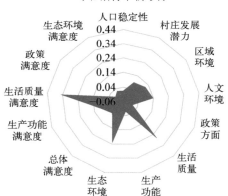

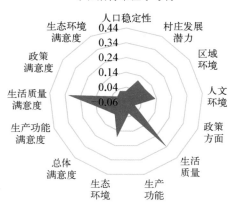

图 9-14 高水平乡村二级指标评分

阿拉善盟铁木日乌德嘎查

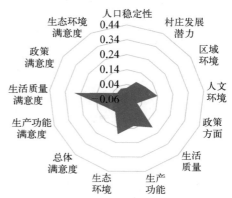

乌兰察布市一间房村

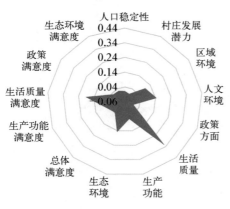

呼伦贝尔市太平村

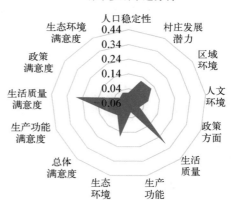

鄂尔多斯市道劳村

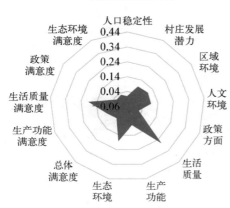

呼伦贝尔市自兴村

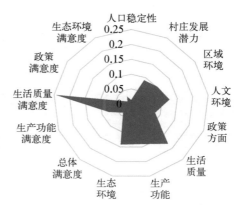

呼伦贝尔市朝阳生产队

图 9 - 15　较高水平乡村二级指标评分

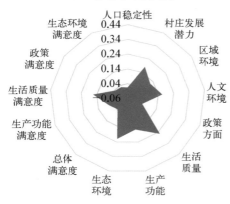

巴彦淖尔市新兴村

阿拉善盟上海嘎查

阿拉善盟乌兰哈达嘎查

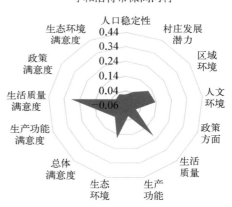

呼和浩特市保同河村

锡林郭勒盟大官场村

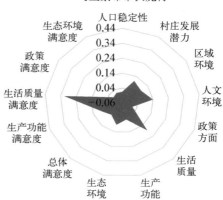

乌兰察布市伏虎村

呼和浩特市安民村

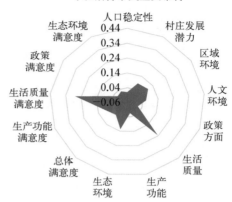

呼和浩特市武圣关帝村

阿拉善盟南田村

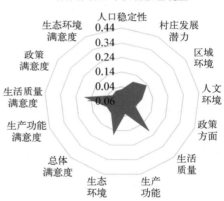

锡林郭勒盟呼牧勒敖包嘎查

图 9 - 16　较低水平乡村二级指标评分

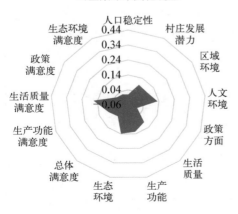

乌兰察布市黄花嘎查

阿拉善盟查汉鄂木嘎查

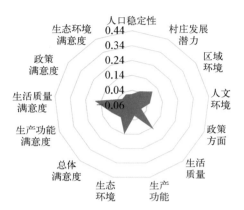
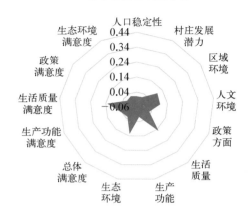

图 9-17　低水平乡村二级指标评分

较高质量乡村,评价得分高于 Q,低于 Q_1。乡村人居环境质量较高,居住条件较为适宜,设施配置较为完善,生活质量满意度较高,部分乡村在区域条件上与高水平区域存在差距。

较低质量乡村,评价得分低于 Q,高于 Q_2。乡村数量较多,人居环境质量有待进一步提高。居住环境和环境卫生一般,基础与公共设施配置水平较低,村民生活质量满意度不高。

低质量乡村,评价得分低于 Q_2,处于内蒙古乡村人居环境质量方面的最低水平。这类乡村所处区域自然环境较差,交通不发达,居民点规模小,缺少公共设施和基础设施,居住环境艰苦,村民对生活质量不满意。

表 9-8　内蒙古乡村人居环境质量评价分类

高质量村庄	较高质量村庄	较低质量村庄	低质量村庄
王善村	铁木日乌德嘎查	新兴村	黄花嘎查
图日根	一间房村	上海嘎查	查汉鄂木嘎查
联星村	太平村	乌兰哈达嘎查	小石砬村
朝号村	道劳村	保同河村	石活子村
巨字号村	自兴村	大官场村	—
—	朝阳生产队	伏虎村	—
—	—	安民村	—
—	—	武圣关帝村	—
—	—	南田村	—
—	—	呼牧勒敖包嘎查	—

　　根据以上分析,内蒙古乡村人居环境质量评价中,高质量与低质量村庄数量较少,呈现"两边低、中间高"的分布特征(表9-8)。同时,乡村人居环境质量与生产类型和主导产业相关,农区人居环境质量明显高于林区,林区又高于牧区,人居环境质量为"高"和"较高"的乡村有45.4％位于农区。牧区村庄则因空间布局分散、人口规模小、密度低,经济发展水平低且缓慢、基础设施配套水平低、交通不发达等特点,人居环境评价普遍偏低(图9-18,图9-19)。

图9-18　内蒙古乡村人居环境质量整体空间格局

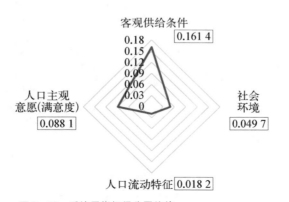

图9-19　系统层指标得分平均值

9.4　影响因素

9.4.1　设施配置

1）公共服务设施

　　根据调查样本数据分析（图9-20），在调查乡村样本中，除镇村公交车和老年活动中心以外，其他公共服务设施的配置率均达70%以上，乡村公共服务设施配置相对完善。但根据问卷调查，村民公共服务设施使用的满意度较低。一方面是乡村日益发展的经济使得医疗文化教育设施的需求大大增加；另一方面是公共服务设施高度集中于城镇，乡村现有的公共服务设施配置受限于村庄经济发展水平和分散布局的特征，服务的规模、质量等均不尽如人意，如乡村的卫生室，只能为村民提供一般药品、输液、打针等简单的医疗服务，难以全面担负起保障村民健康的作用。公共交通、娱乐设施、体育设施等满意程度也相对较低（图9-21）。尤其是公共交通设施，村民的不满意程度高达67%。地区经济发展水平偏低、设施供给水平较差，以及低人口密度造成公共服务设施难以实现均衡配置，是现在乡村设施配置与村民需求之间产生矛盾的主要原因。

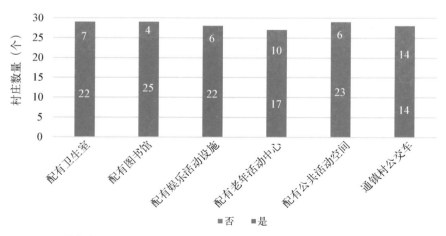

图9-20　样本乡村公共服务设施配置情况

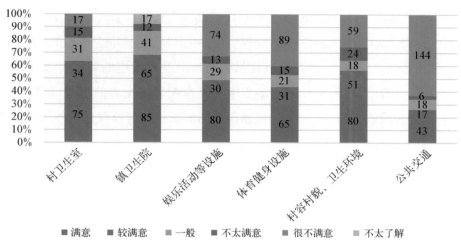

图 9－21　样本乡村公共服务设施村民满意程度

2）市政服务设施

　　市政基础设施是保障村民生产生活品质的基础条件，随着新农村建设工程实施，内蒙古乡村地区的基础设施条件得到较大改善。如图 9－22 所示，乡村水电供给的基本情况为：90％的乡村通电率达 90％以上，75.86％的村庄已通自来水，75％的乡村均配置广播电视和电信设施等。

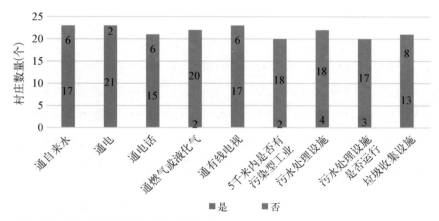

图 9－22　样本乡村市政基础设施配置情况

　　乡村基础设施配置的最大问题在于污水和垃圾收集设施。82.14％的乡村都无完善的污水处理设施配置，29.63％的乡村未设置垃圾收集设施，直接影响乡村的环境卫生、村民的健康安全和人居环境品质。

因燃气输送距离长、成本高,调查村庄的燃气设施配置率仅为 12%,多数村庄仍以木材和煤炭作为燃烧材料,成本较低,但存在环境卫生和消防安全的问题。

依据基础设施的供给情况,对比村民对市政基础设施的实际需求情况(图 9-23),可以看出,村民实际需求多集中在设施配置未完善的部分,如环卫、道路、污水处理设施。部分村民对自来水设施的需求也相对较高,主要原因是自来水设施配置尚未完善,日常用水以井水或水车为主。

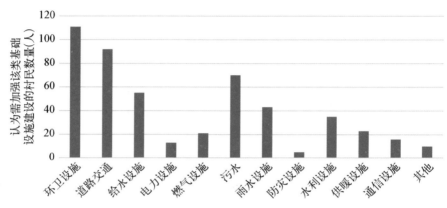

图 9-23 样本乡村基础市政设施需求情况

9.4.2 产业与就业

内蒙古地区经济发展较为落后,乡村经济主要是以第一产业为主的单一发展模式。调查乡村样本中,内蒙古乡村产业主要以种植业和畜牧业为主(表 9-9),经济发达程度普遍较低。以种植业为主的乡村中,处于发达程度的乡村仅有 2 个,处于中等发达和欠发达水平的村庄有 13 个,占比为 76.5%,发达程度有明显差异化表现;以畜牧业和林业为主的村庄则以中等发达为主,差异性较小(图 9-24)。

表 9-9 内蒙古调查乡村样本产业类型

农业类型	种植业	畜牧业	林业
	17	6	2
非农类型	专业服务型	旅游型	无
	4	3	18

受单一产业模式影响,村民以务农为主,占所有从业类型的50.8%,半工半农为辅助从业类型,占19.2%(图9-25)。从就业类型差异看,如父辈在乡村务农或半工半农的,子女一辈从事农业生产的比例较低,以进城打

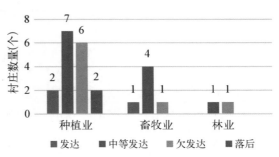

图 9-24　样本乡村农业类型与发达程度关系

工等非农生产为主(图9-26)。两代人之间职业类型的代际差异,反映了城镇化对乡村人口就业的影响,以及开放的社会结构系统对人口代际流动的影响。

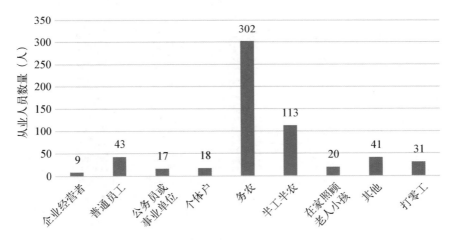

图 9-25　样本乡村村民职业类型分布

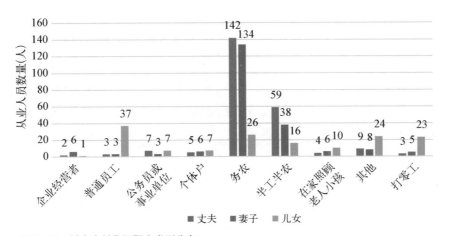

图 9-26　样本乡村代际职业类型分布

9.4.3 建成环境

1) 村庄建设及住房

　　住房及村庄环境作为居民生活的主要物质空间载体，可反映村民的基本生活状态。如图9-27所示，样本乡村的居民对于近几年乡村建设、住房条件、环境均持"很满意"和"基本满意"的态度，满意程度较高，说明内蒙古地区自2014年以来新农村建设工程取得了初步成效。但乡村经济发展水平、生活便利程度等尚低，村民的生活满意程度较低。

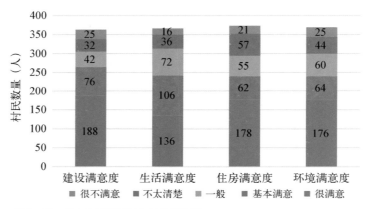

图9-27　样本乡村村民对乡村的满意度

2) 教育条件

　　根据图9-28所示，村民认为乡村学校发展面临的主要问题是学校数量不足、可达性较差、教学质量偏低。原因在于分散的空间布局、数量较少的教育设施与乡村适龄儿童就学需求存在矛盾，而部分地区的基层教育机构合并加剧了该矛盾。儿童异地就学、父母陪读导致的乡村人口流失成为导致乡村"空心化"的主要因素之一。

3) 养老情况

　　如图9-29所示，调查人口年龄在60岁以上的占比为33.01%，60岁以下的人口主要集中在40～59岁之间，占样本总数的42.44%，40岁以下人口的数量

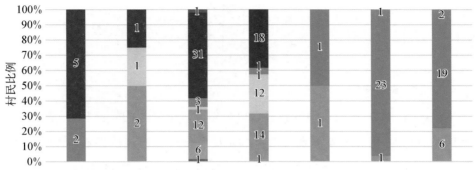

图 9-28　样本乡村村民认为学校应该加强建设内容占比

占 24.55%。乡村人口老龄化情况明显远较城镇地区更为严重,养老问题已成为乡村社会的重要问题。受地域观念及经济的限制,现状的乡村养老仍以家庭养老为主,老年活动设施在乡村的配置情况是反映老年人生活质量的重要指标。根据老年人对于乡村老年活动中心的满意度调查,大部分乡村内并没

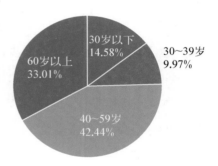

图 9-29　样本调查各年龄段人口占比

有配置活动中心,老年人娱乐活动匮乏;同时,现状乡村医疗条件难以真正保障老年人健康和就医需求,影响乡村老年人口安居性(图 9-30)。

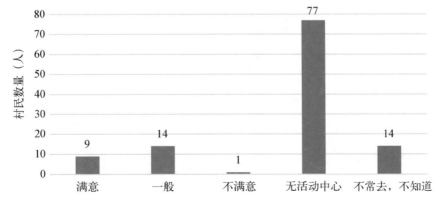

图 9-30　样本乡村老年人对老年活动中心及相关设施的满意度

9.4.4　人口流动性

1)　乡村人口流动情况

　　根据调查显示,内蒙古地区乡村人口仍然表现出强烈的外流意愿,青壮年劳动力缺失和空心化等现象是乡村人口的主要特征。乡村经济发展水平低,就业环境差,从事农牧业生产强度大且收入低,乡村内部文化教育和医疗等设施供给不足等问题是乡村人口外流的主要原因。因民族文化观念的影响,牧区人口外流程度低于农区。但近年来,乡村地区人口对于外出务工的想法有所改变,随着地方产业转型和政策辅助,部分乡村依托特色种植业或旅游业等,极大程度改善了当地的经济与居住条件,有劳动力留在乡村或返乡就业的趋势。

　　从图9-31、图9-32可看出,自2010年以来,内蒙古各盟市均有以中青年人口为主的返乡行为,但数量较少,人口流向仍以乡村向城镇流动为主。返乡人口流动受经济产业发展影响明显,如呼伦贝尔市,人口返乡流动情况受旅游产业影响,季节性特征明显;呼和浩特市周边乡村受中心城区经济辐射、便利的交通、良好的区位条件、相对密集的人口,以及乡村产业结构调整和机械化程度等均高于其他地区等相关要素的影响,周边乡村的返乡人口数量明显高于其他盟市。此外,城乡之间日益发达的交通条件为乡村人口的短期流动或季节性流动提供了便利。

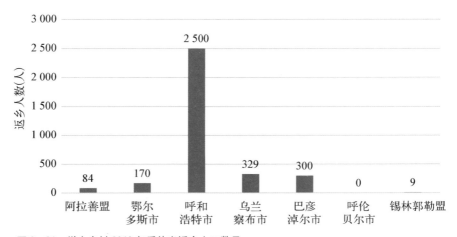

图9-31　样本乡村2010年后外出返乡人口数量

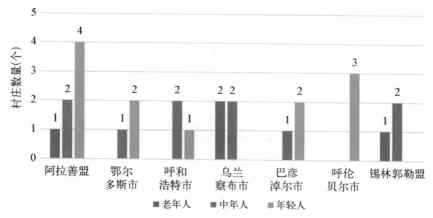

图 9 - 32　样本乡村返乡人口年龄类型

2）人口流动、产业类型及村庄发达程度之间的关系

调查样本乡村的产业类型均以传统种植业和畜牧业为主,人口流动情况与产业发展类型与发达程度均相关(图 9 - 33)。经济较发达的乡村一般拥有良好的区域条件和交通条件,与周边城市保持着较为密切的联系,开放性较好,极易受到城镇的经济、技术和革新的影响,人口在城乡之间流动频繁;而欠发达和落后地区的乡村往往地处偏远,经济发展落后,亦缺少外界的辐射与带动作用,整体环境闭塞,乡土观念强,对生活的质量要求不高,人口流动性弱,社会相对较稳定(图 9 - 34)。但该类乡村更可能面临后续发展无力、逐渐衰败的情况。

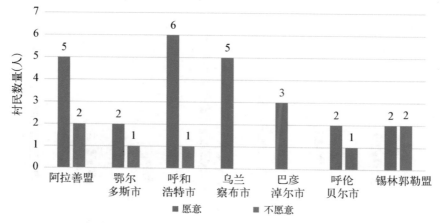

图 9 - 33　样本村庄年轻人外出意愿

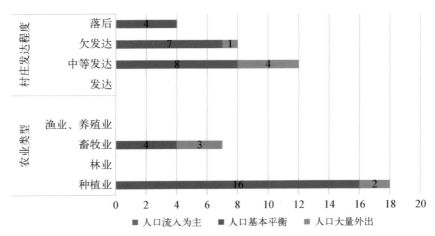

图 9-34　人口流动与村庄产业类型和发达程度之间的相关性

3）未来人口流动趋势

　　调查数据显示,以老龄人口为主的农村留守人口搬迁的意愿很低,大部分人口不愿离土离乡。牧区人口则受民族文化和牧业生产方式影响,搬迁意愿普遍较低(图 9-35),不愿意搬迁的主要原因有"城市里就业困难""消费水平高""城镇生活不习惯"以及乡土情结等(图 9-36)。因受教育程度普遍较低,乡村人口在城镇中面临就业、收入、住房、社会保障等压力,同时,乡村现有居民往往年龄较大,有着较深厚乡土情结,故土难离及对城镇生活的不适应,使得其搬迁愿望较低,正如调查数据显示,乡村中有意愿搬离的人口仅占总人数的 12.9%。

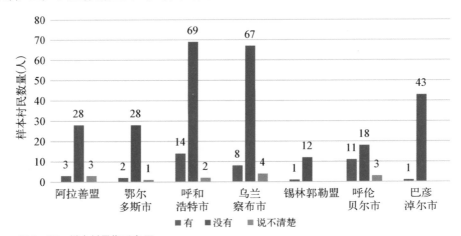

图 9-35　样本村民搬迁意愿

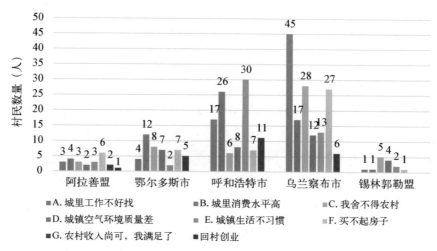

图 9-36　样本乡村居民不愿搬离乡村原因

呼和浩特市、呼伦贝尔市和乌兰察布市周围乡村居民未来的搬迁意愿相对较为强烈，应与这些盟市选择的样本乡村与城区距离、经济与社会的流动性和开放性等条件有关。

但源于对下一代子女的期望，大多数村民对子女进城持支持态度（图 9-37）。主要原因是现有的城乡二元结构，城镇与乡村之间在经济收入、生活环境、教育医疗等公共服务设施等方面存在较大差距。乡村的年轻人往往因受教育或外出打工等原因，生产与生活方式均以城市性为主，在乡村生活时间短，乡土情结淡薄，而乡村现有经济环境亦缺少足够的吸引力。

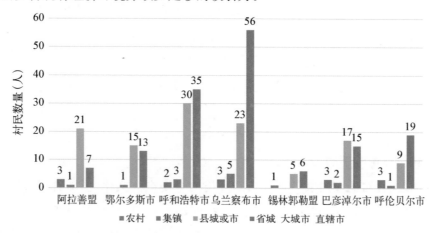

图 9-37　样本市村民期望下一代的生活环境

9.4.5　人居文化

1）民族人居文化认识

　　人居文化可分为三层不同含义，分别为物质要素、行为要素和精神要素（表9-10）。精神要素是核心要素，也是人居文化的发展动因，是在不同地域环境下形成的人居价值观[105]（图9-38）。价值观形成后会作用于人类有意识或无意识的行为选择，并跟随血脉传承，指导着人居环境中人与人、人与自然间相处的行为和活动方式。不同的价值观由于自然、社会、生产条件的不同会形成具有差异的人地关系，影响人工环境与自然环境的协调。

表9-10　人居文化属性不同层面具体内容

人居文化要素	主要涉及内容
物质要素	生产工具、生活用具等物质形式
行为要素	人类的行为规范、风俗习惯、生活制度
精神要素	思维方式、价值观念、宗教信仰、民族性格

资料来源：根据刘滨谊《人居环境三元论：人居环境研究方法论与应用》整理。

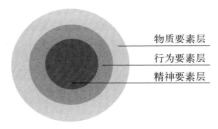

图9-38　人居文化三层要素之间的关系

　　内蒙古作为少数民族聚居区，许多地区还保留着相对完整的传统文化，如蒙古族的"游牧文化"，鄂伦春族、鄂温克族的"狩猎文化"，达斡尔族的"捕鱼文化"。少数民族在内蒙古地区广阔的地域范围内传承了相对完整的传统民族文化，同时各民族交往与融合使得原生的民族文化精神、价值观念、生产生活方式既有承袭，也有变异；人居环境物质空间的外在表现形式既保留着地域环境、民族文化的鲜明地域特征，同时也有历史发展时期与不同民族文化和其他文化所融合形成的时代印记[106]。

2）文化价值影响下的"人地观"

　　游牧文化是顺应内蒙古地区自然环境的早期主体文化，但随着汉移民和农耕文化的扩散，形成了农耕文化与游牧文化交融并存的地域特征。两种文化由于环境背景、宗教信仰等方面的不同，各自形成了特有的价值观，不同的价值观充分体现在不同的文化背景下人对环境的理解和认知,引导着人类对环境的改造与建设。

原始游牧文化影响下的人地关系是以尊重与顺应自然为前提的价值观。优良的草场是游牧文化发展与延续的空间物质基础,逐水草而迁移,定期转换牧场,减少草场压力,是游牧文化最主要的特点。分散而低密度的人工建成环境对自然干扰小,保持了草原良好的生态平衡,也形成了草原特有的生产生活方式。但在近现代的草原开发政策和文化融合过程中,不同于游牧文化对自然环境的依赖和粗放式经营,农耕文化更注重单位面积土地的循环利用和精耕细作,以人力投入为主去维持土地的一定产出水平,并依赖自然条件[107]。同时,在依靠人力投入的低效农业生产情况下,扩大垦殖面积成为弥补低产出效率的主要手段。因此,密集而快速增长的人口、高强度的土地开发是农耕文化的生产特征,并伴随着对草原的垦殖与开发,草原民族传统的生产生活和生态环境都发生了显著的变化。首先,是土地利用方式的变化,这是农耕文化和游牧文化人地观最根本的区别。由于草场退化以及农业对定期劳动投入的需求,游牧移动范围和次数逐渐减少,定居村庄发展速度加快,部分蒙古族放弃畜牧业生产,成为与汉族农民一样的定居农业生产者[108]。其次,是空间形态特征的变化。游牧文化下散居的聚落组团空间逐步演变成定居的组团空间,牧民在条件好的苏木或嘎查聚居,形成了"大分散、小聚居"的空间特征。再次,是经济发展模式的变化。受农耕文化影响的地区,土地利用逐渐精细化,畜牧业养殖以舍饲和干草饲料代替了"逐水草而牧",蒙古族在生产、生活形态上逐步与汉族趋同,甚至部分蒙古族由于草场退化而逐步转向了农业生产。

3）民族文化对乡村建设的影响

文化的主要作用体现在村民对普遍价值观的认知上,这种根植于村民意识中的形态,潜移默化地影响着村民的行为和物质选择,同时也影响着村民对自然的改造和利用手段。在城市化的影响下,乡村人居环境打破原有传统、封闭的组织形式,空间形态逐渐趋于开放,距离城市较近的农牧区最先接受城市的多元文化、价值观和现代化经济发展及生活模式,这种影响伴随着便捷的交通通信条件向更大范围的农牧区传播(表 9-11)。

表 9-11　不同时期人居文化影响下的乡村社会及空间变迁

	传统农业时期	工业文明时期	后工业时期
传统民族价值观念	以少数民族观念为主导、尊重自然	汉族及城市文化的介入、少数民族文化及价值观受到冲击	强调民族文化、建立民族文化自信、寻求不同文化类型的合理性融合
人地关系	顺应自然	改造、征服自然	与自然和谐发展
生产方式	游牧、狩猎、农耕	工业发展、农业产业化	可持续食品生产加工、绿色服务业
人类活动需求	满足基本生存	居民生活质量提高、活动范围扩大到满足生理、休闲、家务等活动	生活质量进一步提高，需求多元化、绿色生态化
人类开发行为	集中在乡村	由乡村向城镇涌入	趋于城乡平衡、健康流动
社会家庭结构	以家族或集体为主	以个人化、核心家庭模式为主	以核心家庭为主，规模小型化
空间建设	就地取材、自然建造	新材料，模式化建设	传承和发展传统建造方式、可持续生态化建设模式
村庄规模	蒙古族聚居点较小，汉族聚居点较大	蒙汉居民点融合，蒙古族居民点进一步缩小，汉族居民点呈集聚和分散两极分化	保护民族聚落聚集区，分别确定蒙、汉聚落合理的规模
规划发展	基本无规划，自由式发展	规划介入精英化、模式化乡村规划建设	规划趋于理性探索地方特色、强调村民参与式开发

　　乡村聚落空间建设也随着文化、社会关系、生产技术的发展不断变迁。早期村落的建设条件以与自然环境相适应为前提，是一种环境友好的土地利用形式，传承了传统朴素的生态价值观，成为地域景观的代表。进入工业文明时期和后工业文明时期的内蒙古乡村建设，受建设理念影响，更加注重生态环境保护、民族传统文化传承和地域性风貌保护，强调更符合地区实际需求的"新农村和新牧区"建设。

第 10 章 内蒙古乡村人居环境的
思考与展望

　　内蒙古自治区地处我国北疆,是连通俄蒙的重要通道。经过多年的努力,内蒙古乡村人居环境水平有了很大提高。但是,人居环境建设是个长期的过程,需要我们不断思考、总结问题。内蒙古乡村人居环境研究以国内乡村人居环境的研究为背景,借鉴国际乡村人居环境研究经验,以低人口密度为主要切入点,横向借鉴,纵向对比,形成了具有一定地域特色的研究、建设模式。本章在前述研究的基础上,对乡村社会转型、产业发展、空间建设、地域风貌提出思考,并按照产业功能类型对农业型、林业型、牧业型、混合型乡村提出发展展望。

10.1 内蒙古乡村人居环境思考

10.1.1 社会转型

　　内蒙古乡村受农牧业经济状况和政策的影响,人口结构发生了变化。农业地区农耕收入偏低,对人口产生外向推力,同时,以个体经营为主的机械化发展提高了劳动效率,剩余劳动力向资源富集地区转移,人口流动性显现,乡村出现空心化、老龄化现象,人口结构不合理;林区、牧区在生态保护政策影响下,生产方式转变最大,传统的牧业生产和林业生产发生了质的变化,同时,产生大量剩余劳动力,资源市场的推力和政策奖补制度的拉力是牧区、林区形成人口结构变化的两大动因。区域生态保护的改革和社会转型有利于牧区、林区发展,同时也面临着社会不稳定因素多、民生问题亟需解决的困境,农工混合型、农商混合型乡村的人口结构相对传统农、牧、林业型乡村稳定,资源的挖掘、产业链条的拓展、收入的提升使得人口结构相对合理,老龄化、空心化现象不明显。

　　产业结构合理,收入水平提升,人口结构稳定,是保障乡村发展战略稳步实施的基础条件,以内蒙古地域特色产业为切入点,平衡市场引力,以产业发展带动农区、林区、牧区人口回流,是目前内蒙古乡村社会转型发展的方向。

10.1.2　产业发展

产业的发展是提升乡村人居环境的首要因素,内蒙古地区乡村产业单一,农牧业现代化、产业化程度不高,以农牧业为依托的第二、第三产业发展不顺利。河套灌区耕地质量较好、灌溉便利,农业一直较为发达,但土地流转途径探索、产业链条拓展进展缓慢,所以灌区乡村的第二、第三产业发展缓慢。良好的自然资源是草原畜牧业发展的基础,草原牧区与荒漠化地区的产业发展长期以来受自然资源、环境气候影响较大。由于草原生态系统脆弱,以牧业生产为主的草原牧区受到自然环境的严酷考验,牧民的生产生活困难,被迫改变传统的生存方式,以政策奖补形式维系草原牧区人地关系,产业发展遇到瓶颈。自然环境成为牧民生产生活的限制性因素,牧区以第一产业为依托的第二、第三产业发展动力不足。过去很长一段时间林区产业属于资源索取型,随着人们生态保护意识的提升和政策的实施,林区产业由林木资源索取转变为森林附加产品生产和森林旅游服务,以林业资源为依托的产业亟需转型提质。相较农业型、牧业型、林业型乡村,混合型乡村在产业发展思路上有所转变。条件较为成熟的部分乡村探索出以第一产业为依托的多产业协作模式,均以涉农、涉牧旅游业为主,但产业方向单一,缺乏区域协同,发展缓慢。总体来看,内蒙古乡村产业发展问题集中在高度依赖第一产业,以第一产业为基础的第二、第三产业发展动力不足。

产业发展需打破第一产业资源依赖,以广域调查为基础,区域协同,辨析乡村差异化特征,角色互补,功能互助,形成稳定持久的乡村产业链条,融汇第二、第三产业职能,激活市场,形成内蒙古特色乡村产业品牌。

10.1.3　空间建设

乡村空间建设的载体是乡村聚落,乡村空间品质建设是乡村人居环境的直接体现。一般乡村的空间建设思路在民族地区、偏远地区乡村实施遭遇"水土不服"。空间建设意识淡薄、地域壁垒破除、建造技术的普及,使得乡村空间存在建设无序、照搬城市的情况,农区体现尤其明显。乡村建设用地面积普遍偏大,土地利用较为粗放,缺乏统一规划,导致村庄内部用地布局混乱,建筑零散分布,造成土地浪费。过去的乡村建设多以环境建设为主,对乡村空间的地域特征与乡村文脉传承缺乏考虑,重视视觉效果,轻视基础设施建设。草原牧区是内蒙古地区最具特色的民族性、地域性空间,林区是内蒙古东部地区典型自然资源高度依赖的空间,随着时代发展、科技进步、建造技术普及,牧区居住空间(蒙古族代表性居住空间——蒙古包)和林区居住空间(自然资源高度依赖的居住空间——木刻楞)建设与农区趋同,建筑形态、风貌逐渐由传统牧区、林区向农区转变,地域性、民族性缺失。同时,牧区(包含荒漠化地区)的聚居区域与生产区域在空间上存在一定距离,放牧区域过大,居民点建设与牧业生产分离,导致部分乡村生活性空间向周边城镇转移,原有居民点建设出现空心化现象,乡村空间荒废。林业生产活动受气候影响较大,夏季乡村居民主要生活在以生产区域为腹地的乡村居民点,冬季则生活在周边城镇,位于林区生产空间内的居民点建设相对滞后。林区因其特殊的生产制度,居民多为林业局职工,居民点不算传统意义上的乡村,涉农空间政策在林区不被覆盖,空间建设缺乏自上而下的资金支持和政策支持,空间建设相对滞后。

空间建设是多因素调控的结果,是政策、资源、技术的复合化表达,同时要考虑市场调节。空间建设不能一蹴而就,无法"复制粘贴",村民意愿、经济基础等因素决定了空间建设的品质和方向,同时,专业化技术力量的投入也是乡村空间建设质量的保证。

10.1.4　地域风貌

地域壁垒破除,空间建造新技术得到推广,是科技进步的表现,但是新技术在应用过程中缺乏地域性建设指引,"舶来艺术"与地域文化的冲突,使得农区(包括混合型乡村)、牧区、林区地域文化特色不强。空间风貌的形成一般经历"基础调查—类型归纳—要素提取—风貌导引—建设实施"五个过程,扎实的前期工作是风貌管控的前提条件,风貌建设的前期过程缺位,会使得风貌要素的提取与地域性要素脱离,空间风貌出现"舶来空间",地域性、民族性风貌特色缺失,风貌趋同。农区新农村建设过程中,许多乡村按照统一的规划设计标准进行改造建设,强化了乡村风貌的整体性和统一性,却大大减弱了地域识别性,破坏了乡村传统肌理,乡村风貌发生巨大变化。牧区同样受城镇化自上而下建设思维的影响,追求舒适整洁、现代方便。这种模式速度快、规模大,但改造过程中缺乏地域性思考,忽视了草原地区少数民族特性。蒙古族的文化在"再社会化"过程中,受其他文化明显的冲击,生产生活形式面临着改变与重组,没有适宜的空间策略指导,会造成草原牧区空间建设失语。林区建筑材料特殊,民族文化深厚,建筑形式独特,是人类居住建设史上值得充分保护的物质空间形式,随着时代的发展,多数民族地区建筑失去原有的空间形式,造成传统民居衰落,由于缺少理性思考和成熟的指导规范,林区乡村空间无序化发展,地方文化特色被破坏。

随着乡村振兴战略的实施,地域风貌的管控应探索一套独特的技术方法,摒弃空间复制,建立在主要要素管制、次要要素引导的基础上,保证空间风貌的地域化、民族化,在保障地域风貌特色的前提下,满足乡村空间建设需求,提升乡村人居环境品质。

10.2　内蒙古乡村人居环境展望

内蒙古乡村的发展不是一个村的任务,不是一个镇的任务,而是全自治区、全国的任务。若要打破乡村发展瓶颈,首要的是乡村地位提升。乡村发展影响我国发展大局,同时乡村发展短期不见成效,需要做好前期铺垫,为转型期发展提供基础,才会得到外部效益。

我国乡村从"生产队集中大生产"阶段,强调乡村资源的公共属性,到"家庭联产承包"阶段,强调乡村资源公共属性的私有化使用权,以激发乡村主体的主观能动性。随着乡村资源的家庭化发展到一定时期,生产效益达到峰值,乡村发展遇到瓶颈,亟需转型。而基于"土地流转模式"的创新型范式,是建立在我国乡村历史发展特征的基础上,充分利用高科技发展的时代红利,使乡村主体的效益最大化,以求科学合理的利润分配机制,保障乡村人居的转型提质。

1）乡村原动力的激活再生

应尊重乡村自下而上的原动力能量，通过技术手段引导发展路径，汲取城镇化发展红利，保留乡土化社会结构，形成具有独特乡村美感的、与城镇相呼应的差异化优质人居空间。乡村原动力来自乡村人自身发展的诉求，应发挥主体主观能动作用。结合乡村振兴战略、新型城镇化发展战略的客观影响，重点在于探索一条适合乡村发展的途径。而发展途径的选择需要建立一套科学的决策体系，其重点在于乡村发展各层次方法技术的科学性。

2）方法技术的科学应用

建立科学的基础条件评估模型，包括自然要素能量供给能力评估和要素把控协调能力评估两个层面。首先，自然资源、文化资源供给能力评估，应借鉴国内外相似性案例，包括基础条件相似性、社会学范式、构造范式的基本规律，客观地反映资源供给能力；其次，通过社会学途径，界定乡村发展要素，根据主客观分析，拉大模型阈值，从宏观战略政策入手，在政府帮扶和乡村人才引进等层面提高乡村的要素把控协调能力。两个层面结合为发展途径提供精准的决策前提。

3）发展途径的多样选择

科学的方法体系为乡村发展提供了多种选择机会，发展途径的选择要建立在客观规律和科学范式基础上。应在宏观层面建立乡村主体功能区规划，在区域层面建立梯度发展思路，按照市场发展原则，界定差异化发展、增长式发展、缩减式发展等发展途径的技术路线，为不同类型乡村提供不同发展模式。

内蒙古乡村的产业按照产业发展思路，可以拓展为传统农业型（农耕养殖型）、林业附加资源发展型、工业发展型、生态旅游型、文化旅游型、林业旅游型、乡村度假型、特色服务型（城市养老村）、"互联网＋科技"型；按照发展主体可以拓展为城镇化发展型、企业联动发展型、家庭单元发展型、联营合作型。根据资源属性、地域功能互补等原则可界定发展指引，有针对性地、精准地实施建设决策。

10.2.1 农业型乡村人居环境展望

1) 社会转型

社会转型发展期是从一个阶段过渡到更高阶段的关键时期,农业型乡村社会转型要建立在我国农业农村发展格局之下,经济的发展是社会转型的动力,应产业发展先行,提振乡村经济,以此提高人居环境水平。这是社会转型的必要条件。

相比较于经济发展,社会转型以人口角色的转变作为重要标志,以人居环境水平的提升作为预期结果,不能单纯追求农业户籍向城镇户籍的转变或者农村生活空间向城镇生活空间的转变。人口结构层面,首先,应引导年轻人返乡创业,主导机构在政策和资金上予以支持,为年轻人提供一个良好的平台,缓解老龄化社会结构和空心化现象;同时鼓励老年人参与乡村民风民俗建设。其次,完善农村的基础与服务设施配套,为吸引专业技术人才,为乡村发展提供良好的条件。最后,应增加适应于乡村的养老服务设施,并与其他公共服务设施相配合,为老年人提供舒适的生活环境。

2) 产业发展

应以重点产业为突破口,以第一产业为基础,第二、第三产业联动,延展链条,提高农产品附加值。应力推农产品加工品牌、农业活动品牌,农业空间生产景象与乡土景观品牌建设。乡村振兴战略的逐步实行以及土地流转的快速推进,为乡村产业发展提供了良好的条件。经过多年的发展,内蒙古根据地方气候与地质条件,培育出了一批独具地方特色的农产品,如葵花籽、番茄、枸杞、华莱士蜜瓜、西瓜、红灯笼香瓜等。应充分利用优质农业资源,进一步扩大种植规模,组织专业合作社,对农产品统一组织生产、统一产品质量、统一组织销售,逐步打造自己的品牌,在保证产品质量的前提下,形成地区农产品的标志品牌。可利用"互联网+"的模式进行线上线下多渠道销售,力求实现订单种植、订单销售。同时引进适合当地发展的农业型企业或是扩大农业合作社的规模,加强对农民的培训与指导,使种植科学化,在丰富农产品种类的同时提高产量。应延伸产业链,将农产品生产、制作、加工以及流通、销售等环节与文化展示、观光游览等业态融合,形成链条稳定的复合型产业模式,将产业发展与劳动力再就业挂钩,提高农民就业率与收入水平。

应创办以独立个体为经营主体的乡村经济体,以家庭为单位、合作社为单位、企业为单位运作乡村经济体,形成适合地区的利益配比方案,使其各自承担角色责任。区域层面应宏观把控产业类型与总量,避免区域产业抄袭、互相恶性竞争,在产业纵向链条上形成协同发展、合作共赢局面。区域内同类型产业的乡村应注意梯队的建设,形成产业类型的互补。

3) 空间建设

乡村结构与用地层面,乡村空间应在原有结构的基础上合理布局,公共空间考虑原生邻里关系,避免广场集中建设,注重小微空间、林下空间、灰空间建设。设施配套层面,基础设施建设不宜单纯地以人口规模来确定设施布局与规模,应重点考量以问题为导向,"针灸式"治理与布局基础设施。服务设施布局以需求为导向,因地制宜地结合文化特色与地域特征布局服务设施位置与规模。乡村肌理与形态层面,交通组织与居住单元是形成乡村空间肌理的主要因素,交通组织不必遵照城市交通布局特征,应保持原有乡村道路格局和自下而上的流线通道,形成与自然高度结合的路网肌理,居住单元布局因地制宜地保持自然格局。建造技术层面,建筑取材应地域化、乡土化,乡土材料科学化利用,降低建设成本,保留乡土记忆。

应在符合土地功能适宜性分区的基础上,对村庄人居环境进行综合整治。区域层面,划分生产、生活、生态空间,形成功能互补、结构完善、空间协调的"三生空间"布局形式。建成区层面,首先,梳理现有村庄结构,充分利用村庄的存量建设用地,采取内涵挖潜的形式改变现有状态,规划农村建设用地布局,节约用地,缓解人地矛盾;其次,"针灸式"布局形式包含以问题为导向和基于使用需求的设施布局策略,鉴于乡村空间自组织特征以及设施需求的不规律性,基础设施与公共服务设施需要有针对性的布局,首要考虑以家庭为单位的自处理模式;再次,通过规整各户院墙界线,整修各居住单元的附属建筑,保留功能性附属建筑,拆除占用公共空间的建筑,构建用于社会交往、休憩、人行通勤的优质公共空间,科学合理地组织利用空间;然后,应在现有宅基地管理办法的基础上针对各个村落的具体情况,做出合理灵活的调整;最后,通过城乡建设用地增减挂钩项目的实施,进行迁村并点、建新拆旧,农村建设用地集中形成规模,优化土地利用空间结构,提高土地利用效率。

4) 地域风貌

乡村地域风貌与城市风貌明显不同,地域风貌内涵可以扩展为空间风貌和环境气氛风貌。空间风貌包括结构风貌、居民点建设风貌、建筑单元风貌,其风貌要素需要分级别、分层次管控;环境气氛风貌主要指非物质层面,包括乡村社会结构、乡村文化景观、乡村生产经营性场景与邻里关系。

空间风貌以村庄建设为依托,结构形态、居民点建设、建筑单元建设应遵循农牧民传统的生产生活特点和民俗文化内涵,深入挖掘地域文化特征,提取地方文化元素,并运用到空间建设中,使村庄植根于地方文化土壤。应以村庄风貌特征与村民生活方式为基础,挖掘当地村落格局和乡村习俗,通过保留能够体现当地文化特征的居住单元模式、流线组织形式等村民最原始的特色生活空间和生活场景,保持村民对乡村的归属感与亲切感。环境气氛风貌以乡村自组织为切入点,以邻里交往为范式,修复公共活动与文化场所的交流性,为乡村交往提供空间。乡土景观包括农业农田自然景观、乡村生产性场景景观和精神景观,应保持农牧业景观格局,按照风景边际效应,提取格局中重点的农牧业景观加以保护;按照生产活动类型强化生产性场景景观,分季节、分时段保留并传承生产性活动;尊重乡村特有的民俗习惯和行为特征,强化精神风貌建设。通过空间风貌的管控和环境气氛风貌的挖掘,未来的内蒙古农业型乡村将呈现一种具有独特地域特征、民族特征的人居环境风貌。

10.2.2 林业型乡村人居环境展望

林业型乡村人居地理环境特殊、产业问题复杂,在以下四个方面进行合理布局,有助于林业型乡村可持续发展:一是林区政策引导下乡村的社会转型;二是林业经济产业发展与资金投入;三是乡村空间建设的良性发展;四是民族文化与乡村风貌的传承。应在改善人居环境中综合研究解决现存主要问题的方法,从而获得提升林区乡村人居环境的可实施性手段。

1)社会转型

　　与农业型乡村、牧业型乡村不同的是,林业型乡村的主体不是严格意义上的村民或牧民,某种层面上,村民具有企业员工的属性,从属于林业局。林业型乡村经济发展以林业生产为主。目前,生态保护大趋势以及相关政策的影响,林业型乡村社会发展正经历转型时期,产业由传统林木采伐型向林业附加资源型转变,村民的生产生活受到较大影响。在经济转型关键时期,社会不稳定因素较为活跃,有效的管理模式是促进乡村经济发展、提高乡村人居环境的重要手段。优化乡村社会结构,不仅需要政府自上而下提供保障性组织管理手段,同时更应发挥民间自治组织的作用自下而上地为村民的生产生活提供帮助,引导乡村良性转型。林区乡村具有良好的自然旅游资源,充分调动乡村自组织和村民参与的管理方式,对切实保护乡村资源、提升环境质量、提高乡村旅游活力和经济效益具有明显的作用。

2)产业发展

　　应建立"保护+发展"的产业转型路径,根据林业型乡村资源评估数据,合理界定乡村发展方向,资源富集、人口重组、旅游市场较好的地区,重点发展以林业资源为依托的旅游服务产业。区位差、资源匮乏地区,林业型乡村则面临人口的区域转移,或向周边城镇转移,或向附近产业发展条件较好的区域转移。林业型乡村的自然环境是乡村人居环境的基础,同时也是林业型乡村发展林业旅游的基础,只有在充分尊重自然的情况下发展乡村经济,才能实现林区乡村人居环境的可持续发展。近年来,林区乡村旅游业的发展,为改善乡村经济条件提供了动力,同时也带来了自然环境破坏等问题,在未来的发展中必须强调"保护与发展"的关系,才能确保林业型乡村旅游经济产业可持续发展。对于以林业资源为依托发展旅游产业的乡村来说,基础设施的配套是目前产业发展的制约因素。林区传统村落是林业型乡村旅游的重要集聚区,供电、供水等基础设施不完备等问题是制约乡村旅游发展的首要因素,在未来的发展过程中应扩大基础设施建设,补足传统聚落的发展短板,这不仅有利于乡村旅游产业质量的提高,同时也是提高乡村人居环境宜居性的基础。新建的居民点,已经具备较为完善的基础设施,应该重视林业旅游产业链条的延展和区域旅游市场的协同,以发展壮大林业旅游市场。

3) 空间建设

林业型乡村目前具有以下三个特征:第一,因为产业转型,部分人口流入周边城镇,原有乡村居民点荒废;第二,林业型乡村多为林业资源依附型,林业资源具有季节性特征,冬季林业型乡村人口往往会向城镇转移,形成季节钟摆式生活方式,所以林业型乡村空间建设相对滞后;第三,旅游资源富集地区,乡村空间建设相对完善,旅游配套服务功能全面,空间建设质量较好。

林业型乡村空间建设与林业政策息息相关,过去很长一段时间,林业型乡村空间建设围绕林业采伐产业进行布局。目前,林业型乡村以林业资源附加产业发展为主要方向,空间建设逐渐发生变化,木刻楞建筑作为地域性建筑其功能已经由传统的居住功能向旅游资源功能转变。

应划定林业型乡村发展类型,依据不同类型制定相应的空间建设策略。政策影响下的林业型乡村可以划分为新建型、改造发展型、撤并型,受旅游资源和森林旅游市场的驱动,新建型和改造发展型乡村以森林旅游产业服务为主导产业,空间建设需要在旅游规划指导下,借助目前具有良好自然资源的传统村落的影响力,以森林旅游服务为主体功能,配套建设服务设施和基础设施,提高乡村服务能力,带动林业型乡村的整体发展,形成具有独特地域特征的乡村旅游综合服务区。撤并型乡村则需要恢复原有生态环境。

4) 地域风貌

应提取地域文化影响下的空间原型,创造具有文化归属感的乡村风貌。林区特殊的建材资源使得林业型乡村具有典型的森林文化地域风貌。但是,随着林业产业发展转型和现代技术的影响,一些具有浓郁森林文化特点的建筑物和具有象征意义的空间不断消亡。应充分挖掘乡村人居环境物质空间的文化原型,将具有文化特色的空间符号转译利用到乡村空间中,这对乡村物质空间的风貌建设和地域文化的传承发展具有重要意义。同时特殊地域空间的文化传承与发展是避免乡村出现"千村一面"现象的有效途径。地域文化是根植于民族性格的重要内容,作用在外部物质空间所形成的具有特殊意义的空间符号和场所,也是地域文化的外延表达。对村民来说,具有文化特征的空间场所不仅为生产生活活动提供物质空间,同时也为村民提供强烈的认同感与归属感。创造具有地域文化价值的空间有利于乡村物质空间的多样性表达,也有利于乡村文化的传承与发展,能够为创造人性化的乡村人居环境提供有效路径。在自然和传统村落的更新中,应重视保护原有的外部空间形态——这是乡村文化与空间相互作用的自然表达。在规划新建居民点时,应尊重村民生活习惯,在考察研究原生空间环境的基础上,提取原有村落的空间形态原型,经过转译后应用于新建乡村,在尊重村民居住习惯的同时,传承地域文化空间内涵。

10.2.3　牧业型乡村人居环境展望

草原牧区人居形态受生产方式、政策的影响,产生两种具有明显差异的居民点模式——以草场为基础的分散居民点和生态移民后的聚集居民点。模式的划分有异于传统分类方式,却能反映现代草原牧区特殊的人居环境差异性特征。生态移民政策是为维护草场生态平衡、改善我国生态环境的重要手段,而传统的生产生活方式又是草原牧民的基本诉求和意愿,所以在未来草原牧区人居环境的改善过程中,需要综合权衡两种不同利益和诉求,提出相对合理的改善方案。综合权衡草原牧区人居环境存在的主要问题,归纳为如下四个方面:一是牧区社会转型模式亟待创新;二是牧区产业发展瓶颈需要突破;三是缺乏新型牧区聚落空间模式探索;四是民族文化观的传承与发展。

针对牧业型乡村存在的主要问题,提出以下四点适合草原牧区人居环境的发展展望。

1) 社会转型

牧业型乡村主体是牧民,牧民从事以放牧为主的生产活动。随着时代的发展,牧民从事生产活动的方式逐渐发生变化,部分与农区相近的牧区经历了牧业生产—半农半牧—农业生产的转变,传统纯牧区经历了游牧式—定居式的转变,生产生活方式随之发生变化。与农业型乡村比较,牧业型乡村特殊的社会化特征,并没有按照农业化阶段—工业化阶段—后工业化阶段演进。牧区的社会进步有自己独特的发展脉络,所以牧业型乡村的发展,首先要面对的是社会转型的问题,社会转型不能"一刀切"地人为干预,发展思路应以牧业型乡村主体牧民为核心,转型预期结果以牧民认可的、接受的发展局面作为最终牧业社会发展的结果,在空间建设、产业发展、地域风貌层面具体落实。

2）产业发展

牧业型乡村亟需探索适应现代牧业发展的空间组织创新模式和管理模式,畜牧业是草原牧区发展的基础,也是草原牧区人居环境的重要组成部分,随着现代技术的发展,畜牧业从简单的"草畜生产"向"草畜生产 + 产品加工 + 生态旅游"的现代牧业产业发展,牧民对生活的需求从满足简单的衣、食、住转向更加多元、现代、便捷的生活。产业发展需要创新,如探讨适宜"划区轮牧"和"家庭牧场"的空间组织模式。在管理过程中应重视公众和民间组织的参与,利用非营利民间组织影响力建立牧民与市场、与外界的沟通渠道,通过在牧区建立起较为发达的对外信息、技术流动网络才能更进一步优化牧业质量,提高牧民收入水平。在牧区人居环境提升过程中,要避免与农区"一刀切"的改造手段。基于牧业生产特点探索适宜牧区的产业发展思路是提升牧区人居环境质量的重要手段。

无论是留在草原深处以传统牧业为主的定居牧民,还是移民搬迁到新居民点的失地牧民,产业都是他们的"立身之本",应提供多元化产业模式和技术培训。改善人居环境,首先应合理规划和安排牧区生产空间,从而进一步影响牧民可能的生产活动。针对依然从事牧业生产的牧民,应发动牧户联合草场进行规模生产,该生产方式有利于保护生态环境,同时也是现代牧业发展的未来趋势。应建立新的生产空间,采用"3S"等可量化手段,规划更为合理的放牧路径、构建"生产—生态—生活"空间协同发展的布局形式。针对搬迁后的移民群体,合理、多样化的产业选择是稳定移民的关键要素。如果不能充分就业,移民往往会再次选择传统的畜牧业产业,这将加重草原生态的恶化。而产业模式单一会造成移民就业选择面窄、抗风险能力低,所以移民安置地的产业模式选择应根据移民所掌握的生产技术,考虑多样化的生产模式,规划合理、多样的产业用地空间。同时,由于牧民长期生存在信息封闭的草原深处,其生产技能单一,少数民族语言交流困难,适应新事物、改变原有生产方式和思维的能力较弱,政府或民间组织应重视对他们的职前培训和语言辅导,帮助牧民适应新的生产方式,保证牧民可以在不断变动的环境中自力更生。

3) 空间建设

应从"以人为本"的角度出发,科学引导牧区分类建设,重视牧民的实际需求。"保护自然、以人为本"在草原牧区人居环境建设上同样重要。在自然环境条件较差的地区,"生态移民"是改善人居环境的重要手段,在关注恢复环境脆弱区的生态效益时,要充分考虑移民的搬迁意愿,对少部分不愿搬迁的牧民应该尊重其意愿,引导其合理放牧,这样既有利于草原生态环境的恢复,同时也利于传统人居环境的保护和发展。对生态环境较好的牧区,应从牧民意愿出发,帮助牧民规划更为合理的放牧路径及方式,联合牧户构建"划区轮牧"等有益于草原生态的生产组织方式,并在此基础上讨论轮牧区范围的适宜性界定方法。建立在牧民需求和草场生态质量差异上的分类建设途径,是解决多方利益冲突的平衡点,也是探索牧区"以人为本"新型牧区聚落空间模式的重要前提。

4) 地域风貌

应尊重少数民族特有的民族文化传统,重视人居环境中民族精神延续和可持续发展的协调。牧民有着独特的文化习俗,长期与大自然共生的生产生活方式,使他们更重视与自然的关系。这种朴素、传统的思想观念是他们内心深处的精神家园。人居环境改善过程中,对于生活在草原深处的牧民来说,"生产—生活—生态"空间是高度统一的,这不仅是他们长久以来与草原共处的生存经验,同时也是游牧文化的组成部分。所以不能仅着眼于某一方面,或忽视某一方面,必须同时关注三者之间的相互联系,运用系统整体性的思维解决草原牧区人地关系问题。对于移民安置的牧民来说,将单纯的物质生产生活空间升华为宜居的人居环境空间,关键在于移民能够获得精神寄托的地域空间风貌。在地域风貌的表达上,应挖掘文化空间要素,例如设置可以系挂哈达的小敖包或雕塑(蒙古族表达感情的一种文化习俗),同时应该紧紧围绕地域性、归属性持续不断地改善和深化精神空间的表达形式。

不同牧区空间的多元性、差异性是内蒙古牧区风貌的典型特征,尊重不同地区不同牧民,使其享有地域归属感的人居环境,是决策者的责任和义务。在完善草原牧区人居环境的过程中应该系统考虑不同类型居民点功能和发展的弹性需求,保证草原牧区风貌的多元、可持续性发展。

10.2.4 混合型乡村人居环境展望

混合型乡村相比前三种类型具有复杂性、多元性特点。在产业方面,混合型乡村包括农牧混合型、农工混合型、农商混合型。农工混合型又包括自下而上的农工混合和自上而下的农工混合;农商混合型又包括旅游型、房屋租赁型、商业服务型等。内蒙古混合型乡村的发展紧紧围绕中央、自治区涉农涉牧政策,抓住机遇,有效地将乡村区位优势、资源优势发挥出来,形成内蒙古乡村经济梯队的领头者。在新时代乡村振兴背景下,混合型乡村应在自身发展的基础上,在社会转型、产业提升、空间品质建设、地域风貌管控等方面,借助政策优势,继续提升乡村人居环境水平。

1)社会转型

农牧混合型乡村具有农业型乡村的社会转型特征,除农牧混合型外,其他混合型乡村是社会转型过程中先行先试的区域。从产业提升角度来看,农工混合型、农商混合型乡村均在产业发展上寻求到一条适合自身发展的路径。

混合型乡村人口结构相对合理,涉农工业型乡村在劳动力需求上较一般农业型乡村要大,一般农业型乡村剩余劳动力受城镇化拉力的影响,出现空心化现象,而混合型乡村人口回流明显。青壮年劳动力是乡村产业发展的核心要素,处于转型提升时期的混合型乡村要继续建立人口结构优化相关政策,尤其在涉农工业、涉农旅游业政策上,制定保障乡村人口结构稳定的优惠政策,企业利润才会下放到村民员工手里。混合型乡村在产业发展布局上要紧紧围绕现有产业发展思路,在现有经济发展的基础上,宏观引导,提质创收。政府或经营主体要有意识地对从事涉农工业、涉农服务业的村民进行专业技术培训,带动产业多样化发展、深层次发展。

混合型乡村村民的社会转型意识较强,具有参与产业经营的积极性和敏感性,部分愿意尝试转型的村民和具备一定劳动技能的村民能积极参与涉农工业建设和涉农服务业建设。这些村民作为转型时期的先遣军,对其他村民产生了一定的示范带动作用。因此,如果一个村有人在某项产业发展上取得一定的成绩,周围就会出现一批借力使力的村民去尝试该项产业。混合型乡村能人社会现象比较明显。充分发挥能人社会作用,引导以家庭为单位、以合作社为单位、以企业为单位的经济体把握资源优势,发展壮大相关产业是未来混合型乡村发展转型的着力点。

2) 产业发展

混合型乡村产业级别相较一般农业型、林业型、牧业型乡村更高,产业发展上具备一定的基础,有以下四种情况:农机具生产销售型乡村,往往是农业生产相对发达的乡村,随着农业的发展和科技的不断开发,以家庭生产为单位的农机具需求量较大且在不断增长。农机具的生产应用提高了生产力,解放的劳动力可以从事其他产业,为家庭创收。涉农工业型乡村,往往是涉农产品在市场上具有一定的竞争力,深加工提高了农产品附加值,为乡村经济发展提供了路径。涉农服务业乡村是典型的资源依托型乡村,以旅游资源为依托的乡村,村民以各种方式参与乡村旅游产业,交通、住宿、旅游活动服务等方面是涉农旅游业中村民参与度较高的产业。以区位资源为依托的乡村,一种是位于城镇边缘区的乡村,村民主要参与住房租赁和城镇务工;一种是位于较大生产企业周边的乡村,村民以企业务工的形式提高经济收入。混合型乡村产业发展思路是变被动发展为主动发展,评估产业资源,整合产业方向,梳理产业发展阶段,采用差异化策略,发挥区域协同作用,提升产业级别,带动更多人口致富。

3) 空间建设

混合型乡村空间建设活动较为丰富,空间质量差异较大,相较我国其他地区,内蒙古地区混合型乡村经济发展相对滞后,受资源条件和区位条件的制约,混合型乡村发展的首要任务是产业发展，所以空间建设品质，往往会做出让步，有的地区出现重视产业发展，轻视空间建设的现象。

涉农工业型乡村在空间布局上，应重点推敲产业空间位置和规模，相较于城市，乡村土地资源较为丰富，产业布局位置选择面广，应通过生态空间评测，界定生产空间与生活空间格局，形成具有生态美、产业美、生活美的乡村空间。涉农服务业型乡村需要根据服务业类型进行空间建设，位于城市边缘区的租赁型乡村土地价值增值，缺乏空间管控手段，土地所有者自行建设，形成了高建筑密度的新型贫民区，该类型乡村空间建设应重点把控建设用地总量和建设用地导则，以上位规划的强制性来约束空间建设行为。以自然资源、人文资源为依托的涉农旅游型乡村，空间建设策略需要以提升旅游服务能力为原则，通过保持乡村格局、保护原生农牧业景观、挖掘乡村民俗等手段提升乡村空间品质，为乡村发展提供优质空间条件。

4）地域风貌

混合型乡村相对于一般乡村来说，信息化程度更高，与外界沟通更为频繁，经济实力的提升使新技术应用更为普遍，传统的地域风貌的控制相对困难。涉农工业型乡村，往往出现产业占地面积浪费，乡村形态混乱，环境风貌粗放的情况，借助空间建设政策，加强自下而上地管理乡村风貌控制要素是混合型乡村地域风貌建设的重中之重。涉农旅游型乡村风貌管控较为严格，空间风貌直接决定旅游者的认可度，往往对空间质量把控相对较为合理，涉农旅游型乡村地域风貌的重点在于本土化、地域化风貌要素的提取与应用，避免出现"舶来空间"。

混合型乡村具备一定的经济基础，需要加强自上而下地制定风貌管控制度，以制度引领乡村建设行为。以旅游资源为依托的涉农旅游乡村需要编制风貌规划专项、旅游专项，有助于产业发展的同时为乡村风貌建设提供切实有效的指导意见。涉农工业型乡村空间属性是乡村，保持乡村格局是风貌控制的前提条件，为避免工业产业对乡村风貌的影响，编制相应专项规划是解决该问题的主要手段。应保持乡村景观环境格局，处理好生产区、旅游区与村庄的关系，并为以后的发展留有空间。

参 考 文 献

［1］色音.社会学人类学论丛（第 11 卷）——蒙古游牧社会的变迁［M］.呼和浩特：内蒙古人民出版社,1998.

［2］闫天灵.汉族移民与近代内蒙古社会变迁研究［M］.北京：民族出版社,2004.

［3］中国人民政治协商会议察右后旗委员会.察右后旗文史资料第 5 辑［Z］.集宁,2006.

［4］玉双.十八至二十世纪初东部内蒙古社会变迁研究［D］.呼和浩特：内蒙古大学,2007.

［5］贺勇.适宜性人居环境研究——"基本人居生态单元"的概念与方法［D］.杭州：浙江大学,2004.

［6］李伯华,等.乡村人居环境研究进展与展望［J］.地理与地理信息科学,2008,24(5)：70 - 72.

［7］吴良镛.人居环境科学导论［M］.北京：中国建筑工业出版社,2001.

［8］Б.Я.符拉基米尔佐夫.蒙古社会制度史［M］.刘荣焌,译.北京：中国社会科学出版社,1980.

［9］拉施特.史集（第 1 卷第 2 分册）［M］.周建奇,余大钧,译.北京：商务印书馆,1983.

［10］莫日根巴图.论古代蒙古族古列延思维［J］.云南社会科学,2014(1)：118 - 120.

［11］李汶忠.中国蒙古族科学技术史简编［M］.北京：科学出版社.1990.

［12］布和朝鲁.蒙古包文化［M］.呼和浩特：内蒙古人民出版社.2014.

［13］李贺,胡惠琴,本间博文.内蒙古呼伦贝尔草原蒙古族牧民住居空间形态现状研究［J］.建筑学报学术论文专刊,2009(S2)：42 - 48.

［14］哈旦朝鲁.内蒙古农业聚落的形成和主要类型［J］.中央民族大学学报,1997(5)：36 - 39.

[15] 李鹏. 科尔沁沙地辽代聚落与现代农业聚落分布的规律——以内蒙古通辽市二林场区域为例[J]. 内蒙古民族大学学报(社会科学版),2012,38(5): 80-84.

[16] 刘援朝. 牧区农业化过程中的聚落组织——内蒙古赤峰市三爷府村调查[J]. 内蒙古社会科学(文史哲版),1995(1): 42-49.

[17] 薛飞,韩瑛. 浅析包头市晋风民居院落空间的演变[J]. 建筑与文化,2016(6): 222-223.

[18] 董梅菡,韩瑛. 老牛湾传统窑洞聚落形态初探[J]. 建筑与文化,2015(5): 129-130.

[19] 齐卓彦,张鹏举. 森林文化体系下内蒙古呼伦贝尔少数民族传统民居[J]. 西部人居环境学刊,2015,30(5): 71-74.

[20] 薛剑,张鹏举. 内蒙古乌审召镇聚落考察报告[M]//中国民族建筑研究会. 族群·聚落·民族建筑——国际人类学与民族学联合会第十六届世界大会专题会议论文集. 昆明: 云南大学出版社,2009.

[21] 王利伟,赵明. 草原牧区城镇化空间组织模式:理论与实践——以内蒙古自治区锡林郭勒盟为例[J]. 城市规划学刊,2013(6): 40-46.

[22] 张立恒,荣丽华. 内蒙古准格尔地区乡村聚落空间的集聚、重组与优化[J]. 内蒙古工业大学学报(自然科学版),2015(4): 311-315.

[23] 康美. 呼伦贝尔草原聚落空间特征研究[D]. 呼和浩特: 内蒙古工业大学,2016.

[24] 荣丽华. 内蒙古中部草原生态住区适宜规模及布局研究[D]. 西安: 西安建筑科技大学,2004.

[25] 徐广亮. 生态导向的草原聚落适宜规模及布局研究[D]. 呼和浩特: 内蒙古工业大学,2017.

[26] 布仁巴图. 内蒙古草原聚落公共设施适宜性规划研究[D]. 呼和浩特: 内蒙古工业大学,2017.

[27] 内蒙古概览[EB/OL]. (2017-06-13)[2018-03-18]. http: //nmqq. gov. cn/quqing/ShowArticle. asp? ArticleID=18893.

[28] 王立敏. 经济欠发达地区城镇体系规划理论与模式的探索——以内蒙古自

治区为例[D].天津：天津大学,2005.

[29] 内蒙古统计局.2017 内蒙古统计年鉴[M].北京：中国统计出版社,2017.

[30] 内蒙古自治区畜牧业厅修志编史委员会.内蒙古畜牧业发展史[M].呼和浩特：内蒙古人民出版社,2000.

[31] 李玉伟.民国时期国民党政府的民族政策及内蒙古的民族问题[J].中央民族大学学报,2004(1)：84-87.

[32] 义都合西格.蒙古民族通史(第5卷,上、下册)[M].呼和浩特：内蒙古大学出版社,2002.

[33] 波·少布.古列延游牧方式的演变[J].黑龙江民族丛刊,1996(3)：72-76.

[34] 张雯.自然的脱嵌——建国以来一个草原牧区的环境与社会变迁[M].北京：知识产权出版社,2016.

[35] 于永.对内蒙古自治区开荒与退耕政策的历史考察[J].内蒙古师范大学学报(哲学社会科学版),2005(6)：62-68.

[36] 盖志毅,李媛媛,史俊宏.改革开放30年内蒙古牧区政策变迁研究[J].内蒙古师范大学学报(哲学社会科学版),2008(5)：28-31.

[37] 白洁,荣丽华,韩盛华.游牧时代内蒙古呼伦贝尔草原地区蒙古族牧民居住生活研究[J].建筑学报,2016(S1)：113-116.

[38] 阿德力汗·叶斯汗.从游牧到定居是游牧民族传统生产生活方式的重大变革[J].西北民族研究,2004(4)：132-140.

[39] 2016 年内蒙古自治区环境状况公报[EB/OL].(2017-06-02)[2018-03-18].http：//www.nmgepb.gov.cn/hjfw/hjzk/csgb/201709/t20170906_1548165.html.

[40] 内蒙古地区植被类型及其分布[EB/OL].(2017-04-17)[2018-03-18].http：//nmqq.gov.cn/quqing/ShowArticle.asp? ArticleID=23990.

[41] 《气象志》概述[EB/OL].(2017-03-24)[2018-03-18].http：//www.nmqq.gov.cn/fagui/ShowArticle.asp? ArticleID=23809.

[42] 内蒙古自治区水资源概况[EB/OL].(2017-03-24)[2018-03-18].http：//www.nmgslw.gov.cn/xxgk/jcms_files/jcms1/web2/site/art/2017/6/4/art_38_2986.html.

[43] 段景春. 内蒙古生态环境问题及其对策[J]. 赤峰学院学报(自然科学版)，2010,26(2)：79－80.

[44] 姚正毅,王涛,周俐,等. 近40年阿拉善高原大风天气时空分布特征[J]. 干旱区地理,2006(2)：207－212.

[45] 口岸概况[EB/OL]. (2017－11－22)[2018－03－18]. http：//www. nmgeport. gov. cn/kagk/index. jhtml.

[46] 刘军会,高吉喜,等. 内蒙古生态环境敏感性综合评价[J]. 中国环境学,2015,35(2)：591－598.

[47] 薛晓辉. 北方农牧交错带变迁对蒙古族经济文化类型的影响[D]. 北京：中央民族大学,2007.

[48] 宋乃平,张凤荣. 鄂尔多斯农牧交错土地利用格局的演变与机理[J]. 地理学报,2007(12)：1299－1308.

[49] 王建革. 近代内蒙古农业制度体系的形成及其适应[J]. 中国历史地理论丛,2001(4)：106－119＋129.

[50] 内蒙古自治区旗县情大全编纂委员会. 内蒙古自治区旗县情大全[M]. 呼和浩特：内蒙古自治区地图制印院,2007.

[51] 包玉山. 内蒙古草原畜牧业的历史与未来[M]. 呼和浩特：内蒙古教育出版社,2003.

[52] 乌兰吐雅,包玉海,等. 论蒙古国和内蒙古牧区畜牧业经营模式[J]. 内蒙古草业,2007(2)：44－46.

[53] 达斡尔族民间舞蹈[EB/OL]. (2017－4－5)[2018－03－18]. http：//www. nmqq. gov. cn/caoyuanfengguang/ShowArticle. asp? ArticleID＝23898.

[54] 朱晓翔,朱纪广,乔家君. 国内乡村聚落研究进展与展望[J]. 人文地理,2016(1)：33－41.

[55] 贺艳华,唐承丽,周国华,等. 论乡村聚居空间结构优化模式——RROD 模式[J]. 地理研究,2014,33(9)：33－41.

[56] 彭建,王仰麟,景娟,等. 滇西北山区乡村产业结构与景观多样性的相关分析——以云南省永胜为例[J]. 山地学报,2005,23(2)：191－196.

[57] 郭晓东,马利邦,张启媛.陇中黄土丘陵区乡村聚落空间分布特征及其基本类型分析——以甘肃省秦安县为例[J].地理科学,2013,33(1):45-51.

[58] 吴熔,吴德富.改革增活力　商品生产大发展——试析江苏省农村产业结构变革的四种类型[J].农业技术经济,1984(11):7-10.

[59] 景娟,王仰麟,彭建.景观多样性与乡村产业结构[J].北京大学学报(自然科学版),2003,39(4):556-564.

[60] 王智平.不同地区村落系统的生态分布特征[J].应用生态学报,1993,4(4):374-380.

[61] 李霞.适宜地貌景观的山地新农村聚落布局研究[D].重庆:重庆大学,2013.

[62] 金其铭.农村聚落地理研究——以江苏省为例[J].地理研究,1982,1(3):11-20.

[63] 薛力.乡村聚落发展的影响因素分析——以江苏省为例[C]//城市规划面对面——2005城市规划年会论文集(上).2005.

[64] 王恩琪,韩冬青,董亦楠.江苏镇江市村落物质空间形态的地貌关联解析[J].城市规划,2016,40:75-84.

[65] 龚碧凯.盆西山地农村居民点动态变化及分布特征研究[D].成都:四川农业大学,2009.

[66] 陆磊,董卫,李毓美.平遥县乡村聚落体系基本特征及问题研究[A]//2015中国城市规划年会论文集(14乡村规划),2015.

[67] 冯书纯.关中地区传统村落空间形态特征研究[D].西安:长安大学,2015.

[68] 赵步云.基于苗岭地貌与景观的保护性村落规划与研究[D].贵阳:贵州大学,2016.

[69] 周晓芳,周永章.贵州典型喀斯特地貌区农村聚落空间分布研究——以清镇红枫区、毕节鸭池区和关岭-贞丰花江区为例[J].中国岩溶,2011,30(1):78-85.

[70] 刘静如.鲁中山区泉水村落空间类型研究与保护利用[D].济南:山东建筑大学,2013.

[71] 邹县委.不同地貌区农村居民点用地规模及景观格局动态变化研究[D].泰

安：山东农业大学,2012.

[72] 耿慧志,贾晓韡.村镇体系等级规模结构的规划技术路线探析[J].小城镇建设,2010(8)：66-72.

[73] 张慧立.村庄规划人口及用地规模确定的几个因素[J].小城镇建设,2015(7)：82-84.

[74] 江乃川,曹珊,殷炜达,等.河套地区村庄分类整治规划策略研究——以巴彦淖尔市干召庙镇村庄规划为例[C]//城乡治理与规划改革——2014中国城市规划年会论文集(14小城镇与农村规划).2014.

[75] 王顺民.四川内江市市中区新村建设规划中村镇等级规模研究[J].贵州农业科学,2014,42(1)：230.

[76] 卓晓岚.潮汕地区乡村聚落形态现代演变研究[D].广州：华南理工大学,2015.

[77] 马晓冬,李全林,沈一.江苏省乡村聚落形态分异及地域类型[J].地理学报,2012,67(4)：516-525.

[78] 尹怀庭,陈宗兴.陕西乡村聚落分布特征及其演变[J].人文地理,1995(4)：17-24.

[79] 郝海钊.陕南山区乡村聚落空间发展模式研究[J].小城镇建设,2016(9)：81-87.

[80] 范少言,陈宗兴.试论乡村聚落空间结构的研究内容[J].经济地理,1995(2)：44-47.

[81] 中国社会科学院语言研究所词典室.现代汉语词典[M].6版.北京：商务印书馆,2012.

[82] Charles D, Gilles G. Voronoi tessellation to study the numerical density and the spatial distribution of neurones [J]. Journal of Chemical Neuroanatomy, 2000, 20(1)：83-92.

[83] 荣丽华,徐广亮,张立恒.草原牧区公共服务设施适宜性配置研究——以内蒙古锡林郭勒盟为例[J].内蒙古工业大学学报,2017,36(1)：50-56.

[84] 姬小羽.太阳能建筑设计竞赛获奖作品(5)[J].太阳能.2006(2)：23-24.

[85] 齐卓彦,齐卓帅.内蒙古呼伦贝尔达斡尔族传统民居解析[J].城市建筑,

2015(5)：3 - 4.

[86] 张凝忆. 地域材料的创造性运用——现代蒙古族民居"沙袋建筑"[J]. 小城镇建设,2016(9)：54 - 57.

[87] 王琪,张立恒. 内蒙古地区草原聚落公共设施空间可适性研究——可装配轻体系统的应用[J]. 建筑与文化,2016(6)：110 - 111.

[88] 张志国. 河套地区水利开发的历史演变与人文特征[J]. 河套大学学报(哲学社会科学版),2006(2)：105 - 113.

[89] 彭世奖. 从中国农业发展史看未来的农业与环境[J]. 中国农史,2000, 19(3)：86 - 90.

[90] 乌日吉图. 内蒙古年鉴[M]. 北京：方志出版社,2000.

[91] 耿玉德,万志芳,李微,等. 国有林区改革进展与政策研究——以龙江森工集团和大兴安岭林业集团为例[J]. 林业经济,2017,39(2)：3 - 11.

[92] 孙辉. 内蒙古大兴安岭林区林业工人生活现状研究[D]. 呼和浩特：内蒙古师范大学,2014.

[93] 张志达,满益群. 构建国有林区新体制的一场深刻变革——关于内蒙古大兴安岭林管局(森工集团)改革的调研报告[J]. 林业经济,2009(2)：14 - 17.

[94] 齐卓彦,张鹏举. 森林文化体系下内蒙古呼伦贝尔少数民族传统民居[J]. 西部人居环境学刊,2015(5)：71 - 74.

[95] 余斌,罗静,曾菊新. 当代中国村镇空间变化与管治[M]. 北京：科学出版社,2016.

[96] 李智远. 内蒙古俄罗斯族木刻楞民居文化[J]. 湖北民族学院学报(哲学社会科学版),2007(2)：50 - 52 + 69.

[97] 额尔古纳右旗史志编撰委员会. 额尔古纳右旗志[M]. 海拉尔：内蒙古文化出版社,1993.

[98] 荣丽华,徐广亮,张立恒. 草原牧区公共服务设施适宜性配置研究——以内蒙古锡林郭勒盟为例[J]. 内蒙古工业大学学报(自然科学版),2017, 36(1)：50 - 56.

[99] 康美. 呼伦贝尔草原聚落空间特征研究[D]. 呼和浩特：内蒙古工业大学,2016.

［100］任雪娇.生态移民对牧民生产生活状况的影响研究——对苏尼特右旗生态移民效果的调查［J］.内蒙古财经学院学报,2008(5)：41－46.

［101］洪燕.生态移民项目的评估研究［D］.北京：中央民族大学,2006.

［102］姚望.基于SWOT－PEST分析范式的中国"走出去"战略环境研究［J］.经济论坛,2006(22)：54－57.

［103］李琳洁.吉林省西部乡村人居环境质量评价研究［D］.长春：吉林建筑大学,2013.

［104］朱彬,张小林,尹旭.江苏省乡村人居环境质量评价及空间格局分析［J］.经济地理,2015(3)：140－141.

［105］刘滨谊.人居环境研究方法与应用［M］.北京：中国建筑工业出版社,2016.

［106］薛群慧.现代旅游心理学［M］.北京：科学出版社,2005.

［107］黄健英,薛晓辉.北方农牧交错带变迁对蒙古族社会经济发展的影响初探［J］.中央民族大学学报(哲学社会科学版),2008(2)：68－76.

［108］韩满都拉.农牧关系的变迁［D］.北京：中央民族大学,2011.

后　记

本书是在住房和城乡建设部"我国农村人口流动与安居性研究"的子课题"低人口密度地区乡村人居环境研究"之基础上,结合国家自然科学基金课题"内蒙古草原城镇公共设施适宜性规划模式研究"(51268039)、"内蒙古草原聚落空间模式与适宜性规划方法研究"(51868057)研究成果撰写而成。乡村人居环境建设是乡村建设的核心,也是各级政府积极推进乡村振兴战略的重要抓手,作为少数民族地区研究团队,研究内蒙古乡村人居环境十几年来,我们对内蒙古乡村人居环境的差异化印象深刻。作为边疆少数民族地区的规划建设者,我们对探讨内蒙古乡村人居建设途径与方法有着浓厚的兴趣,亦深感任务艰巨、责任重大。目前已有的乡村研究对内蒙古涉猎较少,仅从这一点来说,本书相关研究的价值和意义不言而喻。

从我国城乡发展的历史来看,相较城市发展的紧迫性,乡村地区在某种程度上属于规划、建设、研究的弱项。然而,弱并不代表不重要,乡村地区承载着我国近一半的人口,地域面积远超城市。国家提出乡村振兴战略也印证了这一点,因此,乡村研究是内蒙古乡村建设的当务之急,这是促使我们深入研究内蒙古乡村人居环境的原因之一。

另外,作为规划教育和实践工作者,我们长期关注内蒙古乡村人居环境建设,对内蒙古乡村有经验积累和心得体会。因此,试图把内蒙古乡村人居建设的理论成果、实践得失、工作经验和心得体会呈现出来,和主持参与内蒙古乡村人居环境建设的各位专家、相关学者及广大村民共同探讨,为内蒙古乡村人居环境建设尽微薄之力。

我们深知乡村工作的艰巨与复杂,深知乡村建设的迫切与责任,同时,我们也深知边疆少数民族地区的乡村规划与建设仍存在一定的问题,有待彻底的调查研究,进一步摸索乡村人居环境建设的理论、途径、方法。因此,本书既是前项研究的成果,更是后续研究的开端。我们会持续关注内蒙古乡村人居环境,继续投身于内蒙古乡村人居环境建设,为内蒙古乡村人居环境的发展不断地贡献力量。

　　本书的研究得到了许多学者和同事的指导与帮助,他们提出了诸多宝贵的建议和意见,使得研究可以顺利进行,感谢诸位学者与同事的不吝赐教。本书也是团队教师和学生的研究成果汇集,感谢团队所有师生的辛勤工作。

　　同时,感谢"我国农村人口流动与安居性研究"课题组的支持和帮助。感谢彭震伟教授、赵民教授、陶小马教授,以及各位专家在百忙之中对我们的研究和本书的撰写提出宝贵意见,在此向专家组致以诚挚的谢意!

　　另外,"低人口密度地区乡村人居环境"课题研究得到了多位在教学、科研一线的教师支持,感谢课题研究过程中做了大量工作的教师和研究生——胡晓海、邢建勋、白洁、董秀明、任杰、阎涵等教师;贾宇迪、王倩瑛、贾泽楠、张新敏、孙嘉乐、杨日臻、卢东华、白瑞霞、张旭珍、潘红等研究生。

　　最后,特别感谢同济大学出版社的支持与帮助。

荣丽华

2019 年 11 月于呼和浩特